# Silent Spring

Rachel Carson

[美] 蕾切尔·卡森 著

吕瑞兰　李长生 译

上海译文出版社

寂静的春天

谨以本书呈献给申明"人类已经失去预见和自制能力,人类自身将摧毁地球并随之而灭亡"之论的艾伯特·施韦策。

湖上的芦苇已经枯萎，

也没有鸟儿歌唱。


                                    ——济慈


　　我对人类感到悲观，因为它对于自己
的利益太过精明。我们对待自然的办法是
打击并使之屈服。如果我们不是这样的多
疑和专横，如果我们能调整好与这颗行星
的关系，并深怀感激之心对待它，我们本
可有更好的存活机会。


                                    ——E·B·怀特

# 目录

中文版序　　　　　　　　　　　　　　　　　　　　　　I

引言　　　　　　　　　　　　　　　　　　　　　　　　V

作者的话　　　　　　　　　　　　　　　　　　　　　XⅦ

致谢　　　　　　　　　　　　　　　　　　　　　　　XⅨ


一　明天的寓言　　　　　　　　　　　　　　　　　　　1

二　忍耐的义务　　　　　　　　　　　　　　　　　　　5

三　死神的特效药　　　　　　　　　　　　　　　　　15

四　地表水和地下海　　　　　　　　　　　　　　　　39

五　土壤的王国　　　　　　　　　　　　　　　　　　53

六　地球的绿色斗篷　　　　　　　　　　　　　　　　63

七　不必要的大破坏　　　　　　　　　　　　　　　　85

八　再也没有鸟儿歌唱　　　　　　　　　　　　　　101

九　死亡的河流　　　　　　　　　　　　　　　　　127

一〇　无人幸免的天灾　　　　　　　　　　　　　　151

一一　超越波吉亚家族的梦想　　　　　　　　　　　169

一二　人类的代价　　　　　　　　　　　　　　　　183

一三　通过一扇狭小的窗户　　　　　　　　195

一四　每四个中有一个　　　　　　　　　215

一五　大自然在反抗　　　　　　　　　　241

一六　崩溃声隆隆　　　　　　　　　　　261

一七　另一条道路　　　　　　　　　　　275


附录

参考文献　　　　　　　　　　　　　　　299

译者后记　　　　　　　　　　　　　　　357

# 中文版序

蕾切尔·卡森的名著《寂静的春天》,我在中译本出来后就读过。早在一九六二年,它就为人类用现代科技手段破坏自己的生存环境发出了第一声警报。但是在当年的美国,却遭到与农药相关企业的猛烈抨击和某些舆论的嘲弄。我佩服卡森女士的科学精神、远见和胆识。历史最终证明,尽管当时她是极少数,真理却在她的一边。

按一般常识来说,后发展国家理应避免走别人已付出过代价的弯路。但是,中国却重复了,并仍在重复着发达国家已经走过的"先污染,再治理"的路,而且污染后肯不肯治理,能不能治理,也还是个问题。

卡森的书出版之时,中国刚刚经历过所谓的"大跃进"年代,"战天斗地"的口号还在喊得震天响,并为此付出了惨重的代价;人类第一次专门为环境问题而举行的国际大会——斯德哥尔摩会议,是《寂静的春天》初版十年后的一九七二年召开的。那时中国刚恢复联合国席位,收到了这次会议的邀请。当时国内的宣传口径是：环境问题是资本主义典型的社会弊病，社会主义国家怎么能够承认也有环境污染问题呢？中国政府难免犹豫是否派团出席（这是我在一次环保聚会上，亲耳听到当年出席斯德哥尔摩会议的中国代表团团长讲的）。由此可见，在当时的中国，连政府中不少高级领导人也还浑然不知环保为何事，更何况普通百姓？

中国的环境问题说到底，还不仅是个技术或政策问题，而是一个复杂的社会问题。而其根本症结，就在于上世纪中期由于对主张控制人口的学者马寅初的批判，导致了中国人口的急剧膨胀，使中国人口与生存资源和环境容量的比例迅速失衡。上世纪八九十年代，由于中国特殊的政治历史条件，在人口与资源比最紧张的情况下，中国经济发展的规模和速度却迎来了其最大、最快的时期。这就使中国的环境问题显得空前尖锐。

卡森在她的书里，着重讲了化学制剂，主要是农药，特别是杀虫剂对环境的污染问题。但是环顾今天中国，污染环境的岂止是一般化学制剂，整座整座的工厂，尤其是设备简陋、缺乏起码的环境保护措施和意识的乡镇企业，将自己的未经处理的生产污水和工业废弃物直接排放到自然环境中去，把天然河流干脆当成下水道、垃圾坑来使用，以致沿着这些污水河，出现了大量的癌症村和"怪病村"；村子里得癌症和"怪病"而死亡的人数比例高得让人揪心。

其实，中国今天面临的环境问题，要比上世纪六十年代卡森笔下所述的情景不知要严重多少倍。仅举一例：卡森将自己的这本著作起名为"寂静的春天"，是因为对于普通的美国人来说，在自家后院里听不到鸟鸣，是件会使人猛然吃惊的大事。可是请大家回忆一下，我们中国城市居民，什么年代曾在自家后院或附近听到过鸟鸣呢？对于中国人来说，环境问题已远远不止是什么听不听得见鸟鸣，而是人能不能正常生存的问题了。

我们知道，正是卡森这本书的出版，促成了美国第一个民间环保团体的建立。而第一个真正意义上的民间环保团体在中国的出现，却是在整整三十年之后，即九十年代初。由于中国的特殊历史条件，多数成立不超过十年的中国民间环保组织，在各方面还是软弱、幼稚和经验不足的。它们刚刚尝试着为社会大众的环境利益而呐喊。这种呐喊，遭到了那些靠牺牲环境赚取利润的企业的反抗也是意料中事；但是令人不解的是，有一些所谓的学者，居然也公然站出来为那些一心只想着利润和国民生产总值的增长而根本无视环境和生态保护的企业和地方政府辩解，甚至恶言诋毁初生的民间环保组织。这说明，在中国这个缺乏非政府组织传统的社会中，要使人们普遍认识到非政府组织是老百姓表达意见的一种渠道，是创建一个民主、和谐的社会的必要因素，还有一段很长的路要走。

中国人民希望实现"小康社会"，希望多数人都能过上富裕生活，这种追求是很正常的，完全无可厚非。但也不能忘记，追求富裕是要付出代价的，其代价之一就是自然资源的消耗和环境负荷的增加。中国人必须学会在这两者之间找到一个平衡点，而决不能以预支我们子孙后代的生存环境，来换取当代人的"美好生活"。

在中国，非政府环保组织的一个重要任务，是努力提高亿万普通中国人的环境意识。因为我们深信，只有当多数中国人懂得了环境保护对自己和子孙后代的重要意义时，中国才有可能期盼一个绿色的明天。在这方面，卡森女士的《寂静的春天》将是我们向公众普及环境意识的一个最有力的、经典的读本。

**梁从诫**

二〇〇五年八月二十七日　北京

# 引言

　　作为一位民选官员给《寂静的春天》写序，我心怀谦恭，因为雷切尔·卡森的这部里程碑式的著作已无可辩驳地证明，一种思想的力量远比政治家的力量更强大。一九六二年，当《寂静的春天》首次出版时，在公众政策中还没有"环境"这一条款。在一些城市，尤其是洛杉矶，烟雾已经引起人们关注，但这主要是因为它太显眼，而不是真正认识到它对公众健康的威胁。资源保护——环境保护主义的前身——在一九六〇年民主党和共和党的两党代表大会上曾经提到，但仅仅是在讨论国家公园和自然资源问题时顺便提及。除了在一般人们很难看到的科技刊物中有那么几个零星的词条外，实际上没有公众讨论滴滴涕及其他杀虫剂或化学药品正在增长的潜在危险。《寂静的春天》犹如旷野中的一声呐喊，以它深切的感受、全面的研究和雄辩的论点改变了历史的进程。如果没有这本书，环境运动也许会被延误很长时间，或者现在还没有开始。

　　卡森作为一个海洋生物学家，一度曾为联邦鱼类和野生生物局工作，但她和她的书仍遭遇到来自污染获利者的巨大抵制，人们大概不会为此感到奇怪。几家大型化工公司都试图禁止《寂静的春天》出版。当该书摘录在《纽约客》杂志发表时，马上出现了反卡森的大合唱，指责她歇斯底里，是极端主义者。时至今日，只要有人质疑那些损害环境的既得利益者，此类指责就会随时再现。（我在一九九二年竞选时被贴上了"臭氧人"的标签，当然，这不是为了夸我，但我视它为光荣的标记，我晓得只要提出这些环境问题，总会激起凶猛的——有时是愚蠢的——反应。）当《寂静的春天》出版并为人们广泛阅读时，反对该书作者的势力是可怕的。

对蕾切尔·卡森的攻击，可与当年对出版《物种起源》的达尔文的恶毒诽谤相比。甚而，由于卡森是一位女性，很多冷嘲热讽直接拿她的性别说事。称她"歇斯底里"即是典型一例。《时代》周刊另加一条指责，说她使用了"煽情的语言"。她被别人藐视为"自然的女祭司"。她的科学家声誉也同样遭到攻击，她的对手出资大搞宣传，否定她的研究工作。那完全是一场紧锣密鼓、得到充分资助的反面宣传运动，不过它反对的不是一位政治候选人，而是一本书及其作者。

在这场论战中，卡森凭借的是两种决定性力量：谨慎地遵循真理和超凡的个人勇气。她反复地推敲过《寂静的春天》中的每一个段落，这些年来的研究已经表明，她和种种警告都是有不及而无过之。她的勇气和远见卓识已使她远远超出了她挑战那些强大而又高额盈利的工业界的初衷。当写作《寂静的春天》的时候，她忍受了乳房肿瘤切除的痛苦，同时还在接受放射性治疗。书出版后两年，她逝世于乳腺癌。意味深长的是，最新研究指出，这种疾病与有毒化学品的暴露相联系。从某种意义上来说，卡森是在为她自己的生命而写作。

她写作也是为了反对科学革命早期遗留下来的一个传统观念，即男人应是万物的中心和主宰，科学史基本就应是男人主导的历史，这几乎被看成是一个终极绝对状态。当一位女性敢于挑战这一传统时，这一传统的卫道者之一，罗伯特·怀特·斯蒂文，用一种现在看来既傲慢又离奇得如平面地球理论那样的话语回答说："此争论赖以支撑的症结问题是，卡森小姐坚持认为自然平衡是人类生存的主要力量；而当代化学家、生物学家和科学家坚信人类正牢牢地控制着大自然。"

这种世界观用现今眼光来看十分荒谬，但它正反衬出卡森当时是多么具有革命性。来自工业利益集团的攻击并不出乎人们的预料，但连美国医学协会也站在了化工公司一边。而且，发现滴滴涕的杀虫性的人还获得了诺贝尔奖。

但《寂静的春天》不可能被扼杀。虽然书中提出的问题当时没有马上解决，但书本身受到了公众的热烈欢迎和广泛支持。顺便提一下，卡森此前已靠两本畅销书，《环绕我们的海洋》和《海的边缘》，得到了经济上的自立和公众的信誉。《寂静的春天》出版于十年之前，它的出现历经了风风雨雨，一点儿也不寂静。与当初刚听到或注意到这本书的信息时代相比，在这十年中，美国人对环境问题有了更充分的思想准备。从某种意义上说，这位妇女是与这场运动一起到来的。

最后，政府和民众都卷入了这场运动——不仅仅是看过这本书的人，还有那些通过报纸和电视知道这本书的人。当《寂静的春天》的销售量超过五十万册时，哥伦比亚广播公司为它制作了一个长达一小时的节目，甚至当两大出资人因此而撤消了对哥伦比亚公司的赞助后，该电视网还继续广播宣传。肯尼迪总统在新闻发布会上讨论了这本书，并指派了一个专门小组调查书中的结论。当这个专门小组报告他们的结果时，他们的报告书成了对企业和官僚熟视无睹的起诉，这个报告是对卡森关于杀虫剂潜在危害的警告的确认。此后不久，国会开始召开听证会，并成立了第一批基层环境保护组织。

《寂静的春天》播下的新行动主义的种子如今已成长为历史上伟大的群众力量之一。当一九六四年春天蕾切尔·卡森逝世时，人们已经明白她的声音是不可能被掩盖的。她唤醒的不止是我们国家，还有整个世界。《寂静的春天》的出版可视为当代环境保护运动的起始点。

《寂静的春天》对我个人有深远影响。这本书是母亲坚持要我们在家阅读的几本书之一，读完后还要围着饭桌讨论。姐姐和我都不喜欢在饭桌上涉及任何一本书，但围绕《寂静的春天》的谈话却总是愉快的，至今仍记忆犹新。事实上，蕾切尔·卡森是促使我意识到环境的原因之一。她的榜样感召我去写《平衡中的地球》一书，此书由休顿·米夫林公司出版，这并非巧合，这家公司在卡森的整个论战过程中始终站在她一边，它还因为此后出版了许多有关我们世界面临的环境危险的好书而享有声誉。在我办公室的墙上，卡森的照片挂在政治领袖、总统及总理们的照片中间。卡森的照片挂在那儿已多年了，它应该挂在那儿。卡森对我的影响之大相当于或超过了那些人，或许超过那些人的总和。

作为一位科学家和理想主义者，卡森是孤独的，但却善于倾听，这是身在权位的人通常做不到的。她收到一封来自马萨诸塞州杜可斯波里的一个名叫奥尔加·欧文斯·哈金斯的妇女的信，告诉她滴滴涕正在杀死鸟类，这封信使她构思了《寂静的春天》。现在，因为卡森的工作，滴滴涕已被禁用，她特别关心的一些物种，如鹰和移居的猎鹰，不再处于绝种的边缘。也许人类本身，至少许多人的生命因为她的著作将获救。

　　无怪乎人们将《寂静的春天》的影响与《汤姆叔叔的小屋》相比。这是两本改变了我们社会的罕有书籍。当然，它们之间存在着重大的区别。哈丽特·比彻·斯陀把一个已经存在于人们头脑中并成为公众争论的焦点问题戏剧化了；她使一个举国关心的问题人性化。她描绘的奴隶形象感动了民族的良知。亚伯拉罕·林肯在南北战争高潮时见到她，对她说："您就是引发这整个事件的小妇人。"与之相比，蕾切尔·卡森是在对一个人们很难觉察的危险发出警告，她试图把此问题提到国家的议事日程上，而不是为已经存在的问题提供证据。从这种意义上说，她的成就更难能可贵。具有象征意味的是，她于一九六三年在国会作证时，参议员亚伯拉罕·李比克夫的欢迎词怪异地再现了正好一个世纪前林肯的话，李比克夫说："卡森小姐，您就是引发这一切的那位女士。"

　　两本书的另一个区别与《寂静的春天》核心内容在时间上的延展性有关。奴隶制可以，也确实在几年内就终结了，尽管还要花一个世纪或更多时间去处理许多后续事务。不过，如果说奴隶制可以靠笔杆子的力量废除的话，化学污染却不能。尽管卡森的论辞是有力的，尽管在美国采取了诸如禁止滴滴涕的行动，但环境危机却日益恶化，并不见好。或许灾难增长的速率减缓了，但这件事本身并不令人心安。自《寂静的春天》出版以来，仅用于农场的农药就已加倍到每年十一亿吨，这些危险的化学药品的生产力也增长了百分之四百。我们已在本国禁用了一些农药，但我们依然生产，然后出口到其他国家。这不仅牵涉到将我们自己不愿意接受的危害卖给别人获利的问题，而且也反映了人们并不认识科学问题无国界这一基本观念。任何一处食物链中毒最终将导致所有地方的食物链中毒。

卡森在其鲜有的、也是最后的几次给美国园林俱乐部的演讲中表示，事情在变好之前会变得更糟："问题很多，却没有容易的解决办法。"她甚而警告说，我们等待得越久，我们要承担的风险就越多。"我们正在经历的是，整个人类都暴露于动物实验已证明极具毒性并且许多例证表明有积累毒效的化学药品的侵害。这种暴露在出生时或出生前就开始了。如果不改变我们的做法，这种暴露将会持续侵害现代人的一生。没有人知道结果会怎样，因为我们没有经验可以作为指导。"自从她讲这些话以来，我们已经不幸获得了许多经验，如可能与农药有关的癌症和其他疾病的发病率已猛增。难办的是我们并非什么都没做。我们已经做了一些重要的事情，可是我们所做的还远远不够。

环境保护署于一九七〇年成立，这在很大程度上是基于蕾切尔·卡森所唤起的意识和关怀。农药管理法和食品安全调查局从农业部移到了环保署，农业部自然只是想看到在谷物上喷洒农药的好处，而不是危险。从一九六二年起，国会就不是一次，而是三番五次地提出确立杀虫剂的评估、注册和信息的标准问题。但许多标准已被无视、搁置或破坏了。例如，当克林顿-戈尔政府接政时，保护农场工人免受杀虫剂毒害的标准还没有到位，尽管环保署在七十年代初就"着手制定"了。像滴滴涕那样的广谱杀虫剂已经被窄谱杀虫剂替代了,虽然后者毒性更大并且尚未充分检测,它们代表着相等的或更大的危险性。

在大多数情况下,农药制造工业的强硬派人士都成功地推迟了《寂静的春天》中所呼吁的保护性措施的施行。令人吃惊的是,这些年来,这类工业在国会依然颇受宠爱。为管制杀虫剂、杀菌剂和灭鼠剂而设立的法规标准远比管制食品和医药的法规宽松得多,并且国会有意让这些法规难以实施。在制定一种杀虫剂的安全标准时,政府考虑的不仅是它的毒性,还有它的经济效益。这一值得怀疑的立法程序旨在引起农业增产(农业增产不用农药也可获得)和控制癌症和神经疾病潜在增长之间的矛盾。况且,将一种有危险性的杀虫剂从市场上废除的过程通常需五至十年时间。新型杀虫剂,即使毒性很强,只要其效果比现有的稍好一点,就会得到批准上市。

在我看来,这只是一种"久在低谷不自知——习以为常"的状态。现在的体制是浮士德式的交易——以长远悲剧的代价来换取近期利益。有理由相信,这种短期利益确实是非常短的。许多杀虫剂不能使害虫总数减少;也许开始时害虫减少了,但害虫通过基因突变最终会适应,从而使杀虫剂失去作用。更何况,我们的研究一直侧重于杀虫剂对成人而不是孩子的影响,其实孩子更易受害于化学药品。我们总是孤立地研究单个杀虫剂,科学家们通常还没有研究出多种杀虫剂的联合作用,而这种联合作用才是真实存在于我们田野、牧场和河流中的潜在危险。从根本上说,我们继承的是一个法律与漏洞共存、执行与拖延同在、用虚华表面勉强掩饰整个政策失败的体制。

蕾切尔·卡森告诉我们,杀虫剂的滥用与我们的基本价值观相违背：最坏的情况是它们制造出了她所说的"死亡的河流"；最好的情况是它们引起缓和的危害，但却几乎没有什么长期效益。一个诚实的结论是，在《寂静的春天》出版二十二年之后，法律、法规和政策系统都没有引起足够的反应。卡森不仅熟知环境，也了解政界的非同一般之处，她已预期到失败的原因。在当时几乎无人谈及与特别利益相关的金钱与势力这一孪生污垢时，她即在园林俱乐部讲演时指出："好处……都给了那些企图阻止修正法案的人。"她甚而谴责政府减低竞选开支税（本届政府正在寻求废除）的政策，她指出，这种减税"意味着，说具体一点，化工工业现在可以以更低廉的代价来阻止未来的立法努力……希望不受法律约束而自行其事的工业界现在实际上已从它们的争斗中获利"。简言之，她大胆设想的农药问题会因为她明智预言的政治问题的存在而长期存在。清理污染必须先清理政治。

一种努力的多年持续失败有助于解释为什么其他努力也都一败再败。其结论既令人无法接受，也同样无法否认。一九九二年我们国家共用了二十二亿磅杀虫剂，相当于男人、女人和儿童人均八磅。已知许多现用的杀虫剂是高度致癌的；其他杀虫剂可以毒害昆虫的神经和免疫系统，可能也然毒害人类。虽然我们已不再有卡森所描绘的那种日用化学品带来的令人怀疑的好处——"我们可以用一种蜡打磨地板以杀死在蜡上面爬过的虫子"，今日仍有超过九十万个农场和六千九百万个家庭在使用杀虫剂。

一九八八年，环保署报告说三十二个州的地下水已被七十四种不同的农业化学药品所污染，其中包括除草剂阿特拉津，此药剂属于潜在的人类致癌物之类。每年七千万吨此药施用在密西西比河流域的玉米田里，其中一百五十万磅由地下径流入两千万人的饮水中。阿特拉津是无法经由市政污水处理系统消除的；春天时，水中的阿特拉津含量经常超过安全饮水法所规定的标准。一九九三年，整个密西西比河流域百分之二十五的地表水都超标。

滴滴涕和多氯联苯在美国的被禁实际上另有原因，但作为化学物之近亲的、可模拟女性荷尔蒙雌激素的杀虫剂又大量出现了，并且引起新的严重问题。来自苏格兰、密歇根、德国以及其他地方的研究指出，这些杀虫剂引起生育力下降、睾丸癌和乳腺癌，还造成生殖器官病变。在美国，随着过去二十年中雌激素农药的泛滥，睾丸癌的发病率增长了大约百分之五十。还有证据指出，出于尚未了解的原因，世界范围内的精子数降低了百分之五十。有文献记载，确凿可靠的证据表明，这些化学物质干扰了野生生物的繁殖能力。在审阅过"环境健康研究所期刊"提供的数据后，三位研究者得出结论，"许多野生生物现在面临着危险"。众多的此类问题可能是动物和人类生殖系统出现大量不可预测病变的先兆；然而，这些杀虫剂的潜在危害作用并不包括在现行法规风险评估的范围之内。一个新的行政提案要求对此问题予以研究。

这些化学药品的辩护者们无疑将会做出传统的反应：诸如，以人为对象的研究不能说明化学物和疾病间的直接联系；巧合并不等于因果关系（尽管一些巧合要求推导出谨慎而非仓促的结论）；或老调重弹，认为动物实验不能绝对地说明人体情况。所有这些论调都让人想起当年由蕾切尔·卡森著作所引起的、来自化学工业和受其资助的大学校园里的科学家们的反击。她预料到了这些反击，并在《寂静的春天》里写道："当公众……提出抗议时，只提供一点半真半假的话作为镇定剂。我们急需结束这些伪善的保证和包在令人厌恶的事实外面的糖衣。"

在八十年代，尤其是在詹姆斯·瓦特掌政内务部及安·高萨奇主管环保署时，对环境的无知达到顶峰。毒化环境几乎被看成是强硬经济实用主义的标记。例如，在高萨奇的环保署里，取代化学杀虫剂的综合害虫治理计划(Integrated Pest Management)实际上已被扫地出门。环保署禁止与该计划有关的出版物，并使该计划的措施失去法律效力。

克林顿-戈尔政府一开始便持有一个不同的观点，并坚定地下决心去扭转杀虫剂污染的潮流。我们的政策包括三项原则：更严的标准，减少使用，广泛推行可替代性生物制剂。

很显然，明智的使用杀虫剂的方法应考虑风险和收益之间的平衡，同时还要考虑经济因素。不过，我们也不得不给予这个范围之外及这个公式之外的特殊问题以充分重视。标准必须清楚和严格，测试必须彻底和诚实。长期以来，我们一直把儿童体内杀虫剂残毒允许值设得比应有的值高几百倍。哪一种经济收益计算可证明这是合理的呢？我们要测定这些化学品对儿童的影响，而不只是对成人；我们还必须检测一定范围内化学品的各种组合。我们进行检测不只是为了减少我们的担心，更是为了减少那些我们不得不担心的东西。

如果一种杀虫剂不再需要或在一定情况下已无效，那就不要用它，而不是维持它。效益应该是实在的，不应是可能的、短暂的或推测的。

总之，我们不得不重视生物制剂，尽管工业部门及其政治辩护士们对此深持敌意。在《寂静的春天》里，蕾切尔·卡森提到了"一系列真正出色的替代物来取代化学对昆虫的控制"。这些替代品现在越来越多，但众多官员却漠不关心，生产商也极力抵制。为什么我们就不能大力推广无毒的代用品呢？

　　最后，我们必须在以农药生产及农业社团为一边、以公众健康社团为另一边的文化沟壑上架一座桥梁。两边的人们来自不同背景，上不同的学校，有非常不同的观点。只要他们隔着猜疑和忌恨的鸿沟对峙，我们就很难改变一个生产和利润都和污染紧密相连的体系。有一条路可使我们看到结束这种体系的曙光——并开始缩小这种文化差异——那就是让基层的农业推广站去推行化学药物的替代品。另一办法是让生产我们食物和保护我们健康的机构彼此进行正式的和持续的对话。

　　许多人参与缔造了克林顿-戈尔政府的处理杀虫剂的新政策。其中最重要的也许是一位女性，她在政府机关工作的最后一年是一九五二年，她从一个中级职务上辞职，是为了能够全身心投入写作，不再只用周末和晚上。从精神上说，蕾切尔·卡森出席了本届政府的所有重要的环境会议。我们也许还没能一下子做到她所期待的一切，但我们正在朝她所指明的方向前进。

　　一九九二年，一个由杰出美国人组成的小组推选《寂静的春天》为近五十年来最具有影响力的书。经历了这些年来的风雨和政治论争，这本书仍是一个不断打破自满情绪的理智的声音。这本书不仅将环境问题带到了工业界和政府的面前，而且唤起了民众的注意，它也赋予我们的民主体制本身以拯救地球的责任。纵使政府不关心，消费者们的力量也会越来越强烈地反对农药污染。降低食品中的农药含量目前正成为一种食品促销手段，也同样正成为一种道德规范。政府必须行动起来，而人民也要当机立断。我相信，人民群众不再会允许政府无所作为，或做错误的事情。

蕾切尔·卡森的影响已超越了她在《寂静的春天》中所谈及问题的疆界。她将我们带回到一个基本观念，这个观念在现代文明中已丧失到令人震惊的地步，这个观念就是：人类与大自然的融洽相处。《寂静的春天》犹如一道闪电，第一次向人们显示出什么才是我们这个时代最重要的事情。在《寂静的春天》的最后几页中，卡森引用了罗伯特·弗罗斯特关于"人迹罕至"的道路的著名诗句，来描述我们所面临的选择。已有人尝试走这条路了，但几乎无人像卡森那样将整个世界领上这条道路。她的作为、她所揭示的真理，以及她激发起的科学研究，不仅是对限制使用杀虫剂的有力论证，也是对个人能带来重大变化的有力证明。

**阿尔·戈尔**（美国前副总统）

# 作者的话

　　我不想用脚注把正文弄得过于累赘，但觉得会有许多读者希望
继续讨论其中提到的某些主题，所以我按照章节和页码的顺序，将
主要资料来源附在书后。

# 致谢

一九五八年元月，我收到奥尔加·欧文斯·哈金斯的信，信中谈及她自己经历了一个小的生活环境被弄得没有了生命的痛苦过程，这使我把注意力急转到多年来我一直关注的一个问题。于是，我意识到必须写这本书。

从那时起，我得到了那么多人的帮助和鼓励，我无法将他们的名字一一列出。那些毫无保留地让我分享他们多年经验和研究成果的人们广泛地代表了许多方面，有美国和其他国家的政府部门、大学和研究机构，以及许多专业人员。对所有这些人，我在此对他们慷慨付出的时间和思想表示最深切的谢意。

另外，我要特别感谢那些花时间阅读本书手稿并基于他们的专业知识而提出见解和批评的人。虽然我对这本书的准确性和可靠性要承担最终责任，但如果没有以下专家的鼎力相助，这本书的完成将不可能。他们是梅约医院的医学博士 L·G·巴塞洛缪，得克萨斯大学的约翰·J·比塞尔，西安大略大学的 A·W·A·布朗，康涅狄格州韦斯特波特的医学博士莫顿·S·比斯金德，荷兰植物保护局的 C·J·布列吉，罗布和百西韦尔德野生生物基金会的克拉伦斯·科塔姆，克利夫兰医院的医学博士小乔治·克瑞尔，康涅狄格州诺福克的弗兰克·艾格乐，梅约医院的医学博士马尔科姆·M·哈格雷夫斯，国家癌症研究所的医学博士 W·C·休珀，加拿大渔业研究委员会的 C·J·克斯维尔，荒野学会的奥劳斯·穆利，加拿大农业部的 A·D·皮克特，伊利诺伊州自然历史考察委员会的托马斯·G·司各特，塔福特公共卫生工程中心的克拉伦斯·塔兹韦尔和密歇根州立大学的乔治·J·沃拉斯。

写任何一本涉及大量事实的书，作者都要依赖于图书馆馆员的技能与帮助。在这方面我同样受益匪浅，特别要感谢的是内政部图书馆的艾达·K·约翰斯顿和国家健康研究所图书馆的西尔马·鲁宾逊。

作为本书的编辑，保罗·布鲁克斯多年来一直坚定不移地给我鼓励，并多次毫无怨言地推迟他的编书计划以配合我的写作进展。对于这一切，并对他精湛的编辑技能，我将永远感激不尽。

在庞大的资料收集工作中，我得到了多萝西·阿尔吉、珍妮·戴维斯和贝特·哈尼·达夫的全力和有效的支持。如果没有帮我管理家务的艾达·斯普罗尽心照料，我也许不能写完这本书，因为有时处境确实困难。

最后，我还必须向许多我不相识的人致谢，是他们赋予本书的写作以价值。他们敢于挺身而出，反对那些轻率和不负责任的毒害这个人类及其他生物共享的世界的行为。他们现在还在各个方面进行战斗，这些战斗将最终取得胜利，并将理智和常识还给我们，使我们与身边的世界和谐相处。

蕾切尔·卡森

# 一 明天的寓言

从前，在美国中部有一个城镇，这里的一切生物看来与周围环境相处得很和谐。这个城镇坐落在像棋盘般整齐排列的欣欣向荣的农场中央，庄稼地遍布，小山下果园成林。春天，繁花像白色的云朵点缀在绿色的原野上；秋天，透过松林的屏风，橡树、枫树和白桦闪射出火焰般的彩色光辉，狐狸在小山上吠鸣，鹿群静悄悄穿过笼罩着秋天晨雾的原野。

沿着小路生长的月桂树、荚蒾和赤杨树，以及巨大的羊齿植物和野花，在一年的大部分时间里都使旅行者目悦神怡。即使在冬天，道路两旁也是美丽的地方，那儿有无数小鸟飞来，在雪层上露

1

出的浆果和干草的穗头上啄食。郊外事实上正以其鸟类的丰富多彩而驰名，当迁徙的候鸟在整个春天和秋天蜂拥而至的时候，人们都长途跋涉来这里观鸟。也有些人来小溪边捕鱼，这些洁净又清凉的小溪从山中流出，形成了绿荫掩映的生活着鳟鱼的池塘。野外一直是这个样子，直到许多年前的一天，第一批居民来到这儿建房、挖井和筑仓，情况才发生了变化。

从那时起，一个奇怪的阴影遮盖了这个地区，一切都开始变化。一些不祥的预兆降临到村落里：神秘莫测的疾病袭击了成群的小鸡，牛羊病倒和死去。到处是死亡的阴影，农夫述说着他们家人的疾病，城里的医生也愈来愈为他们病人中出现的新的疾病感到困惑。不仅在成人中，而且在孩子中也出现了一些突然的、不可解释的死亡现象，这些孩子在玩耍时突然倒下，并在几小时内死去。

一种奇怪的寂静笼罩了这个地方。比如，鸟儿都到哪儿去了呢？许多人谈论着鸟儿，感到迷惑和不安。园后鸟儿寻食的地方冷落了。在一些地方仅能见到的几只鸟儿也气息奄奄，战栗得很厉害，飞不起来。这是一个没有声息的春天。这儿的清晨曾经荡漾着乌鸦、鸫鸟、鸽子、樫鸟、鹪鹩的合唱，以及其他鸟鸣的音浪；而现在一切声音都没有了，只有一片寂静覆盖着田野、树林和沼泽。

农场里的母鸡在孵窝，却没有小鸡破壳而出。农夫抱怨着他们无法再养猪了——新生的猪仔很小，小猪病后也只能活几天。苹果树开花了，但花丛中没有蜜蜂嗡嗡飞来，所以苹果花没有得到授粉，也不会有果实。

曾经一度是多么吸引人的小路两旁，现在却仿佛是火灾浩劫后残余的焦枯的植物。被生命抛弃了的地方只有一片寂静，甚至小溪也失去了生命；钓鱼的人不再来访，因为所有的鱼已经死亡。

在屋檐下的雨水管中，在房顶的瓦片之间，一种白色的粉粒还露出稍许斑痕。在几星期之前，这些白色粉粒像雪花一样，降落到屋顶、草坪、田地和小河上。

不是魔法，也不是敌人的活动使这个受损害的世界的生命无法复生，而是人们自己使自己受害。

上述的这个城镇是虚设的，但在美国和世界其他地方都可以很容易地找到上千个这种城镇的翻版。我知道并没有一个村庄经受过如我所描述的全部灾祸；但其中每一种灾难实际上已在某些地方发生，并且确实有许多村庄已经蒙受了大量的不幸。一个狰狞的幽灵几乎在不知不觉中向我们袭来，这个想象中的悲剧可能会很容易地变成一个我们大家都将知道的活生生的现实。

是什么东西使得美国无数城镇的春天之声沉寂下来了呢？这本书想尝试着给予解答。

## 二 忍耐的义务

地球上生命的历史一直是生物及其周围环境相互作用的历史。在很大程度上，地球上植物和动物的自然形态和习性都是由环境造成的。就地球时间的整个阶段而言，生命改造环境的反作用实际上一直是比较微小的。仅仅在出现了生命新种——人类——之后，生命才具有了改造其周围大自然的异常能力。

在过去的四分之一世纪里，这种力量不仅在数量上增长到产生骚扰的程度，而且发生了质的变化。在人对环境的所有袭击中，最令人震惊的是空气、土地、河流和海洋受到了危险、甚至致命物质的污染。这种污染在很大程度上是难以恢复的，它不仅进入了生命赖以生存的世界，而且也进入了生物组织内部。这一邪恶的环链在很大程度上是无法逆转的。在当前这种环境的普遍污染中，在改变大自然及其生命本性的过程中，化学药品起着有害的作用，它们至少可以与放射性危害相提并论。在核爆炸中所释放出的锶90，会随着雨水和飘尘争先恐后地落到地面，停留在土壤里，然后进入生长的野草、谷物或小麦里，并不断进入人的骨头里，一直保留在那儿，直到完全衰亡。同样地，撒向农田、森林和菜园里的化学药品也长期地存于土壤里，然后进入生物的组织中，并在一个引起中毒和死亡的环链中不断传递迁移。有时它们随着地下水流神秘地转移，等到再度显现出来时，它们会在空气和阳光的作用下结合成为新的形式，这种新物质可以杀伤植物和家畜，使那些曾经长期饮用井水的人受到不知不觉的伤害。正如艾伯特·施韦策所说："人们恰恰很难辨认自己创造出来的魔鬼。"

现在居住于地球上的生命从无到有，已过去了千百万年。在这个时间里，不断发展、进化和演变着的生命，与其周围环境达到了一个协调和平衡的状态。在严格塑造并支配生命的环境中，包含着对生命有害和有益的元素。一些岩石放射出危险的射线，甚至在所有生命从中获取能量的太阳光中也包含着具有伤害力的短波射线。生命要调整它原有的平衡所需要的时间，不是以年计而是以千年计。时间是根本的因素，但是现今的世界变化之快已来不及调整。

新情况产生的速度和变化之快，已反映出人们激烈而轻率的步伐胜过了大自然的从容态。放射作用远在地球上还没有任何生命以前，就已经存在于岩石的基本辐射、宇宙射线爆炸和太阳紫外线中了；现在的放射作用是人们干预原子时的人工创造。生命在本身调整中所遭遇的化学物质，再也远远不仅是从岩石里冲刷出来和由江河带到大海去的钙、硅、铜以及其他的无机物了，它们是人们发达的头脑在实验室里所创造的人工合成物，而这些东西在自然界是没有对应物的。

就大自然的范围来看，去适应这些化学物质是需要漫长时间的；它不仅需要一个人一生的时间，而且需要许多代。即使借助于某些奇迹使这种适应成为可能也是无济于事的，因为新的化学物质像涓涓溪流般不断地从我们的实验室里涌出；单是在美国，每一年几乎有五百种化学合成物付诸应用。这些数字令人震惊，而且其未来含义也难以预测。可想而知，人和动物的身体每年都要千方百计地去适应五百种这样的化学物质，而这些化学物质完全都是生物未曾经验过的。

这些化学物质中，有许多曾应用于人对自然的斗争。二十世纪四十年代中期以来，二百多种基本的化学物品被创造出来，用于杀死昆虫、野草、啮齿动物和其他一些用现代日常用语称之为"害虫"的生物。这些化学物品以几千种不同的商品名称销售。

这些喷雾药、粉剂和气雾剂现在几乎已普遍地被农场、园地、森林和住宅所采用，这些未加选择的化学药品具有杀死每一种"好的"和"坏的"昆虫的力量，它们使得鸟儿的歌唱和鱼儿在河水里的翻腾静息下来，使树叶披上一层致命的薄膜，并长期滞留在土壤里——造成这一切的本来的目的可能仅仅是为了消除少数杂草和昆虫。谁能相信在地球表面上施放有毒的烟幕弹，怎么可能不给所有生命带来危害呢？它们不应该叫做"杀虫剂"，而应称为"杀生剂"。

使用药品的整个过程看来好像是一个没有尽头的螺旋形的上升运动。自从滴滴涕可以被公众应用以来，随着更多的有毒物质的不断发明，一种不断升级的过程就开始了。因为按照达尔文适者生存原理这一伟大发现，昆虫可以向高级进化，并获得对某种杀虫剂的抗药性。之后，人们不得不再发明一种致死的药物，昆虫再适应，于是再发明一种新的更毒的药。这种情况的发生同样也是由于后面所描述的原因所致，害虫常常进行"报复"，或者再度复活；经过喷撒药粉后，数目反而比以前更多。因此，化学药品之战永远也不会取胜，而所有的生命都在这场强大的交火中受害。

与人类被核战争所毁灭的可能性同时存在的，还有一个中心问题，那就是人类整个环境已由难以置信的潜在有害物质所污染，这些有害物质积蓄在植物和动物的组织里，甚至已进入生殖细胞，以致于破坏或者改变了决定未来形态的遗传物质。

一些自称为我们人类未来的设计师，曾兴奋地预期总有一天能随心所欲地设计改变人类细胞的原生质，但是现在我们由于疏忽就可以轻易做到这一点，因为许多化学物质，如放射线，一样可以导致基因的变化。诸如选择杀虫药这样一些表面看来微不足道的小事竟能决定人们的未来，想想这一点，真是对人类极大的讽刺。

这一切都冒险做过了——为的是什么呢？将来的历史学家可能为我们在权衡利弊时所表现的低下判断力而感到无比惊奇。有理性的人们想方设法控制一些不想要的物种，怎么能用这样一种既污染了整个环境又对自己造成病害和死亡的威胁的方法呢？然而，这正是我们所做过的。此外，我们之所以这样做，是因为我们即使检查出原因也没有用。我们听说杀虫剂的广泛大量使用对维持农场生产是需要的，然而我们真正的问题不正是生产过剩吗？我们的农场不再考虑改变产量的措施，并付给农夫钱而不让他们生产；因为我们的农场生产出令人目眩的谷物过剩，使得美国的纳税人在一九六二年一年中付了十亿美元以上的钱作为整个过剩粮食仓库的维修费用。当农业部的一个部门试图减少产量时，另一个部门却像它在一九五八年所宣布的："通常可以相信，在农业银行的规定下，谷物亩数的减少将刺激对化学品的使用，农业以求在现有耕地上取得最高的产量。"若是这样，对我们所担忧的情况又有何补益呢？

这一切并不是说就没有害虫问题和没有控制的必要了。我是在说，控制工作一定要立足于现实，而不是立足于神话般的设想，并且使用的方法必须是不要将我们随着昆虫一同毁掉。

试图解决某个问题但随之却带来一系列灾难，这问题是我们现代生活方式的伴随物。在人类出现很久以前，昆虫居住于地球——这是一群非常多种多样而又和谐的生物。在人类出现以后的这段时间里，五十多万种昆虫中的一小部分以两种主要的方式与人类的福利发生了冲突：一是与人类争夺食物，一是成为人类疾病的传播者。

传播疾病的昆虫在人们居住拥挤的地方变成一个重要问题，特别是在卫生状况差的条件下，如在自然灾害期间，或者是遇到战争，或者是在极端贫困和遭受损失的情况下，于是对一些昆虫进行控制就变得非常必要。这是一个我们不久将要看到的严峻事实，大量的化学药物的控制方法仅仅取得了有限的胜利，但它却给试图要改善的状况带来了更大威胁。

在农业的原始时期，农夫很少遇到昆虫问题。这些昆虫问题的产生是随着农业的发展而产生的——在大面积土地上仅种一种谷物，这样的种植方法为某些昆虫数量的猛增提供了有利条件。单一的农作物耕种不符合自然发展规律，这种农业是工程师想象中的农业。大自然赋予大地景色以多种多样性，然而人们却热衷于简化它。这样，人们毁掉了自然界的格局和平衡，自然界靠着这种格局和平衡才能保有自己的生物物种。一个重要的自然格局是对每一种生物的栖息地的适宜面积的限制。很明显，一种食麦昆虫在专种麦子的农田里比在麦子和这种昆虫所不适应的其他谷物掺杂混种的农田里繁殖起来要快得多。

同样的事情也发生于其他情况下。在一代人或更久以前，在美国的大城镇的街道两旁排列着高大的榆树。而现在，他们满怀希望所建设起来的美丽景色却受到了完全毁灭的威胁，因为一种由甲虫带来的病害扫荡了榆树，如果掺杂混种，使榆树与其他树种共存，那么甲虫繁殖和蔓延的可能性必然受到限制。

现代昆虫问题中的另一个因素是必须对地质历史和人类历史的背景进行考察：数千种不同种类的生物从它们原来生长的地方向新的区域蔓延入侵。英国生态学家查理·艾登在他最近的著作《入侵生态学》一书中对这个世界性的迁徙进行了研究和生动的描述。在几百万年以前的白垩纪时期，泛滥的大海切断了许多大陆之间的陆桥，使生物发现它们自己已被限制在如同艾登所说的"巨大的、隔离的自然保留地"中。在那儿它们与同类的其他伙伴隔绝，它们发展出许多新的种属。大约在一千五百万年以前，当这些陆块被重新连通的时候，这些物种开始迁移到新的地区——这个运动现在仍在进行中，而且正在得到人们的大力帮助。

植物的进口是当代昆虫种类传播的主要原因，因为动物几乎是永恒地随同植物一同迁移的，检疫只是一个比较新的但不完全有效的措施。单是美国植物引进局就从世界各地引入了几乎二十万种植物。在美国，将近九十种植物的昆虫敌人是意外地从国外带进来的，而且大部分就如同徒步旅行时常搭乘别人汽车的人一样乘着植物而来。

在其故乡数目不断下降的植物或动物，一旦到了新的地区，由于逃离了其天敌对它的控制而可能蓬勃发展起来。因此，我们最讨厌的昆虫是传入的种类，这并非出于偶然。

这些入侵，不管是自然发生的，还是仰仗人类帮忙而发生的，都好像是在无休止地进行中。检疫和大量的化学药物仅仅是赢得时间的非常昂贵的方法。我们面临的，正如艾登博士所说"生死攸关的问题不只是去寻找抑制这种植物或那种动物的技术方法"，而是需要了解关于动物繁殖和它们与周围环境关系的基本知识，这样做将"促使建立稳定的平衡，并且封锁住虫灾爆发的力量和新的入侵"。

许多必需的知识现在是可以应用的，但是我们并未应用。我们在大学里培养生态学家，甚至在我们政府的机关里雇用他们，但是，我们很少听取他们的建议。我们任致死的化学药剂像下雨似的喷洒，仿佛别无他法，事实上，倒有许多办法可行，只要提供机会，我们的聪明才智可以很快发现更多的办法。

我们是否已陷入一种迫使我们接受的低劣而有害的状态，失去了意志和判断"什么是好"的能力了呢？这种想法，如生态学家保罗·什帕特所说："难道只要生活在比环境恶化的允许限度稍好一点点以摆脱困境就是我们的理想吗？为什么我们要容忍带毒的食物？为什么我们要容忍一个家庭位于枯燥的环境中？为什么我们要容忍与不完全敌对的东西去打仗？为什么我们一面怀着对防止精神错乱的关心，而一面又容忍马达的噪音？谁愿意生活在一个只是不那么悲惨的世界上呢？"

但是，一个这样的世界正在向我们逼近。一场用化学方法创建的无虫害世界的十字军运动，看来已焕发起许多专家和大部分所谓管理部门的巨大热情。从许多方面来看，显而易见的是，那些喷洒药物的工作运用了一种残忍的力量。康涅狄格州的昆虫学家尼勒·特纳说过："参与管理的昆虫学家们就好像是起诉人、法官和陪审员，估税员、收款员和州长在实施自己发布的命令。"肆意滥用农药的恶劣行为不管在州还是在联邦的政府部门内都毫无阻拦地予以放行。

我的意见并不是化学杀虫剂根本不能使用。我想说的是，我们把有毒的和对生物有效力的化学药品不加区分地、大量地、完全地交到人们手中，而对它潜在的危害却全然不知。我们使大量的人群去和这些毒物接触，而没有征得他们的同意甚至经常不让他们知道。如果说民权条例没有提到一个公民有权保证免受由私人或公共机关散播致死毒药的危险的话，那确实只是因为我们的先辈由于受限于他们的智慧和预见能力而无法想象到这类问题。

我进一步要强调的是，我们已经允许这些化学药物使用，然而却很少或完全没有对它们在土壤、水、野生生物和人类自己身上的效果进行调查。我们的后代未必乐意宽恕我们在精心保护负担着全部生命的自然界的完美方面所表现的过失。

对自然界所受威胁的了解至今仍很有限。现在是这样一个专家的时代，这些专家们只盯着他自己眼前的问题，而不清楚套着这个小问题的大问题是否褊狭。现在又是一个工业统治的时代，在工业中，不惜代价去赚钱的权利很少受到质疑。当公众由于面临着一些应用杀虫剂造成的有害后果的明显证据而提出抗议时，只提供一点半真半假的话作为镇定剂。我们急需结束这些伪善的保证和包在令人厌恶的事实外面的糖衣。被要求去承担由除虫者所造成的危险的是民众。民众应该决定究竟是希望在现在的道路上继续干下去呢，还是等拥有足够的事实后再去行动。让·罗斯唐说："我们既然忍受了，就应该有知情的权利。"

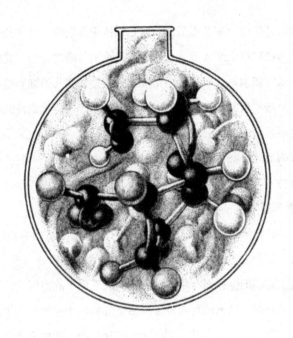

## 三　死神的特效药

　　现在每个人从未出生的胎儿期直到死亡，都必定要和危险的化学药品接触，这个现象在世界历史上还是第一次出现。合成杀虫剂使用才不到二十年，就已经传遍生物界与非生物界，到处皆是。我们从大部分重要水系甚至肉眼难见的地下潜流中都已测到了这些药物。早在十数年前施用过化学药物的土壤里仍有余毒残存。它们普遍地侵入鱼类、鸟类、爬行类以及家畜和野生动物的躯体内，并潜存下来。科学家进行动物实验，也觉得要找个未受污染的实验物，是不大可能的。在荒僻的山地湖泊的鱼类体内，在泥土中蠕行钻洞的蚯蚓体内，在鸟蛋里面——在人体中都发现了这些药物；现在这些药物贮存于绝大多数人体内，无论其年龄之长幼。它们还出现在母亲的奶水里，而且可能出现在未出世的婴儿的细胞组织里。

这些现象之所以会产生，是由于生产具有杀虫性能的人造合成化学药物的工业突然兴起，并飞速发展。这种工业是第二次世界大战的产儿。在化学战发展的过程中，人们发现了一些实验室造出的药物消灭昆虫很有效。这一发现并非偶然：昆虫，作为人类死亡的"替罪羊"，一向是被广泛地用来试验化学药物的。

这种结果已汇成了一股看来仿佛源源不断的合成杀虫剂的溪流。作为人造产物——在实验室里巧妙地操作分子群，代换原子，改变它们的排列而产生——它们大大不同于战前的比较简单的无机物杀虫剂。以前的药物源于天然生成的矿物质和植物生成物——即砷、铜、铝、锰、锌及其他元素的化合物；除虫菊来自干菊花，尼古丁硫酸盐来自烟草的某些属性，鱼藤酮来自东印度群岛的豆科植物。

新的合成杀虫剂的不同之处在于它们具有巨大的生物效能。它们具有巨大的药力：不仅能毒害，而且能进入体内最要害的生理过程，并常常使这些生理过程产生致命的恶变。这样一来，正如我们将会看到的情况一样，它们毁坏的正好是保护身体免于受害的酶；它们阻碍了人体借以获得能量的氧化过程；它们阻滞了各个器官发挥正常作用；还会在一定的细胞内产生缓慢且不可逆转的变化，而这种变化就导致了恶性发展的结果。

然而，每年都有杀伤力更强的新化学药物研制成功，并各有新的用途，这样就使得与这些物质的接触实际上已遍及全世界了。在美国，合成杀虫剂的生产从一九四七年的一亿二千四百二十五点九万磅猛增至一九六〇年的六亿三千七百六十六点六万磅，比原来增加了五倍多。这些产品的批发总价值大大超过了二点五亿美元。但是从这种工业的计划及其远景来看，这一巨量的生产才仅仅是个开始。

因此，一本杀虫药药名录对我们大家来说都是息息相关的了。如果我们要和这些药物亲密地生活在一起——吃的、喝的都有它们，连我们的骨髓里也吸收进了此类药物——那我们最好了解一下它们的性质和药力吧。

尽管第二次世界大战标志着杀虫剂由无机化学药物逐渐转为碳分子的奇观世界，但仍有几种旧原料在继续使用。其中主要是砷，它仍然是多种除草剂、杀虫剂的基本成分。砷是一种高毒性无机物质，它在各种金属矿中含量很高，而在火山、海洋、泉水内含量却很小。砷与人的关系是多种多样的，并由来已久。由于许多砷的化合物无味，所以远在波吉亚家族时代之前直至今天，它一直是被作为最常用的杀人剂。砷存在于烟囱的煤烟里，其中的某种芳香烃被确定为基本致癌物质，那是将近两个世纪之前，一位英国医师从煤烟中发现并做出的鉴定。长时期以来，使全人类陷入慢性砷中毒的流行病也是有案可查的，砷污染了的环境已在马、牛、羊、猪、鹿、鱼、蜜蜂这些动物中间造成疾病和死亡；尽管有这样的记录，含砷的喷雾剂、粉剂还是在广泛地使用。在美国南部，使用含砷的喷雾剂的产棉乡里，整个养蜂业几乎破产，长期使用砷粉剂的农民一直受着慢性砷中毒的折磨，牲畜也因人们使用含砷的田禾喷雾剂和除草剂而受到毒害。从乌饭树地里飘来的砷粉剂散落在邻近的农场里，污染了溪水，致命地毒害了蜜蜂、奶牛，并使人类染上疾病。一位研究环境致癌方面的权威人士，全国防癌协会的 W·C·惠帕博士说："……在处理含砷物方面，要想采取比我国近年来的实际做法——完全漠视公众的健康状况——更加漠视的态度，简直是不可能了。凡是看到过砷杀虫剂撒粉器、喷雾器怎样工作的人，一定会对那样马马虎虎地施用毒性物质深有所感，久久难忘。"

现代的杀虫剂致死性更强。其中大多数属于两大类化学药物中的一类。滴滴涕所代表的其中一类就是著名的"氯化烃"；另一类由有机磷杀虫剂构成，由略为熟悉的马拉硫磷和对硫磷为代表。如上所述，它们都有一个共同点，是以碳原子为主要成分——碳原子也是生命世界必不可少的"积木"——这样就被划为"有机物"了。为了了解它们，我们必须弄明白它们是由哪些物质形成的，以及它们是怎样(这尽管与一切生物的基础化学相联系着)把自己转化到使它们成为致死剂的变体上去的。

这个基本元素——碳，是这样一种元素，它的原子有几乎是无限的能力：能相互组合成链状、环状及各种别的构型，还能与他种物质的分子连接起来。的确如此，各类生物——从细菌到巨大的蓝鲸，有着其难以置信的多样性，也主要是由于碳的这种能力。如同脂肪、碳水化合物、酶、维生素的分子一样，复杂的蛋白质分子正是以碳原子为基础的。同样，碳也可构成数量众多的无机物，因此碳未必一定是生命的象征。

某些有机化合物仅仅是碳与氢的化合物。这些化合物中最简单的就是甲烷，或曰沼气，它是在自然界由浸于水中的有机物质的细菌分解而形成的。甲烷若以适当的比例与空气混合，就变成了煤矿内可怕的"瓦斯气"。它有美观的简单结构，由一个碳原子和四个氢原子组成：

$$
\begin{array}{ccc}
H & & H \\
& C & \\
H & & H
\end{array}
$$

科学家们已发现可以去掉一个或全部的氢原子，而以其他元素来代替。例如，以一个氯原子来取代一个氢原子，我们便制出了氯代甲烷：

$$
\begin{array}{ccc}
H & & Cl \\
& C & \\
H & & H
\end{array}
$$

除去三个氢原子并用氯来取代，我们便得到麻醉剂氯仿（三氯甲烷）：

$$
\begin{array}{ccc}
H & & Cl \\
& C & \\
Cl & & Cl
\end{array}
$$

以氯原子取代所有的氢原子，结果得到的是四氯化碳——我们所熟悉的清洁液：

$$
\begin{array}{ccc}
Cl & & Cl \\
& C & \\
Cl & & Cl
\end{array}
$$

用最简单的术语来讲，环绕着基本的甲烷分子的反复变化，说明了究竟什么是氯化烃。可是，这一说明对于烃的化学世界之

19

真正的复杂性，或对于有机化学家赖以造出无穷变幻的物质操作所给予的都仅仅是微小的暗示。化学家可操作由许多碳原子组成的碳水化合物分子而不仅是一个碳原子的甲烷。这些多碳化合物由许多环链组成，还有侧环和侧链，通过化学键和它们相结合的不仅仅是氢原子和氯原子而且有各种各样的化学官能团。只要外观上有点轻微变化，该物质的整个特性也就随之改变了；例如，不仅碳原子上附着的什么元素至为重要，而且连键合的位置也是十分重要的。这样的精妙操作已经制成了一组具有真正非凡力量的毒剂。

滴滴涕(二氯二苯三氯乙烷之简称)是一八七四年首先由一位德国化学家合成的，但它作为一种杀虫剂的特性是直到一九三九年才被发现的。紧接着滴滴涕又被赞誉为可根绝由害虫传染之疾病的、帮助农民在一夜之间就可战胜庄稼虫害的手段。其发现者，瑞士的保罗·穆勒曾获诺贝尔奖。

现在，滴滴涕被这样普遍使用，在多数人心目中，这种合成物倒像一种无害的日常用品。也许，滴滴涕的无害性的神话是以这样的事实为依据的：它的起先的用法之一，是在战时喷撒粉剂于成千上万的士兵、难民、俘虏身上，以灭虱子。人们普遍地这样认为：既然这么多人与滴滴涕极亲密地打过交道，而并未遭受直接的危害，这种药物必定是无害的了。这一可以理解的误会是基于这种事实而产生的——与别的氯化烃药物不同——呈粉状的滴滴涕不是那么容易通过皮肤被吸收的。滴滴涕溶于油剂使用，在这种状态下，滴滴涕肯定是有毒的。如果吞咽了下去，它就通过消化道慢慢地被吸收了，还会通过肺部被吸收。它一旦进入体内，就大量地贮存在富于脂质的器官内（因滴滴涕本身是脂溶性的），如肾上腺、睾丸、甲状腺。相当多的一部分留存在肝、肾及包裹着肠子的肥大的、保护性的肠系膜的脂肪里。

滴滴涕的这种贮存过程是从它的可理解的最小吸入量开始的（它以残毒存在于多数食物中），一直达到相当高的贮量水平时方告停止。这些含脂的贮存充任着生物放大器的作用，以至于小到餐食的千万分之一的摄入量，便可在体内积累到约百万分之十到十五的含量，增加了一百余倍。此类参考的数据，对化学家和药物学家来说是极其平常的，但却是我们多数人所不熟悉的。百万分之一，听起来像是非常小的数量——也确是这样，但是，这种物质效力却如此之大——以其微小药量就能引起体内的巨大变化。在动物实验中，发现百万分之三的药量能阻止心肌里一个主要的酶的活动；仅百万分之五就引起了肝细胞的坏死和瓦解；仅百万分之二点五的与滴滴涕极近似的药物狄氏剂和氯丹也有同样的效果。

这其实并不令人诧异，在正常人体化学物质中就存在着这种小原因引起严重后果的情况。比如，少到一克的万分之二的碘就足以成为健康与疾病的分水岭。由于这些微量的杀虫剂可以点滴地贮存起来，但却只能缓慢地排泄出去，所以肝脏与其他器官的慢性中毒及退化病变的威胁确实存在。

对人体内可以贮存多少滴滴涕，科学家的看法尚不一致。食品与药品管理局药物学主任阿诺德·李赫曼博士说："既没有这样一个最低标准——低于它，滴滴涕就不再被吸收了，也没有这样一个最高标准——超过它吸收和贮存就告终止了。"美国卫生部的威兰德·海斯博士却力辩道:"在每个人体内,会达到一个平衡点,超于此量的滴滴涕就被排泄出来。"就实际目的性而言,他们两个谁为正确并不重要,因为对滴滴涕在人体中的贮存已做了详细调查,我们知道一般常人的贮量就已是潜在的危害了。种种研究结果表明,中毒(不可避免的饮食方面的除外)的个人,平均贮量为百万分之五点三到百万分之七点四,其中农业工人为百万分之十七点一,而杀虫药工厂的工人竟高达百万分之四十八。可见已证实了的贮量范围是相当宽广的,并且,尤为关键的是这里最小的数据也是在可能开始损害肝脏与其他器官或组织的标准之上的。

滴滴涕及其同类的药剂的最险恶的特性之一,是它们通过食物链上的所有环节由一种生物传至另一种生物。例如,在苜蓿地里撒了滴滴涕粉剂,而后用这样的苜蓿作为鸡饲料,鸡所生的蛋就含有滴滴涕了。或者以干草为例,它含有百万分之七到八的滴滴涕残余,它可能用来喂养奶牛,这样牛奶里的滴滴涕含量就会达到大约百万分之三,而在此牛奶制成的奶油里,滴滴涕含量就会增达百万分之六十五。滴滴涕通过这样一个转移进程——本来含量极少,经过浓缩,逐渐增高。食品与药品管理局不允许州际商业装运的牛奶含有杀虫剂残毒,但当今的农民发觉很难给奶牛弄到未受污染的草料。

毒质还可能由母亲传到子女身上,杀虫剂残余已被食品与药品管理局的科学家们从人奶的取样试验中找了出来。这就意味着母乳哺育的婴儿,除其体内已积聚起来的毒性药物以外,还在接收着少量的却是经常性的补给。然而,这决非该婴儿第一次遇到中毒之险——有充分的理由相信,当其还在宫体内的时候这种过程就已经开始了。在实验动物体内，氯化烃药物自由地穿过胎盘这一关卡。胎盘历来是母体使胚胎与有害物质隔离的防护罩。虽然婴儿这样吸收的药量通常不大，却并非不重要，因为婴儿对于毒性比成人要敏感得多。这种情况还意味着：今天，对一般常人来说，这肯定是他第一次贮存此毒剂，从此以后他体内的毒剂便与日俱增，他便不得不将此重担支撑下去了。

所有这些事实——有害药物的贮存甚至是低标准的贮存，随之而来的积聚，以及各种程度的肝脏受损（正常饮食中也会轻易出现）的发生——使得食品与药品管理局的科学家们早在一九五〇年就宣布："很可能一直低估了滴滴涕的潜在危险性。"医学史上还没有出现过这种类似的情况。其后果究竟会怎样，也还无人知晓。


氯丹——另一种氯化烃，具有滴滴涕所有这些令人讨厌的属性，还要加上几种它自身独特的属性。它的残毒能长久地存在于土壤和食物中，或可能覆在使用它的东西的表面。它利用一切可利用的途径进入人体：可通过肌肤被吸收，可作为喷雾或者粉屑被吸入；当然，如果将它的残余吞食了下去，就从消化道吸收了。如同一切别种氯化烃一样，氯丹的沉积物日积月累地在体内积聚起来。一种食物含有少至百万分之二点五的氯丹，最终就会导致实验动物脂肪内的氯丹贮量增至百万分之七十五。

有经验的药物学家李赫曼博士曾在一九五〇年这样描述过氯丹："这是杀虫剂中毒性最强的药物之一，任何人摸了它都会中毒。"郊区居民并没有把这一警告放在心上，他们竟毫无顾忌地随意将氯丹掺入治理草坪的粉剂中。当时操作者未必马上发病，看来问题不大，但是毒素可长期潜存在人体内，过数月或数年以后才毫无规律地表现出来，到那时就不大可能查究出患病的起因了。但有时，死神也会很快地袭来。有一位受害者，偶尔把一种百分之二十五的工业溶液洒到皮肤上，四十分钟内就出现了中毒症状，竟未能来得及医药救护就死去了。这种中毒症是不可能提前发觉并通知医务人员及时抢救的。

七氯是氯丹的成分之一，作为一种独立的药物制剂在市场上销售。它具有在脂肪里贮存的特殊能力。如果食物中的含量小到仅千万分之一，在体内就会出现含量已可计的七氯了。它还有一种稀奇的本事，能起变化而成为一种化学性质不同的物质——环氧七氯，它在土壤里以及植物、动物的组织里都会起这种变化。对鸟类的试验表明，由这一变化而来的环氧七氯，比原来的药物毒性更强，而原来的药物毒性已是氯丹的四倍。

远在三十年代中期，就发现了一种特殊的烃——氯化萘，它会使受职业性药物危害的人患上肝炎病，也会患稀有的且几乎是无法医治的肝病。它们已引起了电业工人的患病与死亡；近来，在农业方面它们又被认为是引起牛畜所患的一种神秘的往往致命的病症的根源。鉴于前例，与这组烃有裙带关系的三种杀虫剂都属于烃类药物中的剧毒者就无足为怪了。这些杀虫药就是狄氏剂（氧桥氯甲桥萘）、艾氏剂（氯甲桥萘）以及安德萘①。

狄氏剂（为纪念一位德国化学家狄尔斯而命名），当把它吞食下去时，其毒性约相当于滴滴涕的五倍，但当其溶液通过皮肤吸收之

---

① endrin，即 $C_{12}H_8Cl_{60}$，一种狄氏剂的立体异构体。

后，毒性就相当于滴滴涕的四十倍了。它因中毒后发病快，并对神经系统有可怕的作用——使患者发生惊厥——而恶名远扬。这样中毒的人恢复得非常缓慢，足以表明其绵延的慢性药效。至于其他的氯化烃，其长期的药效严重损坏肝脏。狄氏剂残毒持续期漫长并有杀虫功效，因此就把它当做目前应用最广的杀虫剂之一，而不考虑其后果——施用后随之发生的对野生动物的可怕性毁灭。在对鹌鹑和野鸡做试验时，证明了它的毒性约为滴滴涕的四十到五十倍。

　　狄氏剂怎样在体内进行贮存或分布，或者怎样排泄出去，我们在这方面的知识存在极大的空白，因为科学家们发明杀虫药方面的创造才能早就超过了有关这些毒物如何伤害生物的生物学知识。然而，有各种征象表明这种毒物长期贮存在人类体内，在那儿，沉积物犹如一座正在安眠的火山那样蛰伏着，单等身体汲取此类毒物的脂肪积蓄到生理重压时期，才骤然迸发出来。我们所真正懂得的许多东西，都是通过世界卫生组织开展的抗疟运动的艰难经历才学到的。一旦疟疾防治工作中用狄氏剂取代了滴滴涕（固疟蚊已对滴滴涕有了抗药性），喷药人员中的中毒病例就开始出现了。病症的发作是剧烈的，半数乃至全部（不同的工作程序，中毒病状各异）受害者发生痉挛，且数人死亡。有些人自最后一次中毒之后四个月才发生惊厥。

　　艾氏剂是多少有点神秘的一种物质，因为尽管它作为独立的实体而存在着，但它与狄氏剂却有着非常密切的关系。当你把胡萝卜从一块用艾氏剂处理过的苗圃里拔出来以后，发现它们含有狄氏剂的残毒。这种变化发生在生物组织内，也发生在土壤里。这种炼丹术式的转化已导致了许多错误的报道，因为如果一个化学师知道已经施用过艾氏剂而要来化验它是否还存在时，他将会受骗，以为全部的艾氏剂余毒已经消失了。其实余毒还在，不过因为它们变成了狄氏剂而需要做不同的试验罢了。

像狄氏剂一样，艾氏剂也是极其有毒的。它引起肝脏和肾脏退化的病变。用阿司匹林药片那样大小的剂量，就足以杀死四百多只鹌鹑。人类中毒的许多病例是留有记录的，其中大多数与工业管理有关。

艾氏剂同本组杀虫剂的多数药物一样，给未来投下一层威胁的阴影——不孕症的阴影。给野鸡喂食很小的剂量，不足以毒死它们，尽管如此，却只生了很少的几个蛋，而且由这几个蛋孵出的幼雏很快就死去了。此种影响并不局限于飞禽，遭艾氏剂毒害的老鼠，受孕率降低了，其幼鼠也是病态的，活不久的。处理过的母狗所产的小崽三天内就死了。新的一代总是这样或者那样地因其双亲体的中毒而遭难。没人知道是否在人类也会看到同样的影响，可是这一药物业已通过飞机喷撒遍及城郊和田野了。

安德萘是所有氯化烃药物中毒性最强的。虽然化学性能与狄氏剂有相当密切的关系，但其分子结构稍加改变就使得它的毒性相当于狄氏剂的五倍。安德萘使得滴滴涕——此组所有杀虫剂的鼻祖——相形之下看来几乎是无害的了。它的毒性对于哺乳动物是滴滴涕的十五倍，对于鱼类是滴滴涕的三十倍，而对于一些鸟类，则大约是其三百倍。

在使用安德萘的十年期间，它已毒杀过巨量的鱼类，毒死了误入喷了药的果园的牛畜，毒染了井水，从而至少有一个州卫生部严厉警告说，粗率地使用安德萘正在危害着人的生命。

在一起最为悲惨的安德萘中毒事件中，没有什么明显的疏忽之处，并曾尽力做过一些表面看来妥帖的预防措施——有一个刚满周岁的美国婴孩，父母带他到委内瑞拉居住下来，在他们所搬入的房子里发现有蟑螂，几天后就用含有安德萘的药剂喷打了一次。在一天上午九点左右开始打药之前，这个婴孩连同小小的家犬都被带到屋外，喷药之后将地板也进行了擦洗。下午婴孩及小狗又回到了房里。过了一个钟头左右小狗发生了呕吐、惊厥而后死去了。就在当天晚上十点，这个婴孩也发生了呕吐、惊厥并且失去了知觉。自那次生命攸关地与安德萘的接触之后，这一正常健壮的孩子变得差不多像个木头人一样——看，看不见；听，听不见；动辄就发生肌肉痉挛，显然他完全与周围环境隔绝了。在纽约一家医院里治疗数月，也未能转变这种状况或者带来好转的希望。负责护理的医师报告说："会不会出现任何有益程度的康复，是极难预料的事。"

第二大类杀虫剂——烷基和有机磷酸盐，属世界上最毒药物之列。伴随其使用而来的首要的、最明显的危险是，使得施用喷雾药剂的人，或者偶尔与随风飘扬的药雾、与覆盖有这种药剂的植物、或与已被抛掉的容器稍有接触的人急性中毒。在佛罗里达州，两个小孩发现了一只空袋子，就用它来修补了一下秋千，其后不久两个孩子都死去了，他们的三个小伙伴也得了病。这个袋子曾用来装过一种杀虫药，叫做对硫磷——一种有机磷酸酯；试验证实了死亡正是对硫磷中毒所致。另外有一次，威斯康星州的两个小孩（他们是表兄弟），一个在院子里玩耍，当时他的父亲正在给马铃薯喷射对硫磷药剂，药雾从毗连的田地里飘来；另一个跟着他父亲跑进谷仓嬉戏，又把手在喷雾器的喷嘴上放了一会儿，也中毒了。就在当天晚上，两个孩子都死了。

这些杀虫药的来历有着某种讽刺意义。虽然一些药物本身——磷酸的有机酯——已经闻名多年，而它们的杀虫特性却迟至二十世纪三十年代晚期才被一位德国化学家格哈德·施雷德尔发现。德国政府差不多当即就认可了这些同类药物的价值——人类对自己在战争中使用的新的、毁灭性的武器，以及有关研制这些药物的工作都宣布为秘密。有些药物就成了致命的神经错乱性毒气，另一些有亲密的同属结构之药物，成为杀虫剂。

有机磷杀虫剂以一种奇特的方式对生物起作用。它们有破坏酶的本事——这些酶在体内起着必要的功能作用。此类杀虫剂的目标是神经系统，而不管其受害者是昆虫或是个热血动物。在正常情况下，一个神经脉冲借助叫做乙酰胆碱的"化学传导物"一条条神经地传过去。乙酰胆碱是一种履行了必要的功能后就消失了的物质。确实，这种物质的存在是这样的迅疾，连医学研究人员（没有特殊处置办法的话）也不能够在人体毁掉它之前取样做试验。这种传导物质的短时性是身体的正常功能所必需的。如果当一次神经脉冲通过后，这种乙酰胆碱不立即被毁掉，脉冲就继续沿一根根神经掠过，而此时这种物质就以空前强化的方式尽力发挥其作用，使整个身体的运动变得不协调起来：很快就发生了震颤、肌肉痉挛、惊厥以至死亡。

这种偶发性已由身体做了应付的准备，一种叫胆碱酯酶的保护性酶——每当身体不再需要那种传导物质时，就随即消灭它。借此种手段求得了一种精确的调节办法，身体也从不积聚起达到危险含量的乙酰胆碱。可是，与有机磷杀虫剂一接触，保护酶就被破坏了。而当这种酶的含量减少时，传导物质的含量就积聚起来。在这一作用下，有机磷化合物同生物碱毒物蝇蕈碱（发现于一种有毒的蘑菇——蝇蕈里面）相类似。

频繁地受药物危害会降低胆碱酯酶的含量标准，当降到一个人已濒临急性中毒之边缘的时候，从这一边缘上外加一次十分轻微的危害，即可将他推下中毒之深渊。鉴于此因，对喷药操作人员及其他经常蒙受中毒之险的人做定期的血液检查被认为是很重要的。

对硫磷是用途最广的有机磷酸酯之一，它也是药性最强、最危险的药物之一。与它一接触，蜜蜂就变得"狂乱地骚动、好战起来"，做出疯狂的揩挠动作，半小时之内就近乎死亡了。有位化学家，企图以尽可能直接的手段获悉对人类产生剧毒的剂量，他就吞服了极微的药量，约等于〇点〇〇四二四盎司。紧接着便迅疾发生了瘫痪，以致他连事先预备在手边的解毒剂也未来得及够着就这样死去了。据说，在芬兰，对硫磷现在是人们最中意的自杀药物。近年来，加利福尼亚州有报道称每年平均发生二百多宗意外的对硫磷中毒事故。在世界许多地方，对硫磷造成的死亡率是令人震惊的：一九五八年在印度有一百起致命的病例，叙利亚有六十七起；在日本，每年平均有三百三十六人中毒致死。

可是，七百万磅左右的对硫磷如今被施用到美国的农田或菜园里——由手工操作的喷雾器、电动鼓风机、撒粉机，还有飞机来播洒。照一位医学权威的说法，仅在加利福尼亚的农场里所用的药量，就能"给五至十倍的全世界人口提供致命的剂量"。

我们在少数情况下也可免遭这一药物的毒害，其中有一个原因就是对硫磷及其他的本类药物分解得相当快。故与氯化烃相比较，它们在庄稼上的残毒是相对短命的。然而，它们持续的时间已足以带来从严重中毒到致命的各种危害。在加利福尼亚的里弗赛德，采摘柑橘的三十人中有十一人得了重病，除一人外都不得不住院治疗，他们的症状是典型的对硫磷中毒。橘林是在大约两周半之前曾用对硫磷喷射过的；这些残毒已持续了十六至十九天之久。弄得采橘人陷入干呕、半瞎、半昏迷的痛苦中。这一事例并非最坏的纪录。早在一个月之前喷过的橘林里也发生了类似的事故，而且以标准剂量处理过六个月之后，柑橘的果皮里还发现有本药的残毒。

对于给在田野、果园、葡萄园里施用有机磷杀虫剂的全体工人所造成的极度危险，已使得使用这些药物的一些州设立起许多实验室，医生可以在这里进行诊断和治疗。甚至连医生自己也会处在某些危险之中，除非在处理中毒患者时戴上橡皮手套。洗衣妇洗濯患者的衣物时也同样会有危险——这些衣物上可能吸附有足以伤害她的对硫磷。

马拉硫磷是另一种有机磷酸酯，差不多与滴滴涕一样为公众所熟悉。它被园艺工广泛地使用，还普遍地用于家庭灭虫、喷射蚊虫方面，以及对昆虫进行总歼灭，如佛罗里达州的一些社区用来喷洒近百万英亩的土地，以消灭一种地中海果蝇。马拉硫磷被认为是此类药物中毒性最小的，许多人因此就臆断他们可以随意使用而无伤害之忧了。商业广告也在鼓励这种令人宽慰的态度。

声称马拉硫磷的"安全性"实际上是基于一种极不牢靠的依据，尽管直到这种药物已应用数年之后(往往有这种事)才发现了这一点。马拉硫磷之"安全"，仅是因为哺乳动物之肝脏——具有非凡保护力的器官——使得它相对地无害罢了。其解毒作用是由肝脏的一种酶来完成的。然而，如果有什么东西毁坏了这样的酶或者干扰了它的活动，那么，遭马拉硫磷危害的人就要承受毒素的全部侵袭了。

对我们大家来说，不幸的是，发生这种事的机会是屡见不鲜的。好几年前，食品与药品管理局的科学家们发现：当把马拉硫磷与某种别的有机磷酸酯同时施用时，严重的中毒现象就产生了——直到所预言的严重毒性的五十倍。这一预言是以两种药物的毒性加在一起为依据的。换言之，当这两种药物混合起来时，每一种化合物的致死剂量之百分之一，就可产生致命的效果。

这一发现导致了对其他化合作用的试验。现在已知，许许多多对磷酸酯杀虫剂是非常危险的，因为通过混合的作用，其毒性增大或"强化"了。毒性的强化看来发生在一种化合物毁坏了能解除另一化合物之毒性的肝脏酶的时候。两种化合物双管齐下是没有必要的。中毒之险不仅对这周喷打一种虫药而下周喷打另一种虫药的人存在，而且对喷雾药品的用户也是存在的。一般的沙拉碗里会很容易地出现两种磷酸酯杀虫剂的混合物质，这些在法定的许可限量之内的残毒会发生混合作用。

化学药物这种危险的相互作用的全部内容目前我们知之甚少，但这些令人震惊的新发现却经常从科学实验室里涌现。其中之一是这样一个发现：一种磷酸酯的毒性可由第二种药剂（它不一定是杀虫剂）来增强。比如，用一种增塑剂可能要比另一种杀虫剂产生更强烈的作用，而使马拉硫磷变得更加危险。同样，这又是因为它抑制了肝脏酶的功能——而正常情况下这种酶能把杀虫剂之"毒牙拔除"。

在正常的人类环境中，其他的化学制品怎么样呢？特别是药品又如何呢？这方面我们所做的还仅仅是个开始，但是已经知道某些有机磷酸酯(对硫磷和马拉硫磷)能增强某些用做肌肉松弛剂的药品的毒性，而有几种其他磷酸酯(还是包括马拉硫磷)显著地增长了巴比妥酸盐的安眠时间。

希腊神话中的女巫美狄亚，因一敌手夺去了她丈夫伊阿宋的爱情而大怒，就赠予新娘子一件具有魔力的长袍。新娘穿着这件长袍立遭暴死。这个间接致死法后来在称为"内吸杀虫剂"的药物中找到了它的对应物。这些是有着非凡性质的化学药物，这些性质被用来将植物或动物转变为一种美狄亚长袍式的东西——使它们居然成了有毒的了。这样做，其目的是杀死那些可能与它们接触的昆虫，特别是当它们吮吸植物之汁液或动物之血液时。

内吸杀虫剂①的世界是一个难以想象的奇异世界，它超出了格林兄弟的想像力——或许与查理·亚当斯的漫画世界极为相似。它是这样一个世界，在这里，童话中富于魅力的森林已变成了有毒的森林——这儿昆虫咀嚼一片树叶或吮吸一株植物的津液就注定要死亡；它是这样一个世界，在这里，跳蚤叮咬了狗，狗就会死去，因为狗的血液已被变为有毒的了；在这里，昆虫会死于它从未触犯过

————————

① systemic insecticides，特指将药剂吸入动植物全身的组织里而使昆虫等外界接触物中毒者。

32

的植物所散发出来的水汽；在这里，蜜蜂会将有毒的花蜜带回蜂房里，结果也必然酿出有毒的蜂蜜来。

灭虫工人从自然界得到启示，并使昆虫学家的关于内部自生杀虫剂的梦想终于得以实现：他们发现在含有硒酸钠的土壤里生长的麦子未遭蚜虫及红蜘蛛的侵袭。硒，一种自然生成的元素，在世界许多地方的岩石及土壤里均有少量发现，这样它就成了第一种内吸杀虫剂。

使得一种杀虫剂成为全身毒性(内吸)药物的是这样一种能力——它能渗透到一棵植物或一个动物的全部组织内并使之有毒。这一属性为氯化烃类的某些药物和有机磷类的其他一些药物所具有；这些药物大部分是用人工合成法产生出来的，也有从一定的自然生成物所产生的。然而，在实际应用中多数内吸杀虫药物是从有机磷类提取出来的，因为这样处理残毒问题就不那么尖锐了。

内吸杀虫药还以别的迂回方式发生效用。此药若施用于种子——或浸泡或与碳混合而涂盖一层，它们就把其效用扩展到植物的后代体内，且长出对蚜虫及其他吮吸类昆虫有毒的幼苗来。一些蔬菜如豌豆、菜豆、甜菜有时就是这样受到保护的。外面覆有一层内吸杀虫剂的棉籽已在加利福尼亚州使用一段时间了。在这个州，一九五九年曾有二十五个农场工人在圣华金河谷植棉时突然发病，是由用手拿着处理过的种子口袋所致。

在英格兰，曾有人想知道当蜜蜂从内吸药剂处理过的植物上采了花蜜之后会发生什么样的情况。对此，曾在用一种叫做八甲磷的药物处理过的地区做了调查。尽管那些植物是在其花还未成形以前喷过药的，而后来生成的花蜜内却含有此种毒质。结果呢，如可以预测到的一样，这些蜂所酿之蜜也是八甲磷污染了的。

动物的内吸毒剂的使用主要集中在控制牛蛆方面。牛蛆是牲畜的一种破坏性寄生虫。为了在宿主的血液及组织里造成杀虫功效而又不致引起危及生命的毒性，必须十分小心才行。这个平衡关系是很微妙的，政府的兽医先生业已发现：频繁的小剂量用药也能逐渐耗尽一个动物体内的保护性酶——胆碱酯酶的供应。因此，若无预先告诫的话，多加一点很微小的剂量，便将引起中毒。

许多强有力的迹象表明，与我们的日常生活更为密切的新天地正在开辟出来。现在，你可以给你的狗吃上一粒丸药，据称此药将使得它的血液有毒而除去身上的跳蚤。在对牛畜的处理中所发现的危险情况也大概会出现在对狗的处理中。到目前看来，尚未有人提出过这样的建议——做人的内吸杀虫试验，它将使得我们（体内的毒性）致蚊子于死地。也许这就是下一步的工作了。


至此，这一章里我们一直在研讨对昆虫之战所使用的致死药物。而我们同时进行的杂草之战又怎样呢？

想迅速而容易地灭除杂草的愿望导致了化学药物的大量增加，它们通称为除莠剂，或以不太正式的说法，叫做除草药。关于这些药物是怎样使用及怎样误用的记述，将在第六章里讲到。这里同我们有关的问题是，这些除草剂是不是毒药，以及它们的使用是否促成了对环境的毒害。

关于除草剂仅仅对植物有毒，而对动物的生命不构成什么威胁的传说，已得到广泛的传播，可惜这并非事实。这些除草剂包罗了种类繁多的化工药物，它们除对植物有效外，对动物组织也起作用。这些药物对生物的作用差异甚大。有些是一般性的毒药;有些是新陈代谢的特效刺激剂,会引起体温致命地升高;有些药物(单独地或与别种药物一起)招致恶性瘤;有些则伤害生物种属的遗传物质,引起基因(遗传因子)的变异。这样看来,除草剂如同杀虫剂一样,包括着一些十分危险的药物。粗心使用这些药物——以为它们是"安全的",就可能招致灾难性的后果。

尽管出自实验室的川流不息的新药物在相互竞争,而含砷化合物却仍然在大肆使用,既用做杀虫剂(如前所述),也用做除草剂,这里它们通常以亚砷酸钠的化学形式出现。它们的应用史是令人不安的。作为路旁使用的喷雾剂,它们已使不知多少农民失去了奶牛,还杀死了无数野生动物;作为湖泊、水库的水中除草剂,它们已使公共水域不宜饮用,甚至也不宜游泳了;作为施到马铃薯田里以毁掉藤蔓的喷雾药剂,它们已使得人类和非人类付出了生命的代价。

在英格兰,上述的后一种用途约在一九五一年有了发展,这是由于缺少硫酸的结果;以前是用硫酸来烧掉土豆蔓的。农业部曾认为有必要对进入喷过含砷剂的农田的危险性予以警告,可是这种警告牛是听不懂的(野兽及鸟类也听不懂,我们必须这样假定)。有关牛的含砷喷剂中毒的报道经常传来,已平淡无奇了。当一位农妇因为饮用砷污染的水而死去时,一家主要的英国化学公司(在一九五九年)停止了生产含砷喷雾剂,而且回收了已在商贩手中的药物。此后不久,农业部宣布:因为对人和牛的高度危险性,在亚砷酸盐的使用方面将予以限制。在一九六一年,澳大利亚政府也宣布了类似的禁令。然而,在美国却没有这种禁令来阻止这些毒物的使用。

某些"二硝基"化合物也被用做除草剂。它们被定为美国现用的这一类型的最危险的物质之一。二硝基酚是一种强烈的代谢兴奋剂。鉴于此种原因，它曾一度被用做减轻体重的药物，可是减重的剂量与需要起中毒或药杀作用的剂量之间的界限却是细微的——如此之细微，以致于在这种减重药物最后停用之前已使几位病人死亡，还有许多人遭受了永久性的伤害。

有一种同属的药物——五氯苯酚，有时称为"五氯酚"，也是既用作杀虫剂又用作除草剂的，它常常被喷洒在铁路沿线及荒芜地区。五氯酚对于从细菌到人类这样多种多样的生物的毒性是极强的。像二硝基药物一样，它干扰着（往往是致命地干扰）体内的能源，以致于受害的生物近乎（简直是）在烧毁自己。它的可怕的毒性在加利福尼亚州卫生局最近报告的致命惨祸中得到了具体说明。有一位油槽汽车司机，把柴油与五氯苯酚混合在一起，配制一种棉花落叶剂。当他正从油桶内汲出此浓缩药物之际，桶栓意外地倾落了回去。他就赤手伸进去把桶栓复至原位。尽管他当即就洗净了手，还是得了急病，次日就死去了。

一些除草剂——诸如亚砷酸钠或者酚类药物——的后果大都昭然若揭，而另外一些除草剂的效果却格外隐蔽。例如，当今驰名的红莓（一种蔓越橘）除草药氨基噻唑，被定为相对的轻毒性药物。但是它最终引起甲状腺恶性瘤的趋向，对于野生动物，恐怕也对人类都是意味深长的。

除草剂中还有一些药物被划归为"致变物"，或者说能够改变基因——遗传之物质——的作用剂。辐射造成遗传性影响，使得我们大大吃了一惊；那么，对于我们在周围环境中广为散播的化学药物的同样作用，我们又怎么能掉以轻心呢？

# 四 地表水和地下海

在我们所有的自然资源中，水已变得异常珍贵，绝大部分地球表面为无边的大海所覆盖，然而，在这汪洋大海之中我们却感到缺水。看来很矛盾，岂不知地球上丰富水源的绝大部分由于含有大量海盐而不宜用于农业、工业及人类使用，世界上这样多的人口正在体验或将面临淡水严重不足的威胁。人类忘记了自己的起源，又无视维持生存最起码的需要，这样，水和其他资源也就一同变成了人类漠然不顾的受难者。

由杀虫剂所造成的水污染问题作为人类整个环境污染的一部分是能够被理解的。进入我们水系的污染物来源很多：有从反应堆、实验室和医院排出的放射性废物，有原子核爆炸的散落物，有从城镇排出的家庭废物，还有从工厂排出的化学废物等。现在，一种新的东西也加入了这一污染物的行列，这就是使用于农田、果园、森林和田野里的化学喷洒物。在这个惊人的污染物 mélange①中，有许多化学药物再现并超越了放射性的危害效果，因为在这些化学药物之间还存在着一些险恶的、很少为人所知的内部相互作用以及毒效的转换和叠加。

自从化学家开始制造自然界从未存在过的物质以来，水净化的问题也变得复杂起来了；对水的使用者来说，危险正在不断增加。正如我们所知道的，这些合成化学药物的大量生产始于本世纪四十年代。现在这种生产增加,以致使大量的化学污染物每天排入国内河流。当它们和家庭废物以及其他废物充分混合流入同一水体时,这些化学药物用污水净化工厂通常使用的分析方法有时候根本化验不出来。大多数的化学药物非常稳定,采用通常的处理过程无法使其分解。更为甚者是它们常常不能被辨认出来。在河流里,真正不可思议的是各种污染物相互化合而产生的新物质,卫生工程师只能绝望地称这种新化合物为"污物"。马萨诸塞州工艺学院的罗尔夫·伊莱亚森教授在议会委员会前作证时认为,预知这些化学药物的混合效果或识别由此产生的新有机物,在目前是不可能的。伊莱亚森教授说:"我们还没有开始认识那是些什么东西。它们对人会有什么影响,我们也不知道。"

控制昆虫、啮齿类动物或杂草的各种化学药物的使用,现在正日益助长这些有机污染物的产生。其中有些有意地用于水体以消灭植物、昆虫幼虫或杂鱼,有些有机污染物来自森林,在森林中喷药可以保护一个州的二三百英亩土地免受虫灾。这种喷洒物或直接降落在河流里,或通过茂密的树木华盖滴落在森林底层,它们在那儿加入了缓慢运动着的渗流水而开始其流向大海的漫长旅程。这些污染物的大部分可能是几百万磅农药的水溶性残毒,这些农药原本是用于控制昆虫和啮齿类的,但借助于雨水,它们离开了地面而变成世界水体运动的一部分。

在我们的河流里,甚至在公共用水的地方,我们到处都可看到这些化学药物引人注目的痕迹。例如,在实验室里,用从潘斯拉玛

---

① 法文,大杂烩。

亚一个果园区取来的饮用水样在鱼身上做试验，由于水里含有很多杀虫剂，所以仅仅在四个小时之内，所有做实验用的鱼都死了。灌溉过棉田的溪水即使在通过一个净化工厂之后，对鱼来说仍然是致命的。在阿拉巴马州田纳西河的十五条支流里，由于来自田野的水流曾用毒杀芬处理过，致使河里的鱼全部死亡，而这其中的两条支流是供给城市用水的水源。在使用杀虫剂的一个星期之后，放在河流下游的铁笼里的金鱼每天都有悬浮而死的，这足以证明水依然是有毒的。

这种污染在绝大部分情况下是无形的和觉察不到的，只有当成百成千的鱼死亡时，人们才知道这一情况；然而在更多的情况下这种污染根本就没有被发现。保护水的纯洁性的化学家至今尚未对这些有机污染物进行过定期检测，也没有办法去清除它们。不管发现与否，杀虫剂确实客观存在着。杀虫剂当然随同地面上广泛使用的其他药物一起进入众多的河流，几乎是进入了国内所有主要水系。

假若谁对杀虫剂已造成我们水体普遍污染还有怀疑的话，他应该读读一九六〇年由美国渔业及野生生物管理局印发的一篇小报告。这个管理局已经进行了研究，想发现鱼是否会像温血动物那样在其组织中贮存杀虫剂。第一批样品是从西部森林地区取回的，在这些地方为了控制云杉树毛虫而大面积喷洒了滴滴涕。正如所料，所有的鱼都含有滴滴涕。后来当调查者对距离最近的喷药区约三十英里的一个遥远的小河湾进行对比调查时，得到了一个真正有意思的发现。这个河湾是在采第一批样品处的上游，并且中间隔着一处高瀑布。据了解这个地方并没有喷过药，然而这里的鱼仍含有滴滴涕。这些化学药物是通过埋藏在地下的流水而达到遥远的河湾的呢，还是像飘尘似的从空中飘落在这个河湾的表面的呢？在另一次对比调查中，在一个产卵区的鱼体组织里仍然发现有滴滴涕，而该地的水来自一口深井。同样，那里也没有撒药。污染的唯一可能途径看来与地下水有关。

在整个水污染的问题中，再没有什么能比地下水大面积污染的威胁更使人感到不安的了。在水里增加杀虫剂而不想危及水的纯净，这在任何地方都是不可能的。造物主很难封闭和隔绝地下水域，而且她也从未在地球水的供给分配上这样做过。降落在地面的雨水通过土壤、岩石里的细孔及缝隙不断往下渗透，越来越深，直到最后形成岩石的所有细孔里都充满了水的一个地带，此地带是一个从山脚下起始、到山谷底沉没的黑暗的地下海洋。地下水总是在运动着，有时候速度很慢，一年也不超过五十英尺；有时候速度比较快，每天几乎流过十分之一英里。它通过看不见的水线在漫游着，直到最后在某处地面以泉水形式露出，或者可能被引到一口井里。但是大部分情况下它归入小溪或河流。除直接落入河流的雨水和地表流水外，所有现在地球表面流动的水有一个时期都曾经是地下水。所以从一个非常真实和惊人的观点来看，地下水的污染也就是世界水体的污染。

由科罗拉多州某制造工厂排出的有毒化学药物必定通过了黑暗的地下海流向好几英里远的农田区，在那儿毒化了井水，使人和牲畜病倒、使庄稼毁坏——这是许多同类情况的第一个典型事件。简略地说，它的经过是这样的：一九四三年位于丹佛附近的一个化学兵团的落基山军需工厂开始生产军用物资，这个军工厂的设备在八年以后租借给一个私人石油公司生产杀虫剂。甚至还未来得及改变工序，离奇的报告就开始传来。距离工厂几里地的农民开始报告牲畜中发生无法诊断的疾病。他们抱怨这么大面积的庄稼被毁坏了，树叶变黄了，植物也长不大，并且许多庄稼已完全死亡。另外还有一些与人的疾病有关的报告。

灌溉这些农场的水是从很浅的井水里抽出来的，在对这些井水化验时（一九五九年在由许多州和联邦管理处参加的一次研究中），发现里面含有化学药物的成分。在落基山军工厂投产期间所排出的氯化物、氯酸盐、磷酸盐、氟化物和砷流进了池塘里。很显然，在军工厂和农场之间的地下水已经被污染了，并且地下水在七至八年的时间里带着毒物在地下漫游了大约三英里路，然后到达最近的一个农场。这种渗透在继续扩展，并进一步污染了尚未查清的范围。调查者们没有任何办法去消除这种污染或阻止它们继续向前发展。

所有这一切已够糟糕的了，但最令人感到惊奇和在整个事件中最有意义的是，在军工厂的池塘和一些井水里发现了可以杀死杂草的 2, 4 - D。当然它的发现足以说明为什么用这种水灌溉农田后会造成庄稼的死亡。但是令人奇怪的是，这个兵工厂从未在任何工序中生产过这种 2, 4 - D。

经过长期的认真研究，化学家们得出结论：2, 4 - D 是在开阔的池塘里自发合成的。人类化学家没有起任何作用，它是由兵工厂排出的其他物质在空气、水和阳光的作用下合成的。这个池塘已变成了生产一种新药物的化学实验室，这种化学药物致命地损害了它所接触到的植物的生命。

科罗拉多农场及其庄稼受害的故事具有普遍的重要意义。除了科罗拉多之外，在化学污染通往公共用水的任何地方，是否都可能有类似情况存在呢？在各处的湖和小河里，在空气和阳光催化剂的作用下，还有什么危险的物质可以由标记着"无害"的化学药物所产生呢？

说实在的，水的化学污染的最惊人方面是这样一个事实，即在河流、湖泊或水库里，或是在你饭桌上的一杯水里，都混入了化学家在实验室里没想到要合成的化学药物。这种自由混合在一起的化学物之间相互作用的可能性给美国公共卫生部的官员们带来了巨大的骚动，他们对这么一个相当广泛存在的、从比较无毒的化学药物可以形成有毒物质的情况表示害怕。这种情况可以存在于两个或者更多的化学物之间，也可以存在于化学物与其数量不断增长着的放射性废物之间。在游离射线的撞击之下，通过一个不仅可以预言而且可以控制的途径来改变化学药物的性质并使原子重新排列是很容易实现的。

当然，不仅仅是地下水被污染了，而且地表流动的水，如小溪、河流、灌溉农田的水也都被污染了。看来，设立在加利福尼亚州提尔湖和南克拉玛斯湖的国家野生生物保护区为此提供了一个令人不安的例证。这些保护区是正好跨越俄勒冈州边界的北克拉玛斯湖生物保护区体系的一部分。可能由于共同分享用水，保护区内一切都相互联系着，并都受这样一个事实的影响，即这些保护区像一些小岛一样被广阔的农田所包围，这些农田原先都是被水鸟当作乐园的沼泽地和水面，后来经过排水渠和小河疏干才改造成农田。

围绕着生物保护区的这些农田现在由北克拉玛斯湖的水来灌溉。这些水从它们所浇灌过的农田里聚集起来后，又被抽进了提尔湖，再从那儿流到南克拉玛斯湖。因此设立在这两个水域的野生生物保护区的所有的水都是农业土地排出的水。记住这一情况对了解当前所发生的事情是很重要的。

一九六〇年夏天，保护区的工作人员在提尔湖和南克拉玛斯湖捡到了成百只已经死了的或奄奄一息的鸟。大部分是以鱼为食的种类：苍鹭、鹈鹕、鸊鷉和鸥。经过分析，发现它们含有与毒剂滴滴滴（DDD）和滴滴伊（DDE）同类的杀虫剂残毒。湖里的鱼也发现含有杀虫剂，浮游生物也是一样。保护区的管理人认为水流往返灌溉经过大量喷过药的农田，把这些杀虫剂残毒带入保护区，因此保护区河水里的杀虫剂残毒现正日益增多。

水质的严重毒化使恢复水质的努力归于失败，这种努力本来是应该取得成果的，每个要去打鸭的西部猎人，每个喜爱成群的水禽像飘浮的带子一样飞过夜空时的景色和声音的人，本应都能感觉到这种成果的。这些特别的生物保护区在保护西方水禽方面占据着关键的地位。它们处在一个漏斗状的细脖子的焦点上，而所有的迁徙路线，如我们所知道的太平洋飞行路线都在这儿汇集。当迁徙期到来的时候，这些生物保护区接受成百万只由哈得孙湾东部白令海岸鸟儿栖息地飞来的鸭和鹅；在秋天，全部水鸟的四分之三飞向东方，进入太平洋沿岸的国家。在夏天，生物保护区为水禽，特别是为两种濒临灭绝的鸟类——红头鸭和红鸭——提供了栖息地。如果这些保护区的湖和水塘被严重污染，那么远地水禽的毁灭将是无法制止的。

水也应该被考虑加入到它所支持的生命环链中去，这个环链从浮游生物的像尘土一样微小的绿色细胞开始，通过很小的水蚤进入噬食浮游生物的鱼体，而鱼又被其他的鱼、鸟、貂、浣熊吃掉，这是一个从生命到生命的无穷的物质循环过程。我们知道水中生命必需的矿物质也是如此从食物链的一环进入另一环的。我们能够设想，由我们引入水里的毒物将不参加这样的自然循环吗？

答案可以在加利福尼亚州清水湖的让人惊讶的历史中找到。清水湖位于旧金山北面九十英里的山区，并一直以垂钓而闻名。清水湖这个名字并不符实，由于黑色的软泥覆盖了整个湖的浅底，实际上它是很浑浊的。对于渔民和沿岸的居民来说，不幸的是湖水为一种很小的蚋虫提供了一个理想的繁殖地。虽然与蚊子有密切关系，但这种蚋虫与成虫不同，它们不是吸血虫，而且大概完全不吃东西。但是居住在蚋虫繁殖地的人们由于虫子巨大的数量而感到烦恼。控制蚋虫的努力曾经进行过，但大多都失败了，直到本世纪四十年代末期，当氯化烃杀虫剂成为新的武器时才成功。为发动新的进攻所选择的化学药物是和滴滴涕有密切联系的滴滴滴，这对鱼的生命威胁显然要轻一些。

一九四九年所采用的新控制措施是经过仔细规划的，并且很少有人估计到会有什么恶果发生。这个湖被查勘过，它的容积也测定了，并且所用的杀虫剂是以 $1:70 \times 10^6$ 这样的比例来高度稀释于水的。蚋虫的控制起初是成功的，但到了一九五四年不得不再重复一遍这种处理，这次用的浓度比例是 $1:50 \times 10^6$，蚋虫的消灭当时被认为是成功的。

随后冬季的几个月中出现了其他生命受影响的第一个信号：湖上的西方鹧鹈开始死亡，而且很快得到报告说已经死了一百多只。在清水湖的西方鹧鹈是一种营巢的鸟，由于受湖里丰富多彩的鱼类

46

所吸引，它们也成为一种冬季来访者。在美国和加拿大西部的浅湖中建立起漂流住所的鸊鷉是一种具有美丽外貌和优雅习性的鸟。它被称做"天鹅鸊鷉"，因为当它划过湖面荡起微微涟漪时，它的身体低低浮在水面，而白色的颈和黑亮的头高高仰起。新孵出的小鸟附着浅褐色的软毛，仅仅在几个小时之内就跳进了水里，还乘在爸爸妈妈的背上，舒舒服服地躺在它们的翅膀羽毛之中。

一九五七年对恢复了原有数量的蚋虫又进行了第三次袭击，结果是更多的鸊鷉死掉了。如同在一九五四年所验证的一样，在对死鸟的化验中没能发现传染病的证据。但是，当有人想到应分析一下鸊鷉的脂肪组织时，才发现鸟体内有含量达百万分之一千六百的滴滴滴大量聚集。

滴滴滴应用到水里的最大浓度是百万分之〇点〇二，为什么化学药物能在鸊鷉身上达到这样高的含量？当然，这些鸟是以鱼为食的。当对清水湖的鱼也进行化验时，这样一个画面就展开了——毒物被最小的生物吞食后得到浓缩，又传递给大一些的捕食生物。浮游生物中发现含有百万分之五浓度的杀虫剂（是水体中曾达到过的最大浓度的二十五倍）；以水生植物为食的鱼含有百万分之四十到三百的杀虫剂；食肉类的鱼蓄集的量最大，一种褐色的鳅鱼含有令人吃惊的浓度：百万分之二千五百。这是民间传说中的"杰克小屋"故事的重演，在这个序列中，大的食肉动物吃了小的食肉动物，小的食肉动物又吃掉食草动物，食草动物吃浮游生物，浮游生物摄取了水中的毒物。

以后甚至发现了更离奇的现象。在最后一次使用化学药物后的短时间内，就在水中再也找不到滴滴滴的痕迹了。不过毒物并没有真正离开这个湖，它只不过是进入了湖中生物的组织里。在化学药物停用后的第二十三个月时，浮游植物体内仍含有百万分之五点三这样高浓度的滴滴滴。在将近两年的期间内，浮游植物不断地开花和凋谢，虽然毒物在水里已不存在了，但是它不知什么缘故却依然在浮游植物中一代一代地传下去。这种毒物还同样存在于湖中的动物体内。在化学药物停止使用一年之后，所有的鱼、鸟和青蛙仍被检查出含有滴滴滴。发现肉里所含滴滴滴的总数已超过了原来水体浓度的许多倍。在这些有生命的带毒者中有在最后一次使用滴滴滴九个月以后才孵化出的鱼、鹧鹕和加利福尼亚海鸥，它们已积蓄了浓度超过百万分之二千的毒物。与此同时，营巢的鹧鹕鸟群从第一次使用杀虫剂时的一千多对到一九六〇年时已减少到大约三十对。而这三十对看来营巢也是白费劲，因为自从最后一次使用滴滴滴之后就再没有发现过小鹧鹕出现在湖面上。

这样看来整个致毒的环链是以很微小的植物为基础的，这些植物始终是原始的浓缩者。这个食物链的终点在哪儿？对这些事件的过程还不了解的人们可能已备好钓鱼的用具，从清水湖的水里捕到了一串鱼，然后带回家用油炸了做晚饭的菜肴。滴滴滴一次很大的用量或多次的用量会对人产生什么作用呢？

虽然加利福尼亚州公共卫生局宣布检查结果无害，但是一九五九年该局还是下令停止在该湖里使用滴滴滴。从这种化学药物具有巨大生物效能的科学证据来看，这一行动只是最低限度的安全措施。滴滴滴的生理影响在杀虫剂中可能是独一无二的，因为它毁坏肾上腺的一部分，毁坏了众所周知的肾脏附近的外部皮层上分泌皮质激素的细胞。从一九四八年就知道的这种毁坏性影响出现在狗身上，这种影响在如猴子、老鼠或兔子等实验动物身上还不能显露出来。滴滴滴在狗身上所产生的症状与发生在人身上的爱德孙病的情况非常相似，这一情况看来是有参考价值的。最近医学研究已经揭示出滴滴滴对人的肾上腺有很强的抑制作用，它的这种对细胞的毁坏能力现正在临床上应用于处理一种很少见的肾上腺激增的癌症。

清水湖的情况向公众提出了一个需要面临的现实问题：为了控制昆虫，使用对生理过程具有如此剧烈影响的物质，特别是这种控制措施致使化学药物直接进入水体，这样做是否有效可取呢？只许使用低浓度杀虫剂这一规定并没有多大意义，它在湖体自然生物链中的爆发性递增已足以说明，现在，往往解决了一个明显的小问题，而随之产生了另一个更为疑难的大问题。这种情况很多，并越来越多。清水湖就是这样一个典型。蚋虫问题解决了，对受蚋虫困扰的人固然有利，岂不知给所有从湖里捕鱼用水的人带来的危险却更加严重，且难以查明缘由。

这是一个惊人的事实，毫无顾忌地将毒物引进水库正在变成一个十分平常的行动。其目的常常是为了增进水对人们的娱乐作用，尽管以后不需要再花钱将此水加以处理使其适合于饮用。某地区的钓鱼者想在一个水库里"改善"钓鱼娱乐，他们说服了政府当局，把大量的毒物倾倒在水库里以杀死那些不中意的鱼，然后由适合钓鱼者口味的鱼孵出取而代之。这个过程具有一种奇怪的、仿佛爱丽丝在奇境中那样的性质。水库原先是作为一个公用水源而建立的，然而附近的乡镇可能还没有对钓鱼者的这个计划来得及商量，就不得不既要去饮用含有残毒的水，又要付出税钱去处理水质，为之消毒，而这种处理决非易事。

既然地下水和地表水都已被杀虫剂和其他化学药物所污染，那么就存在着一种危险，即不仅有毒物而且还有致癌物质也正在进入公共用水。国家癌症研究所的 W·C·惠帕教授已经警告说："由使用已被污染的饮水而引起的致癌危险性，在可预见的未来将引人注目地增长。"实际上于五十年代初在荷兰进行的一项研究已经为污染的水将会引起癌症危险这一观点提供了证据。以河水为饮用水的城市比那些用像井水这样不易受污染影响的水源的城市的癌症死亡率要高一些。已明确确定在人体内致癌的环境物质——砷曾经两次被卷入历史性的事件中，在这两次事件中饮用已污染的水都引起了大面积癌症的发生。一例中的砷是来自开采矿山的矿渣堆，另一例的砷来自天然含有高含量砷的岩石。大量使用含砷杀虫剂可以使上述情况很容易再度发生。这些地区的土壤也变得有毒了。带着一部分砷的雨水进入小溪、河流和水库，同样也进入了无边无际的地下水的海洋。

在这儿，我们再一次被提醒，在自然界没有任何孤立存在的东西。为了更清楚地了解我们世界的污染正在怎样发生着，我们现在必须看一看地球的另一个基本资源——土壤。

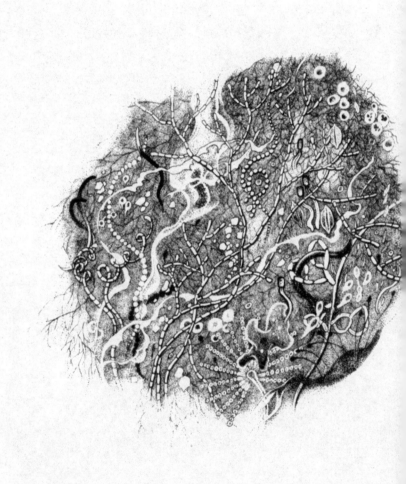

# 五 土壤的王国

像补丁一样覆盖着大陆的土壤薄层控制着我们人类和大地上各种动物的生存。如我们所知，若没有土壤，陆地植物不能生长；而没有植物，动物就无法生活。

如果说我们以农业为基础的生活仍然依赖于土壤的话，那么同样真实的是，土壤也依赖于生命；土壤本身的起源及其所保持的天然特性都与活的动植物有亲密的关系。因为，土壤在一定程度上是生命的创造物，它产生于很久以前生物与非生物之间的奇异相互作用。当火山爆发出炽热的岩流时，当奔腾于陆地光秃秃的岩石上的水流磨损了甚至最坚硬的花岗岩时，当冰霜严寒劈裂并粉碎了岩石时，原始的成土物质就开始得到聚集。然后，生物开始了奇迹般的创造，一点一点地使这些无生气的物质变成了土壤。地衣，岩石的第一个覆盖物，利用它们的酸性分泌物促进了岩石的风化作用，从而为其他生命造就了栖息之地。藓类在原始土壤的微小空隙中坚持生长，这种土壤是由地衣的碎屑、微小昆虫的外壳和起源于大海的一系列动物的碎片所组成。

生命创造了土壤，而异常丰富多彩的生命物质也生存于土壤之中；否则，土壤就会成为一种死亡和贫瘠的东西了。正是由于土壤中无数生物的存在和活动，才使土壤能给大地披上绿色的外衣。

土壤置身于无休止的循环之中，这使它总是处于持续变化的状态。当岩石遭受风化时,当有机物质腐烂时,当氮及其他气体随雨水从天而降时,新物质就不断被引进土壤中来了。同时,另外一些物质从土壤中被取走了,它们是因暂时需用而被生物借走的。微妙的、非常重要的化学变化不断地发生在这样一个过程中,在此过程中,来自空气和水中的元素被转换为宜于植物利用的形式。在所有这些变化中,生物总是积极的参与者。

没有哪些研究能比探知生存于黑暗的土壤王国中生物的巨大数量问题更令人迷惑,同时也更易于被忽视的了。关于土壤生物之间彼此制约的情况以及土壤生物与地下环境、地上环境相制约的情况,我们也还只知道一点点。

土壤中最小的生物可能也是最重要的生物,是那些肉眼看不见的细菌和丝状真菌。它们的数量是一个庞大的天文数字,一茶匙的表层土可以含有亿万个细菌。纵然这些细菌形体细微,但在一英亩肥沃土壤的一英尺厚的表土中,其细菌总重量可以达到一千磅之多。长得像长线似的放线菌,其数目比细菌稍微少一些,然而因为它们形体较大,所以在一定数量土壤中的总重量仍和细菌差不多。被称之为藻类的微小绿色细胞体组成了土壤的极微小的植物生命。

细菌、真菌和藻类是使动植物腐烂的主要原因,它们将动植物的残体还原为组成它们自身的无机质。假若没有这些微小的生物,那么,像碳、氮这些化学元素要通过土壤、空气以及生物组织进行巨大的循环运动是不可能的。例如,若没有固氮细菌,虽然植物被含氮的空气"海洋"所包围,但它们仍将难以得到氮素。其他生物产生了二氧化碳,并形成碳酸而促进了岩石的分解。土壤中还有其他的微生物在促成多种多样的氧化反应和还原反应,通过这些反应，使铁、锰和硫这样一些矿物质发生转移，并变成植物可吸收的状态。

另外，以惊人数量存在着的还有微小的螨类和被称为跃尾虫的没有翅膀的原始昆虫。尽管它们很小，却在除掉枯枝败叶和促使森林地面碎屑慢慢转化为土壤的过程中起着重要的作用。其中一些小生物在完成任务过程中所具有的特征几乎是令人难以置信的。例如，有几种螨类甚至能够在掉下的枞树针叶里开始生活；它们隐蔽在那儿，并消化掉针叶的内部组织。当螨虫完成了它们的演化阶段后，针叶就只留下一个空外壳了。在对付大量的落叶植物的枯枝败叶时，真正令人惊异的工作是由土壤里和森林地面上的一些小昆虫来完成的。它们浸软和消化了树叶，并促使分解的物质与表层土壤混合在一起。

除了这一大群非常微小但却不停地艰苦劳动着的生物外，当然还有许多较大的生物存在，土壤中的生命包括从细菌到哺乳动物的全部生物。其中一些是黑暗地层中的永久居民，一些则在地下洞穴里冬眠或度过它们生命循环中的一定阶段，还有一些只在它们的洞穴和地面世界之间自由来去。总而言之，土壤里这些居民活动的结果使土壤中充满了空气，并促进了水分在整个植物生长层的疏通和渗透。

在土壤里所有大个的居住者中，可能再没有比蚯蚓更为重要的了。四分之三世纪以前，查尔斯·达尔文发表了题为《蠕虫活动对作物肥土的形成以及蠕虫习性观察》一书。在这本书里，达尔文使全世界第一次了解到蚯蚓作为一种地质营力在运输土壤方面的基本作用——在我们面前展现了这样一幅图画：地表岩石正逐渐地被蚯蚓从地下搬出的肥沃土壤所覆盖，在最适宜的地区内每年被搬运的土壤量可达每英亩许多吨重。与此同时，含在叶子和草中的大量有机物质(六个月中一平方米土地上产生二十磅之多)被拖入土穴，并和土壤相混合。达尔文的计算表明，蚯蚓的苦役可以一英寸一英寸地加厚土壤层，并能在十年期间使原来的土层加厚一半。然而这并不是它们所做的一切；它们的洞穴使土壤充满空气，使土壤保持良好的排水条件，并促进植物的根系发展。蚯蚓的存在增加了土壤细菌的硝化作用，并减少了土壤的腐败。有机体通过蚯蚓的消化管道而分解，土壤借助其排泄物变得更加肥沃。

然而，这个土壤综合体是由一个交织的生命之网所组成，在这儿，一事物与另一事物通过某些方式相联系——生物依赖于土壤，而反过来只有当这个生命综合体繁荣兴旺时，土壤才能成为地球上一个生机勃勃的部分。

在这里，与我们有关的一个问题一直未引起足够重视：无论是作为"消毒剂"被直接施入土壤，还是由雨水带来(当雨水透过森林、果园和农田上茂密的枝叶时已受到致命的污染)，总之，当有毒的化学药物被带进土壤居住者的世界时，对这些数量巨大、极为有益的土壤生物来说，将会有什么情况发生呢？例如，假设我们能够应用一种广谱杀虫剂来杀死穴居的损害庄稼的害虫幼体，难道我们有理由假设它同时不杀死那些有本领分解有机质的"好"虫子吗？或者，我们能够使用一种非专属性的杀菌剂而不伤害另一些以有益共生形式存在于许多树的根部并帮助树木从土壤中吸收养分的菌类吗？

一个简单的事实是，土壤生态学这样一个极为重大的问题很大程度上甚至已被科学家们所忽视，而治虫人员几乎完全不理睬这一问题。对昆虫的化学控制看来一直是在这样一个假定的基础上进行的，即土壤真能忍受引入任何数量毒物的欺侮而不进行反抗。土壤世界的天然本性已经无人问津了。

通过已进行的少量研究，一幅关于杀虫剂对土壤影响的画面正在慢慢展开。这些研究结果并非总是一致的，这并不奇怪，因为土壤类型变化如此之大，以至于在一种类型土壤中导致毁坏的因素在另一种土壤中可能是无害的。轻质沙土就比腐殖土受损害远为严重。化学药剂的联合应用看来比单独使用危害更大。且不谈这些结果的差异，有关化学药物危害的充分可靠的证据正在逐步积累，并在这方面引起许多科学家的不安。

在一些情况下，与生命世界休戚相关的一些化学转化过程已受到影响。将大气氮转化为可供植物利用的硝化作用就是一个例子。除莠剂 2,4-D 可以使硝化作用受到暂时中断。最近在佛罗里达的几次实验中，高丙体六六六、七氯和 BHC(六氯联苯)施入土壤仅两星期之后，就减弱了土壤的硝化作用：六六六和滴滴涕在施用后的一年中都保持着严重的有害作用。在其他的实验中，六六六、艾氏剂、高丙体六六六、七氯和滴滴滴全都妨碍了固氮细菌形成豆科植物必需的根部结瘤。在菌类和更高级植物根系之间那种奇妙而又有益的关系已被严重地破坏了。

依赖于生物数量间巧妙的平衡，自然界达到其长远的目标，但问题是，有时这种巧妙的平衡被破坏了。当土壤中一些种类的生物由于使用杀虫剂而减少时，土壤中另一些种类的生物就出现爆发性的增长，从而搅乱了摄食关系。这样的变化能够很容易地变更土壤的新陈代谢活动，并影响到它的生产力。这些变化也意味着使从前受压抑的潜在有害生物从它们的自然控制之下得以逃脱，并上升到为害的地步。

在考虑使用土壤杀虫剂时必须记住的一件非常重要的事情是：它们不是以月计而是以年计地盘踞在土壤中。艾氏剂在四年以后仍被发现，一部分为微量残留，更多部分转化为狄氏剂。在使用毒杀芬杀死白蚁十年以后，大量的毒杀芬仍保留在沙土中。六六六在土壤中至少能存在十一年时间；七氯或更毒的衍生化学物至少存在九年。在使用氯丹十二年后仍发现原来重量的百分之十五残留于土壤中。

看来对杀虫剂多年的有节制使用仍会使其数量在土壤中增长到惊人的程度。由于氯化烃是顽固的和经久不变的，所以每次的施用都累积到了原来就持有的数量上。如果喷药是在反复进行的话，关于"一英亩地使用一磅滴滴涕是无害的"老说法就是一句空话。在马铃薯地的土壤中发现含滴滴涕为每英亩十五磅，谷物地土壤中含十九磅。在一片被研究过的蔓越橘沼泽地中每亩含有滴滴涕三十四点五磅。取自苹果园里的土壤看来达到了污染的最高峰，在这儿，滴滴涕积累的速率与历年使用量同步增长着。甚至在一个季节里，由于果园里喷洒了四次或更多次滴滴涕，滴滴涕的残毒就可以达到每英亩三十到五十磅的高峰。假若连续喷药多年，那么在树株之间的土壤里每英亩会含有滴滴涕二十六到六十磅，树下的土中则高达一百一十三磅。

砷提供了一个土壤确实能持久中毒的著名事例。虽然从四十年代中期以来，砷作为一种用于烟草植物的喷洒剂已大部分为人造的有机合成杀虫剂所替代，但是由美国出产的烟草所做的香烟中的砷含量在一九三二到一九五二年间仍增长了百分之三百以上。最近的研究已揭示出增长量为百分之六百。砷毒物学权威亨利·S·赛特利博士说，虽然有机杀虫剂已大量地代替了砷，但是烟草植物仍继续汲取砷，这是因为栽种烟草的土壤现已完全被一种量大且不太溶解的毒物——砷酸铅的残留物所浸透。这种砷酸铅将持续地释放出可溶性砷。根据赛特利博士所说，很大一部分种植烟草的土地已遭受"累积的和几乎永久性的毒化"。生长在未曾使用过砷杀虫剂的地中海东部的烟草显示出砷含量没有如此增高的现象。

　　这样，我们就面临着第二个问题。我们不仅需要关心在土壤里发生了什么事，而且还要努力知道有多少杀虫剂从污染了的土壤里被吸收到植物组织内。这在很大程度上取决于土壤、农作物的类型以及自然条件和杀虫剂的浓度。含有较多有机物的土壤比其他土壤释放的毒量少一些。胡萝卜比其他研究过的农作物能吸收更多的杀虫剂；假若碰巧使用的是高丙体六六六的话，那么胡萝卜中此农药积累的浓度实际上比当地土壤中还高。将来，在种植某些粮食作物之前，必需对土壤中的杀虫剂进行分析，否则，即使没有被喷过药的谷物也可能从土壤里吸取足够多的杀虫剂而使其不宜于供应市场。

　　这种污染方面的问题没完没了，就连儿童食品生产商也一直不愿意去买喷过有毒杀虫剂的水果和蔬菜。令人最恼火的化学药物是六六六，植物的根和块茎吸收了它以后，就带上一种霉臭的气味。加利福尼亚州土地上的红薯两年前曾使用过六六六，现因含有六六六的残毒而不得不放弃。有一年，一个公司在南卡罗来纳州签订合同要买它的全部红薯，后来发现大面积土地被污染时，该公司被迫在公开市场上重新去购买红薯，这一次的经济损失很大。几年后，在许多州生长的多种水果和蔬菜也不得不抛弃。最令人烦恼的一些问题与花生有关。在南部的一些州里，花生常常与棉花轮流种植，而棉花地广泛施用六六六，其后生长在这种土壤里的花生就吸收了大量的杀虫剂。实际上，仅有一点点六六六就可嗅到它那无法瞒人的霉臭味。而且，化学药物渗进了果核里也无法除去。处理过程根本没有除去霉臭味，有时反而加重了这种臭味。对一位决心排除六六六残毒的经营者来说，他所能采用的唯一办法就是丢掉所有的用化学药物处理过的或在受到化学药物污染的土壤里生长的农产品。

有时威胁针对着农作物本身——只要土壤中有杀虫剂的污染存在，这种威胁就始终存在。一些杀虫剂对豆子、小麦、大麦、黑麦等这些敏感的植物会产生影响，妨碍其根系发育，并抑制种子发芽。华盛顿州和爱达荷州的蛇麻草栽培者们的经验就是一例。一九五五年春天，许多酒花栽培者承担了一个大规模计划去控制蛇麻草根部的象鼻虫，这些象鼻虫的幼虫在蛇麻草根部已经变得特别多。在农业专家及杀虫剂制造商的建议下，他们选择了七氯作为控制的药剂。在使用七氯后的一年期间，在用过药的园地里的藤蔓都枯萎并死掉了。在没有用七氯处理过的田里没有发生什么意外，作物受损害的界限就在用药和未用药的田地交界的地方。于是花了很多钱在山坡上重新种上了作物，但在第二年发现新长出的根仍然死了。四年以后的土壤中依然保留有七氯，而科学家无法预测土壤的毒性到底将持续多长时间，也提不出任何方法去改善这种状况。迟至一九五九年三月，联邦农业部才发现自己在这个土壤处理问题上宣布七氯可对蛇麻草施用的错误立场，并收回了这一表态，但为时已晚。而与此同时，蛇麻草的栽培者们则只好寻求在这场官司中能得到些赔偿了。

　　因为杀虫剂在继续使用，确实很顽固的残毒也继续在土壤中积累起来，有一点几乎变得勿庸置疑：我们正在朝着麻烦前行。这是一九六〇年在思尔卡思大学集会的一群专家在讨论土壤生态学时的一致意见。这些专家总结了使用化学药物和放射性"如此有效的、但却为人了解甚少的工具"所带来的危害："在人类采取的一些不妥当处置可能引起土壤生产力毁灭之时，那些害虫却能安然无恙。"

# 六　地球的绿色斗篷

　　水、土壤和由植物构成的大地的绿色斗篷组成了支持着地球上动物生存的世界。尽管现代人很少想到这个事实，但是，假若没有能够利用太阳能生产出作为人类生存所必需的基本食物的植物的话，他们是无法生存的。我们对待植物的态度是异常狭隘的。如果我们看到一种植物具有某种直接用途，我们就种植它。如果出于某种原因，我们认为一种植物的存在不合心意或者没有必要，我们就可以立刻判它死刑。除了各种对人及牲畜有毒的或排挤农作物的植物外，许多植物之所以注定要毁灭仅仅是由于我们狭隘地认为这些植物不过是偶然在一个错误的时间，长在一个错误的地方而已。还有许多植物正好与一些要除掉的植物生长在一起，因此也就随之而被毁掉了。

大地植物是生命之网的一部分，在这个网中，植物和大地之间、一些植物与另一些植物之间、植物和动物之间，存在着密切的、重要的联系。如果有时我们没有其他选择而必须破坏这些关系时，我们必须谨慎一些，要充分了解我们的所作所为在时间和空间上产生的远期后果。但当前除草剂销路兴旺，使用广泛并能杀死植物的化学药物大量生产，它们当然是不会持谨慎态度的。

我们未曾料到的、对风景破坏惨重的事件很多。这里仅举一例，那是发生在西部鼠尾草地带，在那儿正在进行着毁掉鼠尾草以改作牧场的大型工程。如果仅从历史观点和风景意义来看，这也是一个悲剧。因为这儿的自然景色是许多创造了这一景色的各种力量相互作用而形成的动人画面。它展现在我们面前就如同一本打开的书，我们可以从中读到为什么大地是现在这个样子，为什么我们应该保持它的完整性。然而现在，书本打开了，却没有人去读。

几百万年以前，这片生长鼠尾草的土地是西部高原和高原山脉的低坡地带，是一片由落基山系巨大隆起所产生的土地。这是一个气候异常恶劣的地方：在漫长的冬天，当大风雪从山上扑来，平原上是深深的积雪；夏天的时候，由于缺少雨水，一片炎热，干旱在严重地威胁着土壤，干燥的风吹走了叶子和茎干中的水分。

作为一个正在演化的景观，在这一大风呼啸的高原上移植植物是需要一个长期试验与失败的过程。一种植物接着一种植物企图在这儿落脚，但都失败了。最后，一种兼备了生存所需要的全部特性的植物成片地发展起来了。鼠尾草——长得很矮，类似灌木——能够在山坡和平原上生长，它能借助于灰色的小叶子保持住水分以抵挡悄悄吹来的风。这并不是偶然的，而是自然选择的长期结果，于是西部大平原变成了生长鼠尾草的土地。

动物生命和植物一道发展起来，同时与土地的迫切需要一致。恰好在这时，有两种动物像鼠尾草那样非常圆满地被调整到它们的栖息地。一种是哺乳动物——敏捷优美的尖角羚羊；另一种是鸟——鼠尾草松鸡，这是路易斯和克拉克地区的平原鸡。

鼠尾草和松鸡看来是相互依赖的。鸟类的自然生存期和鼠尾草的生长期是一致的；当鼠尾草地衰落下去时，松鸡的数目也相应减少了。鼠尾草为平原上这些鸟的生存提供了一切。山脚下长得低矮的鼠尾草遮蔽着鸟巢及幼鸟，茂密的草丛是鸟儿游荡和停歇的地方，在任何时候，鼠尾草都为松鸡提供了主要的食物。这还是一个有来有往的关系。这个明显的依存关系表现在由于松鸡帮助松散了鼠尾草下边及周围的土壤，清除了在鼠尾草丛庇护下生长的其他杂草。

羚羊也使自己的生活适应于鼠尾草。它们是这个平原上最主要的动物，当冬天的第一场大雪降临时，那些在山间度夏的羚羊都向较低的地方转移。在那儿，鼠尾草为羚羊提供了过冬食物。在那些所有其他植物都落下叶子的地方，只有鼠尾草保持常青，保持着它那缠绕在浓密的灌木茎梗上的灰绿色叶子，这些叶子是苦的，但散发着芳香，含有丰富的蛋白质和脂肪，还有动物需要的无机物。虽然大雪堆积，但鼠尾草的顶端仍然露在外面，羚羊可以用它尖利、挠动的蹄子得到这些食物。这时，靠鼠尾草为食的松鸡在光秃秃的、被风吹刮的突起的地面上发现了这些草，也就跟随着羚羊到它们刨开积雪的地方来觅食。

其他的生命也在寻找鼠尾草。黑尾鹿经常靠它过活。鼠尾草可以说是那些冬季食草牲畜生存的保证。绵羊在许多冬季牧场上放牧，那里几乎只有高大的鼠尾草丛生长着。鼠尾草是一种比紫苜蓿含有更高能量的植物，每年有一半的时间，它都是绵羊的主要饲料。

因此，严寒的高原，紫色的鼠尾草残体，粗野而迅捷的羚羊以及松鸡，这一切就是一个完美平衡的自然系统。真的是吗？恐怕在那些人们力图改变自然存在方式的地区，"是"应改为"不是"，而这样的地区现已很多，并且日益增多。在发展经济的名义下，土地管理局已着手去满足放牧者得到更多草地的贪婪要求。由此，他们策划着营造一种没有鼠尾草的草地。于是，在一块自然条件适合于在与鼠尾草混杂或在鼠尾草遮掩下长草的土地上，现在正计划除掉鼠尾草，以使其成为一片完整的草地。看来很少有人去问，这片草地在这一区域是不是一个稳定的和人们期望的结局。当然，大自然自己的回答并非如此。在这一雨水稀少的地区，年降雨量不足以支持一个好的地皮草场；但它却对在鼠尾草掩护下多年生的羽茅属植物比较有利。

然而，根除鼠尾草的计划已经进行多年了。一些政府机关对此项活动很是积极；工业部门也满怀热情地参加和鼓励这一事业，因为这一事业不仅为草种，而且为大型整套的收割、耕作及播种机器创造了广阔的市场。最新增加的武器是化学喷洒药剂的应用。现在每年都对几百万英亩的鼠尾草土地喷洒药物。

后果是什么呢？除掉鼠尾草并播种牧草的最终效果在很大程度上只能靠推测。对土地特性具有长期经验的人们说，牧草在鼠尾草之间以及在鼠尾草下面生长的情况可能比一旦失去保持水分的鼠尾草后单独存在时的情况要好一些。

这个计划只顾达到眼前的目的，其结果显然是使整个紧密联系着的生命结构被撕裂。羚羊和松鸡将随同鼠尾草一起绝迹，鹿儿也将受到迫害；由于依赖土地的野生生物的毁灭，土地也将变得更加贫瘠。甚至人工饲养的牲畜也将遭难；夏天的青草不够多，在缺少鼠尾草、耐寒灌木和其他野生植物的平原上，绵羊在冬季风雪中只好挨饿。

这些是首要的、明显的影响。第二步的影响则与对付自然界的那杆喷药枪有关：喷药也毁坏了目标之外的大量植物。司法官威廉·道格拉斯在他最近的著作《我的旷野：东去凯达丁》中叙述了在怀俄明州的布里杰国家森林中由美国森林服务管理局所造成的一个生态破坏的惊人例子。屈从于那些想拥有更多草地的牧人的压力，一万多亩鼠尾草土地被公司喷了药，鼠尾草按预想的计划被杀死了。然而，那些沿着弯弯曲曲的小河、穿过原野的柳树，它那绿色、充满活力的柳丝也遭到同样命运。驼鹿一直生活在这些柳树丛中，柳树对于驼鹿正如鼠尾草对于羚羊一样。河狸也一直生活在那儿，它们以柳树为食。它们弄倒柳树，造成一个跨过小河的牢固水堤。通过河狸的劳动，形成了一个小湖。山溪中的鳟鱼通常很少有超过六英寸长的，然而在这样的湖里，它们长得很肥，许多已达到五磅重。水鸟也被吸引到湖区。仅仅由于柳树及依靠柳树为生的河狸的存在，这里已成为引人入胜的钓鱼和打猎的娱乐地区。

但是，由于森林管理局所制定的"改良"措施，柳树也遭到鼠尾草的下场，被同样的、不分青红皂白的喷药所杀死。当一九五九年道格拉斯访问这个地区的时候，这一年正在喷药，他异常惊骇地看到枯萎垂死的柳树，"巨大的难以置信的创伤"。驼鹿将会怎么样呢？河狸以及它所创造的小天地又怎样呢？一年以后他重新返回这里以了解景观毁坏的结果。驼鹿和河狸都逃走了。那个重要的水闸也由于缺少建筑师的精心照看而了无踪影，湖水已经枯竭，没有一条大点儿的鳟鱼留下来，没有什么东西能够生存在这个被遗弃的小河湾里，这条小河穿过光秃秃的、炎热的、没有留下树阴的土地。这个生命世界已被破坏。

　　除了四百多万英亩的牧场每年被喷药外，其他类型的大片地区为了控制野草，同样在直接或间接地接受化学药物的处理。例如，一个比整个新英格兰还大的区域（五千万英亩）正置于公用事业公司经营之下，为了"控制灌木"，大部分土地正在接受例行处理。在美国西南部估计有七千五百万英亩的豆科植物的土地需要用一些方法处理，化学喷药是最积极推行的办法。一块还不大清楚、但面积很大的生产木材的土地目前正在进行空中喷药，其目的是为从针叶树中"清除"杂木。在一九四九年以后的十年期间，用除草剂对农业土地的处理翻了一番，一九五九年已达到五千三百万英亩。现在已被处理的私人草地、花园和高尔夫球场的总面积必将达到一个惊人的数字。

　　化学除草剂是一种华丽的新型玩具。它们以一种惊人的方式在发挥效用；在那些使用者的面前，它们显示出征服自然的眼花缭乱的力量，但是其长远的、不大明显的效果就很容易被当作是一种悲观主义者的无根据的想象而受到轻视。"农业工程师"愉快地讲述着在将犁头改成喷雾器的世界中的"化学耕种"问题。成千个村镇的父老乡亲们乐于倾听那些化学药物推销商和热心的承包商的话，他们将扫荡路边"丛林"——以换取报酬，叫卖声比割草便宜。也许，它将以整齐的几排数字出现在官方的文件中，然而真正付出的代价不仅仅以美元来计算，而且要以我们不久将要考虑到的许多不可避免的损失来计算，以对景观及与景观有关的各种利益的无限损失来计算。如用美元来计算最后结果，化学药物的批发广告应当被看作是很昂贵的。

例如，遍布大地的每一个商会所推崇的这一商品在假日游客心目中的信誉如何呢？由于一度美丽的路边原野被化学药物的喷洒而毁坏，抗议的呼声正在日益增长，这种喷药把由羊齿植物、野花和浆果点缀的天然灌木的美丽景色变成了一片棕色枯萎的旷野。"我们正在沿着道路两旁制造一种肮脏的深褐色的气息奄奄的混乱。"一个新英格兰妇女生气地投书给报社说。"但这种状况不是游览者所期望的，我们为这儿的美丽景色做广告已花去了所有的钱。"

一九六〇年夏天，从许多州来的环境保护主义者集中在缅因州一个平静的岛上来目睹由国家奥杜邦[①]协会的主持人米莉森特·T·宾厄姆给该协会的赠品。那天的讨论中心是保护自然景色以及由从微生物到人类一系列联系所组成的错综复杂的生命之网。但到岛上

---

① John James Audubon（1785—1851），美国著名鸟类学家。

来的旅行者们谈论的都是对沿路环境的破坏所感到的气愤。以前，步行在四季常青的林中小道始终是件愉快的事，道路两旁是杨梅、香甜的羊齿植物、赤杨和越橘。现在只有一片深褐色的荒芜景象。一个保护派成员写下了他在八月份游览缅因州一个岛的情景："我来到这里，为缅因原野的毁坏而生气。前几年这儿的公路连接着野花和动人的灌木，而现在只有一英里又一英里的死去的植物的残痕……作为一种经济上的考虑，试问缅因州能够承受由于毁坏风景而丧失旅行者信誉所带来的损失吗?"

在全国范围内以治理路旁灌木丛为名正进行着一项无意识的破坏。缅因原野仅仅是一个例子，它所受到的破坏特别惨重，使我们中间那些深爱该地区美丽景色的人们异常痛心。

康涅狄格州植物园的植物学家宣称，对美丽的原生灌木及野花的破坏已达到了"路旁原野危机"的程度。杜鹃花、月桂树、紫越橘、越橘、荚蒾、山茱萸、杨梅、羊齿植物、低灌木、冬浆果、苦樱桃以及野李子在化学药物的火力网下正奄奄一息。曾给大地带来迷人魅力及美丽景色的雏菊、黑眼苏珊、安女王花带、秋麒麟草以及秋紫菀也都枯萎了。

农药的喷洒不仅计划不周，而且随意滥用。在新英格兰南部的一个城镇，一个承包商完成了他的工作后，在他的桶里还剩有一些化学药粉。他就沿着这片不曾允许喷药的路边林地撒了化学药物。结果使这个乡镇失去了它秋天路旁美丽的天蓝色和金黄色，这儿的紫菀和秋麒麟草显现出的景色本来是很值得人们远游来此一看的。在另一个新英格兰的城镇，一个承包商由于缺乏对公路的知识而违反了州政府对城镇喷药的规定，他对路边植物的喷药高度达到八英尺，从而超过了规定的四英尺最大限度，因此留下了一条宽阔的、被破坏的、深褐色的痕迹。马萨诸塞州乡镇的官员们从一个热心的农药推销商手中购买了除草剂，而不知道里面含有砷。喷药之后道路两旁所发生的结果之一是，砷中毒引起十二头母牛死亡。

一九五七年当渥特弗镇用化学除草剂喷洒路边田野时，康涅狄格植物园自然保护区的树木受到了严重伤害；即使没有直接喷药的大树也受到了影响。虽然这正是春天生长的季节，橡树的叶子却开始卷曲并变为深褐色，然后新芽开始长出来，并且长得异常迅速，使树上有了些许垂枝。两个季节以后，粗大一些的枝干都死了，其他树枝上都没有了树叶，变了形，而树上的所有垂枝还留在那儿。

我很清楚地知道一条道路，在它所到之处，大自然用赤杨、荚蒾、羊齿植物和杜松装饰了道路两旁，随着季节的变化，这儿有时是鲜艳的花朵，有时是秋天里宝石串似的累累硕果。这条道路并没有繁忙的交通运输任务需要负担，几乎没有灌木可能妨碍驾驶员视线的急转弯和交叉口。但是喷药人接管了这条路，结果使这里变成了人们不再留恋的地方，对于一个忧虑着贫瘠而可怕的世界的心灵来说，这是一个需要忍耐的景象，而这一世界是我们让自己的技术造成的。但是各处的权威机构不知什么缘故总是迟疑不决。由于某种意外的疏忽，在严格安排的喷药地区中间有时会留下一些美丽的绿洲——正是这些绿洲使得那些被毁坏的部分相比之下更难让人忍受。在这些绿洲，在到处都是火焰般的百合花中，有着飘动的白色三叶草和彩云般的紫野豌豆花，面对这些景色，我们精神为之振奋。

这样的植物只有在那些出售和使用化学药物的人眼里才是"野

草"。在对一个定期举行的控制野草会议所做的一期《公报》中，我曾看到一篇关于除草剂原理的离奇议论。那个作者坚持认为杀死有益植物"就是因为它们和坏的植物长在一起"。那些抱怨路旁野花遭到伤害的人启发了这位作者，使他想起历史上的反对活体解剖论者，他说"如果根据他们的观点来进行判断，那么一只迷路的狗的生命将比孩子们的生存更为神圣不可侵犯"。

对于这篇高论的作者，我们中间许多人确实怀疑他犯了一些严重歪曲原意之罪，因为我们喜爱野豌豆、三叶草和百合花的精致、短暂的美丽，但这一景色现在已仿佛被大火烧焦，灌木已成了赤褐色，很容易折断，以前曾高高举着它那骄傲的花絮的羊齿植物，现在已枯萎地耷拉下来。我们看来是虚弱得可悲，因为我们竟能容忍这样糟糕的景象，灭绝野草并没有使我们感到高兴，我们对人类又一次这样征服了这个混乱的自然界并不觉得欢欣鼓舞。

法官道格拉斯谈到他参加了一个联邦农民的会议，与会者讨论了本章前面所说过的居民们对鼠尾草喷药计划的抗议。这些与会者认为，一位老太太因为野花将被毁坏而反对这个计划是个很大的笑话。"就如同牧人寻找一片草地，或者伐木者寻求一棵树木的权利不可被剥夺一样，难道寻找一株萼草或卷丹就不是她的权利吗？"这位富有同情心而且有远见的法官司问道。"我们继承的旷野的审美价值如同我们继承山丘中的铜、金矿脉和山区中的森林一样多。"

当然，在保存我们的原野植物的希望中，还有更多的东西超过了审美方面的考虑。在大自然的组合中，天然植物有其重要作用。乡间沿路的树篱和相邻的原野为鸟类提供了寻食、隐蔽和孵养的地方，为许多幼小动物提供了栖息地。单在东部的许多州里，有七十多种灌木和有蔓植物是典型地生长在路旁的植物种类，其中有六十五种是野生生物的重要食物。

这样的植物也是野蜂和其他授粉昆虫的栖息地。人们现在感到更需要这些天然授粉者。然而农民本身却认识不到这些野蜂的价值，并常常采取各种措施使野蜂不能再为他们服务。一些农作物和许多野生植物都是部分地或全部地依赖于天然授粉昆虫的帮助。几百种野蜂参与了农作物的授粉过程——仅光顾紫苜蓿花的蜂就有一百种。若没有昆虫的授粉作用，在未耕耘的土地上的绝大部分保持土壤和增肥土壤的植物必定要灭绝，从而给整个区域的生态带来深远的影响。森林和牧场中的许多野草、灌木和乔木都依靠天然昆虫进行繁殖；假若没有这些植物，许多野生动物及牧场牲畜就没有多少东西可吃了。现在，清洁的耕作方法和化学药物对树篱和野草的毁灭正在消灭这些授粉昆虫最后的避难所，并正在切断连接生命与生命之间的线索。

这些昆虫，就我们所知，对我们的农业和田野是如此重要，它们理应从我们这儿得到一些较好的报偿，而不应对它们的栖息地随意破坏。蜜蜂和野蜂主要依靠像秋麒麟草、芥菜和蒲公英这样一些"野草"提供的花粉来作为幼蜂的食物。在紫苜蓿开花之前，野豌豆为蜜蜂提供了基本的春天饲料，使其顺利地度过这个春荒季节，以便为紫苜蓿花授粉做好准备。秋天，它们依靠秋麒麟草贮备过冬；在这个季节里，再没有其他食物可得了。由于大自然本身所具有的精确而巧妙的定时能力，一种野蜂的出现正好发生在柳树开花的那一天。并不缺乏能够理解这些情况的人，但这些人并不是那些用化学药物大规模地浸透了整个大地景观的人。

那些应该懂得固有栖息地对保护野生动物的价值的人们现在在什么地方呢？他们中间那么多的人都在把除草剂说成是"不会伤害"野生动物的，认为除草剂的毒性比杀虫剂要小一些，这就是说，无害即可用。然而当除草剂降落在森林和田野，降落在沼泽和牧场的时候，它们给野生动物栖息地带来了显著的变化，甚至是永久性的毁灭。从长远来看，毁掉了野生动物的住地和食物——也许比直接杀死它们还要糟糕。

这种全力以赴地对道路两旁及路标界区的化学袭击，其讽刺性是双重的。经验已清楚表明，企图实现的目标是不易达到的。滥用除草剂并不能持久地控制路旁的"丛林"，而且这种喷洒不得不年年重复进行。更有讽刺意味的是，我们坚持这样做，而全然不顾已有的完全可靠的选择性喷药方法，此方法能够长期控制植物生长，而不必再在大多数植物中反复喷药。

控制那些沿着道路及路标界的丛林的目的，并不是要把地面上青草以外的所有东西都清除掉，说得更恰当一点，仅仅是为了除去那些最后会长得很高的植物，以避免其阻挡驾驶员的视线或干扰路标区的线路。一般说来，这指的是乔木。大多数灌木都长得很矮而无危险性，当然，羊齿草与野花也是如此。

选择性喷药是弗兰克·伊格勒博士发明的，当时他在美国自然历史博物馆任路标区控制丛林推荐委员会的指导者。基于这样一种事实，即大多数灌木区系能够坚决抵挡乔木的侵入，选择性喷洒就可利用这一自然界固有的安定性。相比较而言，草原很容易被树苗所侵占。选择性喷洒的目的不是为在道路两旁和路标区生产青草，而是为了通过直接处理以清除那些高大乔木植物，而保留其他所有

74

植物。对于那些抵抗性很强的植物，用一种可行的追补处理方法就足够了，此后灌木就保持这种控制效果，而乔木不能复生。在控制植物方面最好、最廉价的方法不是化学药物，而是其他植物。

这个方法如今一直在美国东部的研究区中试验。结果表明，一旦经过适当处理后，一个区域就会变得稳定起来，至少二十年不需要再喷洒药物。这种喷洒经常由步行的人们背着喷雾器来完成，他们对喷雾器控制严格。有时候压缩泵和喷药器械可以架在卡车的底盘上，但是从不进行地毯式的喷洒。仅仅是直接对乔木进行处理，还对那些必须清除的特别高的灌木进行处理。这样，环境的完整性就被保存下来了。具有巨大价值的野生动物栖息地完整无损，灌木、羊齿植物和野花所显示出的美丽景色也未受损害。

到处都曾采用通过选择性喷药来安排植物的方法。大体来说，根深蒂固的习惯难以消除，而地毯式的喷洒又继续复活，它从纳税人那儿每年索取沉重的代价，并且使生命的生态之网蒙受损害。可以肯定地说，地毯式喷洒之所以复活仅仅是因为上述事实不为人知。只要当纳税人认识到对城镇道路喷药的账单应该是一代送来一次，而不是一年一次的时候，纳税人肯定会起来要求对方法进行改变。

选择性喷洒优越性有很多，其中有一点就是它渗透到土地中的化学药物总量减到最少。不再漫洒药物，而是集中使用到乔木根部，这样，对野生动物的潜在危害就保持到最低程度。

最广泛使用的除草剂是 2,4 - D、2,4,5 - T 以及有关的化合物。这些除草剂是否确实有毒，现在还在争论之中。用 2,4 - D 喷洒草坪，身上被药水搞湿了的人，有时会患严重的神经炎，甚至瘫痪。虽然此类的事件并不经常发生，但是医药当局已对使用这些化合物发出警告。更隐蔽一些的其他危险，可能也潜藏于 2,4－D 的使用中。实验已经证明这些药物破坏细胞内呼吸的基本生理过程，并类似 X 射线能破坏染色体。最近的一些研究工作表明，比那些致死药物毒性低得多的一些除草剂会对鸟类的繁殖产生不良影响。

且不说任何直接的毒性影响，由于某些灭虫剂的使用而出现了一些奇怪的间接后果。已经发现一些动物，不论是野生食草动物还是家畜，有时很奇怪地被吸引到一种曾被喷过药物的植物上，即使这种植物并非它们的天然食料。假若一直使用一种像砷那样毒性很强的除草剂，这种想要除去植物的强烈愿望必然会造成损失重大的后果。如果某些植物本身恰好有毒或者长有荆棘和芒刺，那么毒性较小的除草剂也会引起致死的结果。例如，牧场上有毒的野草在喷药后突然变得对牲畜具有吸引力了，家畜就因满足这种不正常的食欲而死去。兽医药物文献中记满了这样的例子：猪吃了喷过药的瞿麦草，羊吃了喷过药的蓟草而引起严重疾病。开花时蜜蜂在喷过药的芥菜上采蜜就会中毒。野樱桃的叶子毒性很大，一旦它的叶簇被 2,4－D 喷洒后，野樱桃对牛就具有致命的吸引力。很明显，喷药过后（或割下来后）的植物的凋谢使其具有吸引力。豚草提供了另一个例子，家畜一般不吃这种草，除非在缺少饲料的冬天和早春才被迫去吃它。然而，在这种草的叶丛被 2,4－D 喷洒后，动物就很愿意吃。

这种奇怪现象的出现是由于化学药物给植物本身的新陈代谢带来了变化。糖的含量暂时有明显增加，这就使得植物对许多动物具有更大的吸引力。

2,4-D另外一个奇怪的效能对牲畜、野生动物，同样明显地对人都具有重大的反应。大约十年前做过的一些实验表明，谷类及甜菜用这种化学药物处理后，其硝酸盐含量即急剧增高。在高粱、向日葵、蜘蛛草、羊腿草、猪草以及伤心草里，可能有同样的效果。这里面的许多草，牛本来是不愿吃的，但当经过2,4-D处理后，牛吃起来却津津有味。根据一些农业专家的调查，一定数量的死牛与喷药的野草有关。危险全在于硝酸盐的增长，这种增长由于反刍动物所特有的生理过程立刻会引起严重的问题。大多数这样的动物具有特别复杂的消化系统——其胃分为四个腔室。纤维素的消化是在微生物（瘤胃细菌）的作用下在一个胃室里完成。当动物吃了硝酸盐含量异常高的植物后，瘤胃中的微生物便对硝酸盐起作用，使其变成毒性很强的亚硝酸盐。于是引起一系列事件的致命环节发生了：亚硝酸盐作用于血色素，使其成为一种巧克力褐色的物质，氧在该物质中被禁锢起来，不能参与呼吸过程，因此，氧就不能由肺转入机体组织中。由于缺氧症，即氧气不足，死亡即在几小时内发生。对于放牧在用2,4-D处理过的某些草地上的家畜伤亡的各种各样的报告终于得到了一种合乎逻辑的解释。这一危险同样存在于属于反刍类的野生动物中，如鹿、羚羊、绵羊和山羊。

虽然其他各种因素（如异常干燥的气候）能够引起硝酸盐含量的增加，但是对2,4-D滥卖与滥用的后果再也不能漠然不顾了。这种状况曾引起威斯康星州大学农业实验站的极大关注，证实了在一九五七年提出的警告："2,4-D杀死的植物中可能含有大量的硝酸盐。"如同危及动物一样，这一危险已延伸到人类，这一危险有助于解释最近连续不断发生的"仓库死亡"的奇怪现象。当含有大量硝酸盐的谷类、燕麦或高粱入库后，它们放出有毒的一氧化碳气体，这对于进入粮库的任何人都可产生致命的危险。只要吸几口这样的气体便可引起一种扩散性的化学肺炎。在由明尼苏达州医学院所研究的一系列这样的病例中，除一人外，全部死亡。

"我们在自然界里散步，就仿佛大象在摆满瓷器的陈列室里散步一样。"清楚地了解这一切的一位荷兰科学家Ｃ·Ｊ·贝尔金这样总结了我们对除草剂的使用。"我的意见是人们误认为要除去的野草太多了，我们并不知道长在庄稼中的那些草是全部都有害呢，还是有一部分是有益的，"贝尔金博士说。

提出这一问题是很难得的：野草和土壤之间的关系究竟是什么呢？纵使从我们狭隘的切身利益来看，也许此关系是件有益的事。正如我们已看到的，土壤与在其中、其上生活的生物之间存在着一种彼此依赖、互为补益的关系。也许野草从土壤中获取一些东西，野草也可能给予土壤一些东西。最近，荷兰一个城市的花园提供了一个实际的例子，玫瑰花生长得很不好。土壤样品显示出已被很小的线虫严重侵害。荷兰植物保护公司的科学家并没有推荐化学喷药或土壤处理，而是建议把金盏草种在玫瑰花中间。这种金盏草，死抠字眼的人无疑认为它在任何玫瑰花坛中都是一种野草，但从它的根部可分泌出一种能杀死土壤中线虫的分泌物。这一建议被接受了；一些花坛上种植了金盏草，另外一些不种金盏草以作为对比。结果是很明显的。在金盏草的帮助下，玫瑰长得很繁茂，但在不种金盏草的花坛上，玫瑰却呈现病态而且枯萎了。现在许多地方都用金盏草来消灭线虫。

在这一点上，也许还有我们尚很不了解的其他一些植物正在起着对土壤有益的作用，可是我们过去残忍地将它们根除。现在通常被斥之为"野草"的自然植物群落的一种非常有效的作用是可以作为土壤状况的指示剂。当然，这种有效的作用在一直使用化学除草剂的地方已丧失了。

那些在喷药问题上寻找答案的人们也在关注一件具有重大科学意义的事情——需要保留一些自然植物群落。我们需要这些植物群落作为一个标准，与之对照就可以测量出由于我们自身活动所带来的变化。我们需要它们作为自然的栖息地，在这些栖息地中，昆虫的原始数量和其他生物可以被保留下来，这些情况将在第十六章中叙述到。对杀虫剂的抗药性的增长正在改变着昆虫、也许还有其他生物的遗传因素。一位科学家甚至已提出建议：在这些昆虫的遗传性质被进一步改变之前，应当修建一些特别种类的"动物园"，以保留昆虫、螨类及同类的生物。

有专家曾提出警告说，由于除草剂使用日益增加，在植物中引起了影响重大而难以捉摸的变化。用以清除阔叶植物的化学药物2,4-D使得草类在已平息了的竞争中又繁茂起来——现在这些草类中的一些草本身已变成了"野草"。于是，在控制杂草上又出现了新问题，并又产生了一个向另外方向转化的循环。这种奇怪的情况在最近一期关于农作物问题的杂志上得到承认："由于广泛使用2,4-D去控制阔叶杂草，野草已增长为对谷类与大豆产量的一种威胁。"

豚草——枯草热病受害者的病源——提供了一个有趣的例子，

控制自然的努力有时候像澳洲原住民的回飞镖①一样，投出去后又飞还原地。为控制豚草，沿道路两旁排出了几千加仑的化学药物。然而不幸的事实是，地毯式喷洒的结果使豚草更多了，一点也没有减少。豚草是一年生植物，它的种子生长每年需要一定的开阔地带。因此我们消除这种植物最好的办法是继续促使浓密的灌木、羊齿植物和其他多年生植物的生长。经常喷药消灭了这种保护性植物，并创造了开旷的、荒芜的区域——豚草迅速地长满了这个区域。实际上引起过敏症的花粉含量可能与路边的豚草无关，而可能与城市地块上、以及休耕地上的豚草有关。

山查子草化学除草剂的兴旺上市，就是不合理的方法却大受欢迎的一个例子。有一种比年年用化学药物除去山查子草的更廉价而效果更好的方法，这种方法就是使它与另外一种牧草竞争，而这一竞争使山查子草无法残存。山查子草只能生长在一种不茂盛的草坪上，这是山查子草的特性，而不是由于本身的病害。通过提供一块肥沃土壤并使其他的青草很好地长起来，这会创造一个环境，在此环境中山查子草长不起来，因为它每年的发芽都需要开阔的空间。

大家都不考虑基本的状况。苗圃人员听了农药生产商的意见，而郊区居民又听了苗圃人员的意见，于是郊区居民每年都在把真正数量惊人的山查子除草剂不断喷在草坪上。商标名字上看不出这些农药的特征，但是它们的配制中包括着像汞、砷和氯丹这样的有毒物质。随着农药的出售和应用，在草坪上留下了极大量的这类化学

---

① boomerang，澳洲原住民过去使用的一种投掷武器，它被投出后，若打不中目标，就会沿着一个螺旋的曲线又飞回到投掷者的身边。

药物。例如，一种药品的使用者按照指数，将在一英亩地中使用六十磅氯丹产品。如果他们使用另外一些可用的产品，那么他们就将在一英亩地中使用一百七十五磅的砷。我们将在第八章看到，鸟类死亡的数量正在使人苦恼。这些草坪究竟对人类的毒害如何，现在还不得而知。

一直对道旁和路标界植物进行选择性喷药试验的成功提供了一个希望，即用相当正确的生态方法可以实现对农场、森林和牧场的其他植物的控制规划；此种方法的目的并不是为了消灭某个特别种类的植物，而是要把植物作为一个活的群落来加以管理。

其他一些稳固的成绩说明了什么是能够做得到的。在制止那些不需要的植物方面，生态控制方法取得了一些最惊人的成就。大自然本身已遇到了一些现在正使我们感到困扰的问题，但大自然通常是以它自己的办法成功地解决了这些问题。对于一个有足够的知识去观察自然和想征服自然的人来说，他也将会经常得到成功的酬谢。

在控制不理想的植物方面的一个突出例子，是在加利福尼亚州对克拉玛斯草的控制。虽然克拉玛斯草，即山羊草，是一种欧洲土生植物，它在那儿被叫做圣约翰斯沃特草，它跟随着人向西方迁移，第一次在美国发现是一七九三年，在靠近宾夕法尼亚州兰开斯特的地方。到一九〇〇年，这种草扩展到了加利福尼亚州的克拉玛斯河附近，于是这种草就得到了一个地方名。一九二九年，它占领了几乎十万英亩的牧地，而到了一九五二年，它已侵犯了约二百五十万英亩的土地。克拉玛斯草非常不同于像鼠尾草这样的当地植物，它在这个区域中没有自己的生态位置，也没有动物和其他植物需要它。相反，它在哪里出现，哪里的牲畜吃了这种有毒的草就会变成"满身疥癣，嘴里生疮，垂头丧气"的样子。土地的价值因此而衰落下去，因为克拉玛斯草被认为是折价的。

在欧洲，克拉玛斯草，即圣约翰斯沃特草，从来不会造成什么问题，因为与这种植物一道，出现了多种昆虫，这些昆虫如此大量地吃这种草，以致于这种草的生长被严格地限制了。尤其是在法国南部的两种甲虫，长得像豌豆那么大，有着金属光泽，它们使自己全部的生存十分适应于这种草的存在，它们完全靠这种草作为食料，并得以繁殖。

一九四四年第一批装载这些甲虫的货物运到了美国，这是一个具有历史意义的事件，因为这在北美是利用食草昆虫来控制植物的第一次尝试。到了一九四八年，这两种甲虫都很好地繁殖起来了，因而不需要进一步再进口了。传播它们的办法是，把甲虫从原来的繁殖地收集起来，然后再把它们以每年一百万的比例散布开去。先在很小的区域内完成了甲虫的散布，只要克拉玛斯草一枯萎，甲虫就马上继续前进，并且非常准确地占据新场地。于是，当甲虫削弱了克拉玛斯草后，那些一直被排挤的、人们所希望的牧场植物就得以复兴了。

一九五九年所完成的一个十年考察说明对克拉玛斯草的控制已使其减少到原量的百分之一，"取得了比热心者的希望还要更好的效果"。这一象征性的甲虫大量繁殖是无害的，实际上也需要维持甲虫的数量以对付将来克拉玛斯草的增长。

另外一个非常成功而且经济地控制野草的例子可能是在澳大利亚看到的。殖民者曾经有过一种将植物或动物带进一个新国家的风俗习惯。一个名叫阿瑟·菲利浦的船长在大约一七八七年将许多种类的仙人掌带进了澳大利亚，企图用它们培养可做染料的胭脂红虫。一些仙人掌和霸王树从果园里生长出来，直到一九二五年发现近二十种仙人掌已变成野生的了。由于在这个区域里没有天然控制这些植物的因素，它们就广阔地蔓延开来，最后占了几乎六千万英亩的土地。至少这块土地的一半都非常浓密地被覆盖住，变成无用的了。

一九二〇年澳大利亚昆虫学家被派到北美和南美去研究这些仙人掌天然产地的昆虫天敌。经过对一些种类的昆虫进行试验后，一种阿根廷蛾于一九三〇年在澳大利亚产了三十亿个卵。七年以后，最后一批长得浓密的仙人掌也死掉了，原先不能居住的地区又重新可以居住和放牧了。整个过程花费的钱是每亩不到一个便士。相比之下，早年所用的那些不能令人满意的化学控制办法却在每英亩土地上花费了十英镑。

这两个例子都说明了密切研究吃植物的昆虫的作用，可以达到对许多不理想的植物的非常有效的控制。虽然这些昆虫可能对所有牧畜业者来说是易于选用的，并且它们高度专一的摄食习性能够很容易为人类产生利益，可是牧场管理科学却一直对此种可能性根本未予考虑。

## 七　不必要的大破坏

当人类向着他所宣告的征服大自然的目标前进时，已写下了一部令人痛心的破坏大自然的记录，这种破坏不仅仅直接危害了人们所居住的大地，而且也危害了与人类共享大自然的其他生命。最近几世纪的历史有其暗淡的一章——在西部平原对野牛的屠杀；为买卖而狩猎者对海鸟的残害；为了得到白鹭羽毛几乎把白鹭全部扑灭。在诸如此类的情况下，现在我们正在增加一个新的内容和一种新型的破坏——由于不加区别地向大地喷洒化学杀虫剂，致使鸟类、哺乳动物、鱼类，事实上使各种类型的野生生物直接受害。

按照当前正在指导我们命运的这种观点来看，似乎没有什么东西可以妨碍人们对喷雾器的使用。在人们扑灭昆虫的战役中的附带受害者是无足轻重的；如果驹鸟、野鸡、浣熊、猫，甚至牲畜因为恰好与要被消灭的昆虫住在同一地点而被杀虫毒剂所害，那么，不应该有人为此提出抗议。

那些希望对野生生物遭受损失的问题作出公正判断的居民今天正处于一种不知如何是好的境地。外界有两种意见，以保护者和许多研究野生生物的生物学家为一方，他们断言，喷洒杀虫剂所造成的损失一直是严重的，有时甚至带来重重灾难。但以治虫机关为另一方则企图断然否认喷洒杀虫剂会造成什么损失，或者认为即使有些损失也无关紧要。我们应该接受哪种观点呢？

证据的确凿性是最重要的。现场的野生生物专家当然最有资格发现和解释野生生物的损失。而专门研究昆虫的昆虫学家却看不清这一问题，他们思想上并不期望看到他们的控制计划所造成的负面影响。甚而，那些在州和联邦政府中从事害虫控制的人，当然还有那些化学药物的制造者——他们坚决否认由生物学家所报道的事实，他们宣称仅看到对野生生物很轻微的伤害。就像圣经故事中的牧师和利未人一样，他们由于彼此关系不善，因而老死不相往来。即使我们善意地把他们的这种否认解释为是专家和有关人员目光短浅，但这也决不意味着我们必须承认他们言之有据。

形成我们自己见解的最好方法是查阅一些主要的控制计划，并向那些熟悉野生生物生活方式以及对使用化学药物没有偏见的见证人请教，当毒药水像雨一样从天空进入到野生生物界后究竟发生了些什么情况。

对于鸟类爱好者，对于为自己花园里的鸟儿感到快乐的郊外居民、猎人、渔夫，或对于那些荒野地区的探险者来说，对一个地区的野生生物造成破坏的任何因素（即使在一年中）都必将剥夺他们享受快乐的合法权利。这是一个正当的观点。正如有时所发生的情况那样，虽然一些鸟类、哺乳动物和鱼类在一次喷药之后仍能重新发展起来，但真正巨大的危害已经造成。

不过，这样的重新发展并非那么容易。喷药一般都是反复进行的。在这种喷药中很难会留下漏洞以使野生生物得到恢复的机会。通常喷药的结果是毒化了环境，这是一个致命的陷阱，在这个陷阱中不仅仅原来的生物死去了，而且那些移居进来的生物也遭到同样的下场。喷药的面积愈大，危险性就愈严重。因为安全的绿洲已不复存在了。现在，在纳入控制昆虫计划的一个十年中，几千英亩甚至几百万英亩土地作为一个单位被喷了药；在这十年中，私人及团体喷药都越来越积极，关于美国野生生物破坏和死亡的记录已累积成堆。让我们来检查一下这些计划，并看看已经发生了些什么情况吧。

一九五九年秋天，密歇根州的东南部，包括底特律郊区在内共二万七千多英亩的土地接受了空中的艾氏剂（一种最危险的氯化烃）药粉的高剂量喷洒。此计划是由密歇根州的农业部和美国国家农业部联合进行的；它所宣称的目的是为了控制日本甲虫。

并没有显示出有多大必要去采取这个激烈而危险的行动。相反，一位在该州最闻名、最有学识的博物学家瓦尔特·P·尼凯尔表示了不同意见，他在密歇根州南部的很长时间里，每年夏天都花很多时间在田野里度过。他宣布:"三十多年来,以我自己的直接经验看,在底特律城存在的日本甲虫为数不多。随着时间的推移,甲虫的数量并未表现出任何明显的增长。除了在政府设在底特律的捕虫器中曾看到过很少几只日本甲虫外,我在天然环境中仅看到了一只日本甲虫……任何事情都是这样秘密地进行着,以致于使我一点儿也得不到关于昆虫数目增加的情报。"

来自该州机关的官方消息只是宣布这种甲虫已"出现"在进行空中袭击的指定区域。尽管缺少正当理由,但由于该州提供人力并监督执行情况,由于联邦政府提供设备和补充人员,由于乡镇愿为杀虫剂付款,这个计划还是开展起来了。

日本甲虫是一种意外进口到美国来的昆虫,一九一六年发现于新泽西州,当时在靠近里维顿的一个苗圃中发现了几只带有金属绿色的发亮甲虫。这些甲虫最初未能被辨认出来,后来才认出它们是日本主岛上的普通居住者。很明显,这些甲虫是在一九一二年限制条例宣布之前通过苗木进口而被带进美国的。

日本甲虫从它最初进入的地点逐渐发展到了密西西比河东部的许多州,这些地方的温度和降雨条件均对甲虫适宜。甲虫每年都越过原先的分布界线向外扩展。在甲虫定居时间最长的东部地区,一直在努力实行自然控制。凡是实行了自然控制的地方,正如许多记录所证实的那样,甲虫已被控制在一个较低的数量内。

尽管东部地区已有对甲虫合理控制的经验,目前处于甲虫分布边缘的中西部各州仍然掀起了一场攻击,这场攻击足以消灭最厉害的敌人,而不只是消灭普通的害虫;由于使用了最危险的化学药物,原想消灭甲虫,但结果却使大批人群、家禽和所有野生生物中毒。这些消灭日本甲虫的计划已引起了动物的大量死亡，使人震惊，并且使人类面临无法否认的危险。在控制甲虫的名义下，密歇根州、肯塔基州、衣阿华州、印第安纳州、伊利诺伊州以及密苏里州的许多地区都遭受了化学药物的喷洒。

密歇根州是第一批大规模从空中对日本甲虫进行喷洒袭击的地方。选用艾氏剂（它是所有化学药物中毒性最强的一种）并非因为它对控制日本甲虫有独特的作用，而只是为了省钱——艾氏剂是可用化合物中最便宜的一种。一方面州的官方发行出版物上承认艾氏剂是一种"毒物"，另一方面它又暗示在人口稠密的地区使用这种药剂不会给人类带来危害。（对于"我应该采取什么样的预防措施"这一问题的官方回答是"对于你，没有什么影响"。）对于喷洒效果，联邦航空公司的一位官员说过的话以后曾被引用在一个当地的出版物上："这是一种安全的操作。"底特律一位园林及娱乐休闲部门的代表进一步保证说："这种药粉对于人是无害的，也不会使植物和兽类受害。"人们完全可以想象得到，没有一个官方人员查阅过美国公共卫生调查所、鱼类及野生生物调查所所发表的很有用的报告，也没有查阅关于艾氏剂剧毒性的资料。

密歇根州消灭害虫的法律允许州政府可以不通知或不必取得土地所有者的同意而进行不分青红皂白的喷药。根据这一法律，低空飞机开始飞临底特律区域。城市当局以及联邦航空公司马上被居民们担忧的呼声所包围。由于在一个小时内就收到了近八百个质问，警察请求广播电台、电视台和报纸根据底特律的《新闻报》报道"告诉观众他们现在看到的是怎么回事，并通知他们这一切是安全的"。联邦航空公司的安全员向公众保证，"这些飞机是被很仔细地监督着"，并且"低飞是经过批准的"。为了减少公众的惧怕，这位安全员又做了一个多少有点错误的努力，他进一步解释说：这些飞机有一些紧急阀门，它们可以使飞机随时倾倒出全部负载。谢天谢地，总算没这样干。但是，当这些飞机执行任务时，杀虫剂的药粒便一视同仁地落在了甲虫和人的身上，"无害的"毒物像下雨一样地降落到正在买东西或去上班的人们的身上，降落在从学校回家吃午饭的孩子的身上。家庭妇女从门廊和人行道上扫走了被称为"看上去像雪一样"的小颗粒。正如以后密歇根州的奥杜邦协会所指出的："艾氏剂和黏土混成的白色小药粒（并不比一个针尖大）成百万地进入到屋顶的天花板缝隙里、屋檐的水槽中以及树皮和小树枝的裂缝中……当下雪和下雨时，每个水坑都变成了一洼可以致死的药水。"

在洒过药粉后的几天时间内，底特律奥杜邦协会就开始收到了关于鸟类的呼吁。据奥杜邦协会的秘书安·鲍艾斯谈道："人们关心喷药后果的第一个迹象是，我在星期天早上接到一个妇女的电话，她报告说当她从教堂回家时，看到了大量已死的和快要死去的鸟。那里是星期四喷的药。她说，在这个区域根本没有了飞着的鸟儿。最后，她在自家后院发现了一只死鸟，邻居也发现了死的田鼠。"那天鲍艾斯先生收到的所有电话都报告说"大量的鸟死了，看不到活着的鸟"……一直都在饲养野鸟的人们说，"根本没有鸟儿可喂了"。捡起的那些垂死的鸟儿的情况显然是典型的杀虫剂中毒症状：战栗，失去了飞翔能力，瘫痪，惊厥。

立刻受到影响的生物并非鸟类一种。一个当地的兽医报告说，他的办公室里挤满了求医者，这些人带着突然病倒的狗和猫。看来那些小心翼翼整理着自己皮毛和舔着爪子的猫是受害最重的。它们病症的表现是严重的腹泻、呕吐和惊厥。兽医对这些求医者所能提出的唯一劝告是，在没有必要的情况下不要让动物外出；假若动物出去了，应赶快把它的爪子洗干净。（但是氯化烃从水果或蔬菜里都是洗不掉的，所以这种措施提供的保护很有限。）

尽管城镇卫生委员坚持认为，这些鸟儿必定是被"一些其他的喷洒药物"杀害的，尽管他们坚持认为随着艾氏剂的施用而引起的喉咙发炎和胸部刺激也一定是由于"其他原因"，但当地卫生部门却收到了持续不断的控诉。一位杰出的底特律内科大夫被请去为四位病人看病，他们在观看飞机洒药时接触了杀虫药，而后一小时就病了。这些病人有着同样的症状：恶心、呕吐、发冷、发烧、异常疲劳，还咳嗽。

在许多其他村镇所反复采用的这一底特律经验一直是作为一种用化学药物来消灭日本甲虫的手段。在伊利诺伊州的兰岛捡到了几百只死鸟和奄奄一息的鸟儿。从收集鸟儿的人那儿得来的数据表明这里百分之八的鸣禽已经成为牺牲品。一九五九年对伊利诺伊州乔利埃特的三千多英亩土地用七氯进行了处理。从一个地方渔猎俱乐部的报告来看，凡在洒过药的地方的鸟儿"实际上已被消灭光了"。同样也发现大量死去的兔子、麝香鼠、袋鼠和鱼，甚至当地一个学校将收集被杀虫剂毒死的鸟儿作为一项科学活动。

可能再没有一个城镇比伊利诺伊州东部的谢尔登和易洛魁镇附近地区为了造就一个没有甲虫的世界而遭遇更惨的了。一九五四年，美国农业部和伊利诺伊州农业部沿着甲虫侵入伊利诺伊州的路线，开展了一场扑灭日本甲虫的运动，他们满怀希望，并且有信心通过广泛的喷药来消灭入侵的甲虫。在第一次"扑灭运动"进行的那一年，狄氏剂从空中被喷洒到一千四百英亩的土地上。另外的二千六百英亩土地在一九五五年也以同样的方法被处理，这一任务的完成被认为是圆满的。然而，越来越多的地方请求使用化学处理，到一九六一年末已有一万三千一百英亩的土地被喷洒了化学药物。即使在执行计划的第一年，就有野生生物及家禽遭受了严重毒害。化学处理在继续进行着，既没有同美国鱼类及野生生物调查所商量，也未同伊利诺伊州狩猎管理局商量。（在一九六〇年春天，联邦农业部的官员们还在国会委员会作证反对需要事前商议的议案。他们委婉地宣布，该议案是不必要的，因为合作与商议是"经常的"。这些官员根本没有想到那些地方的合作还未达到"华盛顿水平"。同样听到他们清楚地宣称，不愿与州立渔猎局商量。）

虽然用于化学控制的资金源源不断，然而那些希望测定化学控制对野生生物所带来危害的伊利诺伊州自然历史调查所的生物学家们却不得不在几乎没有资金的情况下进行工作。一九五四年用于雇用野外助手的资金只不过一千一百美元，而在一九五五年没有提供专款。尽管有这些使工作瘫痪的困难，但生物学家们还是综合了一些事实，这些事实集中地描画出了一幅野生生物被空前毁坏的景象——只要计划一开始付诸实施，这种毁坏就立刻变得明显起来。

吃昆虫的鸟类中毒情况的发生不仅取决于所使用的毒药，而且也取决于使用毒药的方式。在谢尔登早期执行计划期间，狄氏剂的使用是按照每英亩三磅的比例喷洒。为了了解狄氏剂对鸟类的影响，人们只需要记住在实验室里对鹌鹑所做的实验，狄氏剂的毒性已证明为滴滴涕的五十倍。因此在谢尔登土地上所喷的狄氏剂大约相当于每英亩一百五十磅的滴滴涕！而这仅是最小值，因为在进行药物喷洒时，沿着农田的边沿和角落都有重复喷洒的现象。

当化学药物渗入土壤后，中毒甲虫的幼蛆爬到地面上，它们在地面上停留一段时间后就死去了，这对于吃昆虫的鸟儿是很有吸引力的。在洒药后两个星期内，已死去的和将死的各种类型的昆虫是大量的。很容易想到鸟类在数量上所受到的影响。褐色长尾鹌鸟、燕八哥、野百灵鸟、白头翁和雉实际上都被消灭了。根据生物学家的报告，知更鸟"几乎灭绝了"。在一场细雨过后，可以看到许多死去的蚯蚓；可能知更鸟就吃了这些有毒的蚯蚓。同样对于其他的鸟类来说，曾经是有益的降雨由于在毒物的邪恶作用下，进入了鸟类生活，因而也变成一种毁灭性的药剂了。曾看到在喷药几天后，在雨水坑里喝过水和洗过澡的鸟儿都无可避免地死去了。

活下来的鸟儿都表现出不景气的样子。虽然在用药物处理过的地方发现了几个鸟窝，有几只鸟蛋，但是没有一只小鸟。

在哺乳动物中，田鼠实际上已灭绝；发现他们的残体呈现出中毒暴死的特征。在用药物处理过的地方发现了死的麝香鼠，在田野里发现了死兔子。狐鼠在城镇里是比较常见的动物，但在喷洒药物后，它也不见了。

对甲虫发动战争以后，在谢尔登地区的任何农场中若有一只猫留存下来，真是件稀罕事。在喷洒药物后的一个季度里，农场里百分之九十的猫都变成了狄氏剂的牺牲品。本来这些是可以预见到的，因为在其他地方关于这些毒物已有沉痛的记载。猫对于所有的杀虫剂都非常敏感，看来对狄氏剂尤其敏感。世界卫生组织在爪哇西部所进行的抗疟过程中，报道了许多猫的死亡案例。在爪哇的中部有那么多猫被杀死，以至于一只猫的价格增加到两倍以上。同样的，在委内瑞拉喷洒药物时，世界卫生组织得到报告说猫已减少到成为一种稀有动物的状况了。

在谢尔登，不仅野生生物，连家禽都在扑灭昆虫的运动中被杀死了。对几群羊和牛所做的观察表明，它们已经中毒和死亡，这也同样威胁着牲畜。自然历史调查所的报告描述了这些事件之一：

羊群横穿过一条沙砾路，从一个于五月六日被洒过狄氏剂的田野被赶到另一片未洒药的、长着一种优良野生牧草的小牧场上。很显然，一些喷洒药粉越过道路飘到了牧场上，因为那群羊几乎马上就表现出中毒的症状……它们对食物失去兴趣，表现出极度不安，它们沿着牧场篱笆转来转去，显然想找路出去……它们不愿被赶着跑，它们几乎不停地叫着，站在那儿，耷拉着头；最后，它们还是被带出了牧场……它们极想喝水。在穿过牧场的水溪中发现了两只死羊，留下的羊多次被赶出那条水溪，还不得不用力把其中的几只羊从水里拉出来。三只羊最终死了，那些活下来的羊在外观上总算得以恢复。

这就是一九五五年年底的状况。虽然化学战争连续进行了多年，然而研究工作资金的细流已完全干涸了。进行野生生物与昆虫杀虫剂关系研究所需的钱被包括在一个年度预算里，这个年度预算是由自然历史调查所提交给伊利诺伊州立法机关的，但是这笔预算一定在第一审查中就被否决了。直到一九六〇年才找到钱去支付给了一个野外工作助手——他一个人干了需要四个人才能完成的工作。

当生物学家于一九五五年重新开始一度中断的研究时，野生生物遭受损失的荒凉画面几乎没有什么变化。这时所用的化学药物已变为毒性更强的艾氏剂。鹌鹑实验表明，艾氏剂的毒性为滴滴涕的一百到三百倍。到一九六〇年，栖居在这个区域中的每种野生哺乳动物都遭受到损失。鸟儿的情况更糟糕了。在多拿温这个小城镇里，知更鸟已经绝迹，白头翁、燕八哥、长尾鹩鸟也遭遇同样下场。在别处，上述这些鸟和其他许多鸟都大大减少。打野鸡的猎人强烈地感到了这一甲虫战役的后果。在用药粉处理过的土地上，鸟窝的数目减少了几乎百分之五十，一窝中孵出的小鸟数目也减少了。前几年这些地方是打野鸡的好地方，现在由于一无所获，实际上已无人问津了。

尽管在扑灭日本甲虫的名义下发生了大破坏，尽管在伊诺卡斯城八年多时间内对十万多英亩土地进行了化学处理，其结果看来仅仅是暂时平定了这种昆虫，日本甲虫还在继续向西移动。可能永远不会知道这个没有效果的计划收取费用的整个范围，因为由伊利诺伊州的生物学家所测定的结果仅是一个最小值。假若给研究计划提供充足的资金，而又允许全面报道的话，那么所揭露出来的破坏情况就会更加骇人。但是在执行计划的八年时间内，为生物学野外研究所提供的资金仅有六千美元。与此同时，联邦政府为控制工作花费了近七万三千五百万美元，并且州立政府还追加了几千美元。因此，全部研究费用仅是用于化学喷药计划费用的一个零头——百分之一。

中西部的喷药计划一直是在一种紧迫恐慌的情绪中进行的，就好像甲虫的蔓延引起了一种极端危险的局面，为击退甲虫可以不择手段。这当然不符合实际情况，而且，如果这些忍受着化学药物侵害的村镇熟知日本甲虫在美国的早期历史的话，他们就肯定不会默许这样干。

东部各州的运气好，它们在人工合成杀虫剂发明之前就遭到了甲虫的入侵，它们不仅避免了虫灾，而且采用了对其他生物没有危害的手段控制住了日本甲虫。在东部没有任何地方像底特律和谢尔登那样洒药。在东部所采用的有效方法包含着发挥自然控制作用，这些自然控制作用具有永久性的和环境安全的多重优越性。

在甲虫进入美国的最初十多年时间内，甲虫由于失去了在它的故乡约束它增长的限制因素而迅速地发展起来。但是到了一九四五年，在甲虫蔓延所及的大部分区域，它已变成一种不大重要的害虫了。这主要是由于从远东进来的寄生虫和使甲虫致命的病害产生的结果。

一九二〇到一九三三年间，在对日本甲虫的出生地进行了广泛的辛苦调查后，从东方国家进口了三十四种捕食性昆虫和寄生性昆虫，希望建立对日本甲虫的天然控制。其中有五种已在美国东部定居。最有效和分布最广的是来自朝鲜和中国的一种寄生性黄蜂。当一只雌蜂在土壤中发现一个甲虫幼蛆时，对幼蛆注射使其瘫痪的液体，同时将一个卵产在蛆的表皮下面。蜂卵孵成了幼虫，这个幼虫就以麻痹了的甲虫幼蛆为食，并且把它吃光。在大约二十五年期间，此种蜂群按照州与联邦机构的联合计划被引进到东部十四个州。黄蜂在这个区域已广泛地定居下来，并且由于它们在控制甲虫方面起到了重要作用，所以普遍为昆虫学家们所信任。

一种细菌性疾病发挥了更为重要的作用，这种疾病影响到甲虫科，而日本甲虫就属于此科——金龟子科。这是一种非常特殊的细菌——它不侵害其他类型的昆虫，对于蚯蚓、温血动物和植物均无害。这种病害的孢子存在于土壤中。当孢子被觅食的甲虫幼蛆吞食后，它们就会在幼蛆的血液里惊人地繁殖起来，致使虫蛆变成变态白色，因此俗称为"牛奶病"。

一九三三年在新泽西发现了牛奶病，到一九三八年这种病已蔓延到日本甲虫繁殖的领地。在一九三九年，为促使该病更快地传播，开始执行一个控制计划。尽管还没有能发现一种人工方法来增加这种致病细菌生长的速度，但却找到了一种满意的代替办法：将被细菌感染的虫蛆磨碎、干燥，并与白土混合起来。按标准，一克土内应含有一亿个孢子。在一九三九至一九五三年期间，东部十四个州大约九万四千英亩土地按照联邦与州的合作计划进行了处理；联邦的其他区域也进行了处理；另外一些人们不熟知的广阔地区也被私人组织或者个人进行了处理。到了一九四五年，牛奶病孢子已在康涅狄格、纽约、新泽西、特拉华和马里兰州的甲虫中大大流行了。在一些实验区域中，受感染的虫蛆高达百分之九十四。这一扩散工作作为一项政府事业于一九五三年中止了，它作为一项生产被一个私人实验室所承担，这个私人实验室继续供给个人、公园俱乐部、居民协会以及其他需要控制甲虫的人。

曾经实行此计划的东部各区域现已靠对甲虫的高度自然控制而高枕无忧了。这种细菌能在土壤中存活好多年，因此，这种细菌由于效力的增加和继续被自然作用所传播，它们已按预期目的永久地在这儿站住了脚跟。

然而，为什么在东部给人留下深刻印象的这些经验不能在目前正狂热地对甲虫进行化学之战的伊利诺伊和其他中西部各州试行呢？

有人告诉我们，用牛奶病孢子进行接种"太昂贵"了，然而在四十年代，东部十四个州并没有人发现这一点。而且，这一"太昂贵"的评价是根据什么计算方法而得到的呢？显然不是根据如同谢尔登的喷洒计划所造成的那种全面毁灭的真正代价估计的。这个评价同样未考虑这一事实——用孢子接种仅需一次就行，第一次费用也是唯一的费用。

也有人告诉我们，牛奶病孢子不能在甲虫分布较少的区域使用，因为只有在土壤中已经有大量甲虫幼蛆存在的地方，牛奶病孢子才能定居。像对那些支持喷药的声明一样，对这种说法也值得打个问号。已发现引起牛奶病的细菌至少可以对四十种其他种类的甲虫起作用。这些甲虫分布很广泛，即使在日本甲虫数量很少或完全不存在的地方，该细菌也完全可能传播甲虫病害。而且，由于孢子在土壤中有长期生存的能力，它们甚至可以在虫蛆完全不存在的情况下继续存在，等待时机发展，如同在目前甲虫蔓延的边缘地区那样。

那些不计代价而希望立即取得结果的人将毫无疑问地继续使用化学药物来消灭甲虫。同样有一些人倾心于那些名牌商品，他们愿意反复操作和花钱，以使化学药物控制昆虫的工作长存。

另一方面，那些愿意等待一两个季度而获得一个完满结果的人将转向牛奶病；他们将会得到一种对甲虫的彻底控制，但这种控制将不会随时间流逝而失效。

一个广泛的研究计划正在伊利诺伊州皮奥利里的美国农业部实验室中进行，该计划的目的是想找出一种人工培养牛奶病细菌的方法。这将大大降低它的造价，并将促进它更广泛地使用。经过数年工作，现在已有一些成果报道。当这个"突破"完全实现时，可能一些理智和远景将使我们能更好地对付日本甲虫，这些甲虫在它们极端猖獗时一直是中西部化学控制计划的噩梦。

像伊利诺伊州东部喷洒农药这样的事情提出了一个不仅是科学上的，而且也是道义上的问题。这个问题即是，任何文明是否能够对生物发动一场无情的战争而不毁掉自己，同时也不失却文明应有的尊严。

这些杀虫剂不具有选择性的毒效，即它们不能专一地杀死那种我们希望除去的一个特定种类昆虫。每种杀虫剂之所以被使用只是基于一个很简单的原因，即它是一种致死毒物。因此它就毒害了所有与之接触的生命：一些家庭饲养的可爱的猫、农民的耕牛、田野里的兔子和高空飞翔的云雀。这些生物对人是没有任何害处的。实际上，正是由于这些生物及其伙伴们的存在，才使得人类的生活更为丰富多彩。然而人们却用突然的和令人毛骨悚然的死亡来酬谢它们。在谢尔登的科学观察者们描述了一只垂死的百灵鸟的症状："它侧躺着，显然已失去肌肉的协调能力，也不能飞行或站立，但它不停地拍打着翅膀，并紧紧收缩起它的爪子。它张着嘴，吃力地呼吸着。"更为可怜的是快要死去的田鼠默默无声的景况：它"表现出了快要死去的特征，背已经弯下了，握紧的前爪收缩在胸前……它的头和脖子往外伸着，嘴里常含有脏东西，使人们想象到这个奄奄一息的小动物曾经怎样地啃着地面。"

居然能默认对活生生的生命采取这样使其受苦的行动，作为人类，我们中间有哪一个不曾降低了我们做人的身份呢？

# 八 再也没有鸟儿歌唱

如今在美国，越来越多的地方已没有鸟儿飞来报春；清晨早起，原来到处可以听到鸟儿的美妙歌声，而现在却只有异常的寂静。鸟儿的歌声突然沉寂了，鸟儿给予我们这个世界的色彩、美丽和乐趣也在消失，这些变化来得如此迅速而悄然，以至在那些尚未受到影响的地区的人们还未注意到这些变化。

一位家庭妇女在绝望中从伊利诺伊州的赫斯台尔城写信给美国自然历史博物馆鸟类名誉馆长、世界知名鸟类学者罗伯特·库什曼·墨菲：

在我们村子里，好几年来一直在给榆树喷药[这封信写于一九五八年]。当六年前我们刚搬到这儿时，鸟儿多极了，于是我就干起了饲养工作。在整个冬天里，北美红雀、山雀、绵毛鸟和五十雀川流不息地飞过这里；而到了夏天，红雀和山雀又带着小鸟飞回来了。

在喷了几年滴滴涕以后，这个城几乎没有知更鸟和燕八哥了；在我的饲鸟架上已有两年看不到山雀了，今年红雀也不见了；邻居那儿留下筑巢的鸟看来仅有一对鸽子，可能还有一窝猫鸟。

孩子们在学校里学习，已知道联邦法律是保护鸟类免受捕杀的，那么我就不大好向孩子们再说鸟儿是被害死的。"它们还会回来吗？"孩子们问，而我却无言以答。榆树正在死去，鸟儿也在死去。是否正在采取措施呢？能够采取些什么措施呢？我能做些什么呢？

在联邦政府开始执行扑灭火蚁的庞大喷药计划之后的一年里，一位阿拉巴马州的妇女写道："我们这个地方大半个世纪以来一直是鸟儿的真正圣地。去年七月，我们都注意到这儿的鸟儿比以前多了。然而，突然地，在八月的第二个星期里，所有鸟儿都不见了。我习惯于每天早早起来喂养我心爱的已有一个小马驹的母马，但是听不到一点儿鸟儿的声息。这种情景是凄凉和令人不安的。人们对我们美好的世界做了些什么？最后，一直到五个月以后，才有一种蓝色的樫鸟和鹟鶇出现了。"

在这位妇女所提到的那个秋天里，我们又收到了一些其他同样令人沮丧的报告，这些报告来自密西西比州、路易斯安那州及阿拉巴马州边远南部。由国家奥杜邦学会和美国渔业及野生生物管理局出版的季刊《野外纪事》记录说，在这个国家出现了一些"没有任何鸟类的可怕的空白点"，这种现象是触目惊心的。《野外纪事》是由一些有经验的观鸟者所写的报告编纂而成的，这些观鸟者在特定地区的野外调查中花费了多年时间，并对这些地区的正常鸟类生活具有极其丰富的知识。一位观鸟者报告说：那年秋天，当她在密西西比州南部开车行驶时，"在很长的路程内根本看不到鸟儿"。另外一位在巴吞鲁日的观鸟者报告说：她把饲料放在那儿"几个星期始终没有鸟儿来动过"；她院子里的灌木到那时候已该抽条了，但树枝上却仍浆果累累。另外一份报告说，他的窗口"从前常常是由四十或五十只红雀和大群其他各种鸟儿组成一种撒点花样的图画，然而现在很难得看到一两只鸟儿出现"。西弗吉尼亚大学教授莫里斯·布鲁克斯——阿巴拉契亚地区的鸟类权威——报告说西弗吉尼亚鸟类"数量的减少是令人难以置信的"。

这里有一个故事可以作为鸟儿悲惨命运的象征——这种命运已经征服了一些种类，并且威胁着所有的鸟儿。这个故事就是众所周知的知更鸟的故事。对于千百万美国人来说，第一只知更鸟的出现意味着冬天的河流已经解冻。知更鸟的到来作为一项消息在报纸上报道，并且大家在吃饭时热切相告。随着大批候鸟的逐渐来临，森林开始绿意葱茏，千千万万的人们在清晨聆听着知更鸟黎明合唱的第一支曲子。然而现在，一切都变了，甚至连鸟儿的返回也不再被认为是理所当然的事情了。

知更鸟，的确还有其他很多鸟儿的生存看来和美国榆树休戚相关。从大西洋岸到落基山脉，这种榆树是上千城镇历史的组成部分，它以庄严的绿色拱道装扮了街道、村舍和校园。现在这种榆树已经患病，这种病蔓延到所有榆树生长的区域，这种病是如此严重，以致于专家们供认竭尽全力救治榆树最后将是徒劳无益的。失去榆树是可悲的，但是假若在抢救榆树的徒劳努力中我们把绝大部分的鸟儿扔进了覆灭的黑暗中，那将是加倍的悲惨。而这正是威胁我们的东西。

所谓的荷兰榆树病大约是在一九三〇年从欧洲进口镶板工业用的榆木节时被带进美国的。这种病害是一种真菌病害，病菌侵入到树木的输水导管中，其孢子通过树汁的流动而扩散开，并且由于其有毒分泌物及阻塞作用而致使树枝枯萎，使榆树死亡。该病是由榆树皮甲虫从生病的树传播到健康的树上去的。由这种昆虫在已死去的树皮下所开凿的渠道后来被入侵的真菌孢子所污染，这种真菌孢子又粘贴在甲虫身上，并被甲虫带到它飞到的所有地方。控制这种榆树病的努力始终在很大程度上要靠对昆虫传播者的控制。于是在美国榆树集中的地区——美国中西部和新英格兰各州，一个接一个村庄地进行广泛喷药已变成了一项日常工作。

这种喷药对鸟类生命，特别是对知更鸟意味着什么呢？对该问题第一次作出清晰回答的是密歇根州大学教授乔治·华莱士和他的一个研究生约翰·梅纳。当梅纳先生于一九五四年开始做博士论文时，他选择了一个关于知更鸟种群的研究题目。这完全是一个巧合，因为在那时还没有人怀疑知更鸟处在危险之中。但是，正当他开展这项研究时，事情发生了，这件事改变了他要研究的课题的性质，并剥夺了他的研究对象。

对荷兰榆树病的喷药于一九五四年在大学校园的一个小范围内开始。第二年，校园的喷药范围扩大了，把东兰辛城（该大学所在地）包括在内，并且在当地计划中，不仅对吉卜赛蛾而且对蚊子也都这样进行喷药控制了。化学药雨已经增多到倾盆而下的地步了。

在一九五四年到首次少量喷药的第一年，看来一切都很顺当。第二年春天，迁徙的知更鸟像往常一样开始返回校园。就像汤姆林逊的散文《失去的树林》中的野风信子一样，当它们在自己熟悉的地方重新出现时，"并没有料到有什么不幸"。但是，很快就看出来显然有些现象不对头了。在校园里开始出现了已经死去的和垂危的知更鸟。在鸟儿过去经常啄食和群集栖息的地方几乎看不到鸟儿了。

几乎没有鸟儿筑建新窝，也几乎没有幼鸟出现。在以后的几个春天里，这一情况单调地重复出现。喷药区域已变成一个致死的陷阱，这个陷阱只要一星期时间就可将一批迁徙而来的知更鸟消灭。然后，新来的鸟儿再掉进陷阱里，不断增加着注定要死的鸟儿的数字；这些必定要死的鸟可以在校园里看到，它们也都在死亡前的挣扎中战栗着。

华莱士教授说："校园对于大多数想在春天找到住处的知更鸟来说，已成了它们的坟地。"然而为什么呢？起初，他怀疑是由于神经系统的一些疾病，但是很快就明显地看出了"尽管那些使用杀虫剂的人们保证说他们的喷洒对'鸟类无害'，但那些知更鸟确实死于杀虫剂中毒，知更鸟表现出人们熟知的失去平衡的症状，紧接着战栗、惊厥以至死亡。"

有些事实说明知更鸟的中毒并非由于直接与杀虫剂接触，而是由于吃蚯蚓间接所致。校园里的蚯蚓偶然被用来喂养一个研究项目中使用的蝼蛄，于是所有的蝼蛄很快都死去了。养在实验室笼子里的一条蛇在吃了这种蚯蚓之后就猛烈地颤抖起来。然而蚯蚓是知更鸟春天的主要食物。

在劫难逃的知更鸟的死亡之谜很快由位于尤巴那的伊利诺伊州自然历史考察所的罗伊·巴克博士找到了答案。巴克的著作在一九五八年发表，他找到了此事件错综复杂的循环关系——知更鸟的命运由于蚯蚓的作用而与榆树发生了联系。榆树在春天被喷了药（通常按每五十英尺一棵树用二至五磅滴滴涕的比例进行喷药，相当于每一英亩榆树茂密的地区二十三磅的滴滴涕），且经常在七月份又喷一次，浓度为前次之半。强力的喷药器对准最高大树木的上上下下喷出一条有毒的水龙，它不仅直接杀死了要消灭的树皮甲虫，而且杀死了其他昆虫，包括授粉的昆虫和捕食其他昆虫的蜘蛛及甲虫。毒物在树叶和树皮上形成了一层黏而牢的薄膜，雨水也冲不走它。秋天，树叶落下地，堆积成潮湿的一层，并开始慢慢地变为土壤的一部分。在此转变过程中它们得到了蚯蚓的援助，蚯蚓吃掉了叶子的碎屑，因为榆树叶子是它们喜爱吃的食物之一。在吃掉叶子的同时，蚯蚓也吞下了杀虫剂，并在它们体内得到累积和浓缩。巴克博士发现了滴滴涕在蚯蚓的消化道、血管、神经和体壁中的沉积物。毫无疑问，一些蚯蚓抵抗不住毒剂而死去了，而其他活下来的蚯蚓变成了毒物的"生物放大器"。春天，当知更鸟飞来时，在此循环中的另一个环节就产生了，只要十一条大蚯蚓就可以转送给知更鸟一份滴滴涕的致死剂量。而十一条蚯蚓对一只鸟儿来说只是它一天食量的很小一部分，一只鸟儿几分钟就可以吃掉十到十二条蚯蚓。

并不是所有的知更鸟都食入了致死的剂量，但是与不可避免的中毒一样，另外一种后果肯定也可以导致该鸟种的灭绝。不孕的阴影笼罩着所有鸟儿，并且其潜在威胁已延伸到了所有的生物。每年春天，在密歇根州立大学的整个一百八十五英亩大的校园里，现在只能发现二三十只知更鸟；与之相比，喷药前在这儿粗略估计有三百七十只鸟。在一九五四年由梅纳所观察的每一个知更鸟窝都孵出了幼鸟，到了一九五七年六月底，如果没有喷药的话，至少应该有三百七十只幼鸟（成鸟数量的正常继承者）在校园里寻食，然而梅纳现在仅仅发现了一只幼小的知更鸟。一年后，华莱士教授报告说："在（一九五八年）春天和夏天里，我在校园任何地方都未看到一只已长毛的知更鸟，并且，从未听说有谁看见过任何知更鸟。"

　　当然没有幼鸟出生的部分原因是由于在营巢过程完成之前，一对知更鸟中的一只或者两只就已经死了。但是华莱士拥有引人注目的记录，这些记录指出了一些更不祥的情况——鸟儿的生殖能力实际上已遭破坏。例如，他记录到"知更鸟和其他鸟类造窝而没有下蛋，其他的蛋也孵不出小鸟来，我们记录到一只知更鸟，它满怀信心地伏窝二十一天，但却孵不出小鸟来。而正常的伏窝时间为十三天……我们的分析结果发现在伏窝的鸟儿的睾丸和卵巢中含有高浓度的滴滴涕"。华莱士于一九六〇年将此情况告诉了国会："十只雄鸟的睾丸含有百万分之三十到一百〇九的滴滴涕，在两只雌鸟的卵巢的卵滤泡中含有百万分之一百五十一到二百一十一的滴滴涕。"

　　紧接着对其他区域的研究也开始发现情况是同样的令人担忧。威斯康星大学的约瑟夫·希基教授和他的学生们在对喷药区和未喷药区进行仔细比较研究后，报告说：知更鸟的死亡率至少是百分之八十六到八十八。在密歇根州百花山旁的克兰布鲁克科学研究所曾努力估计鸟类由于榆树喷药而遭受损失的程度，它于一九五六年要求把所有被认为死于滴滴涕中毒的鸟儿都送到研究所进行化验分析。这一要求带来了一个完全意外的反应：在几个星期之内，研究所里长期不用的仪器被运转到最大工作量，以致不得不拒绝接受其他的样品。一九五九年，仅一个社区就报告或交来了一千只中毒的鸟儿。虽然知更鸟是主要的受害者(一个妇女打电话向研究所报告说，当她打电话的时候已有十二只知更鸟在她的草坪上躺着死去了)，包括六十三种其他种类的鸟儿也在研究所做了测试。

　　知更鸟仅是与榆树喷药有关的破坏性的连锁反应中的一部分，

而榆树喷药计划又仅仅是各种各样以毒药覆盖大地的喷药计划中的一个。约九十多种鸟儿都蒙受严重伤亡，其中包括那些对于郊外居民和大自然业余爱好者来说都是最熟悉的鸟儿。在一些喷过药的城镇里，筑巢鸟儿的数量一般说来减少了百分之九十之多。正如我们将要看到的，各种各样的鸟儿都受到了影响——地面上吃食的鸟，树梢上寻食的鸟，树皮上寻食的鸟，以及猛禽。

完全有理由推想所有主要以蚯蚓和其他土壤生物为食的鸟儿和哺乳动物都和知更鸟一样受到了威胁。约有四十五种鸟儿都以蚯蚓为食。山鹬是其中的一种，这种鸟儿一直在近来受到七氯严重喷洒的南方过冬。现在在山鹬身上得出了两点重要发现。在新布朗韦克孵育场中，幼鸟数量明显地减少了，而已长成的鸟儿经过分析表明含有大量滴滴涕和七氯残毒。

已经有令人不安的记录报道，二十多种地面寻食鸟儿已大量死亡。这些鸟儿的食物——蠕虫、蚁、蛆虫或其他土壤生物已经有毒了。其中包括有三种画眉——橄榄背鸟、鸫鸟和蜂雀，它们的歌声在鸟儿中是最优美动听的了。还有那些轻轻掠过森林地带的繁茂灌木并带着沙沙的响声在落叶里寻食吃的麻雀、会歌唱的麻雀和白颔鸟，这些鸟也都成了对榆树喷药的受害者。

同样，哺乳动物也很容易直接或间接地被卷入这一连锁反应中。蚯蚓是浣熊各种食物中较重要的一种，负鼠在春天和秋天也常以蚯蚓为食。像地鼠和鼹鼠这样的地下打洞者也捕食一些蚯蚓，然后，可能再把毒物传递给像鸣枭和仓房枭这样的猛禽。在威斯康星州，春天的暴雨过后，捡到了几只死去的鸣枭，可能它们是由于吃了蚯蚓中毒而死的。曾发现一些鹰和猫头鹰处于惊厥状态——其中有长角猫头鹰、鸣枭，红肩鹰、食雀鹰、沼地鹰。它们可能是由于吃了那些在其肝和其他器官中积累了杀虫剂的鸟类和老鼠而引起的二次中毒致死的。

受害的鸟类不仅是那些在地面上捕食的鸟儿，或捕食这些由于榆树叶子被喷药而遭受危险的鸟儿的猛禽。那些森林地区的精灵们——红冠和金冠的鹪鹩，很小的捕蚊者和许多在春天成群地飞过树林闪耀出绚丽生命活力的鸣禽等，所有在枝头从树叶中搜寻昆虫为食的鸟儿都已经从大量喷药的地区消失了。一九五六年暮春时节，由于推迟了喷药时间，所以喷药时恰好遇上大群鸣禽的迁徙高潮。几乎所有飞到该地区的鸣禽都被大批杀死了。在威斯康星州的白鱼湾，在正常年景中，至少能看到一千只迁徙的山桃啭鸟，而在对榆树喷药后的一九五八年，观察者们只看到了两只鸟。随着其他村镇鸟儿死亡情况的不断传来，这个名单逐渐变长了，被喷药杀害的鸣禽中有一些鸟儿使所有看到的人们都恋恋不舍：黑白鸟、金翅雀、木兰鸟和五月蓬鸟，在五月的森林中啼声回荡的烘鸟，翅膀上闪着火焰般色彩的黑焦鸟、栗色鸟、加拿大鸟和黑喉绿鸟。这些在枝头寻食的鸟儿要么由于吃了有毒昆虫而直接受到影响，要么由于缺少食物而间接受到影响。

食物的损失也沉重地打击着徘徊在天空中的燕子，它们像青鱼奋力捕捉大海中的浮游生物一样在拼命搜寻空中飞虫。一位威斯康星州的博物学家报告说："燕子已遭到了严重伤害。每个人都在抱怨着与四五年前相比现在的燕子太少了。仅在四年之前，我们头顶的天空中曾满是燕子飞舞，现在我们已难得看到它们了……这可能是由于喷药使昆虫减少或使昆虫中毒两方面原因造成的。"

述及其他鸟类，这位观鸟者这样写道："另外一种明显的损失是鹟。虽然到处已看不到捕食幼虫的猛禽了，但是自幼就体质健壮的普通鹟却再也看不到了。今年春天我看到一只，去年春天也仅看到了一只。威斯康星州的其他观鸟人也有同样抱怨。我过去曾养了五六对北美红雀鸟，而现在一只也没有了。鸫鹟、知更鸟、猫声鸟和鸣枭每年都在我们花园里筑窝。而现在一只也没有了。夏天的清晨已没有了鸟儿的歌声。只剩下害鸟、鸽子、燕八哥和英格兰燕子。这是极其悲惨的，使我无法忍受。"

　　秋天对榆树进行定期喷药，结果使毒物进入树皮的每个小缝隙中，这大概是下述鸟类数量急剧减少的原因，这些鸟儿是山雀、五十雀、花雀、啄木鸟和褐啄木鸟。在一九五七和一九五八年间的那个冬天，华莱士教授多年来第一次发现在他家的饲鸟处看不到山雀和五十雀了。他后来从发现的三只五十雀上总结出一个显示因果关系、令人痛心的事实：一只五十雀正在榆树上啄食，另一只因患滴滴涕特有的中毒症就要死去，第三只已经死了。后来检查出在死去的五十雀的组织里含有百万分之二十六的滴滴涕。

　　向昆虫喷药后，所有这些鸟儿的吃食习惯不仅仅使它们本身特别容易受害，而且在经济方面及其他不太明显的方面造成的损失也是极其惨重的。例如，白胸脯的五十雀和褐啄木鸟的夏季食物就包括有大量对树木有害的昆虫的卵、幼虫和成虫。山雀四分之三的食物是动物性的，包括有处于各个生长阶段的多种昆虫。山雀的觅食方式在阿瑟·克利夫兰·本特描写北美鸟类的不朽著作《生命历史》中有所记述："当一群山雀飞到树上时，每一只鸟儿都仔细地在树皮、细枝和树干上搜寻着，以找到一点儿食物（蜘蛛卵、茧或其他冬眠的昆虫）。"

许多科学研究已经证实了在各种情况下鸟类对昆虫控制所起的决定性作用。啄木鸟是恩格曼针枞树甲虫的主要控制者，它使这种甲虫的数量由百分之五十五降到百分之二，并对苹果园里的鳕蛾起重要控制作用。山雀和其他冬天留下的鸟儿可以保护果园使其免受尺蠖之类的危害。

但是大自然所发生的这一切已不可能在现今这个由化学药物所浸透的世界里再发生了，在这个世界里喷药不仅杀死了昆虫，而且杀死了它们的主要天敌——鸟类。如同往常所发生的一样，后来当昆虫的数量重新恢复时，已再没有鸟类制止昆虫数量的增长了。如密尔沃基公共博物馆的鸟类馆长欧文·J·格罗米在密尔沃基《日报》上写道："昆虫的最大敌人是另外一些捕食性的昆虫、鸟类和一些小哺乳动物，但是滴滴涕却不加区别地杀害了一切，其中包括大自然本身的卫兵和警察……在发展的名义下，难道我们自己要变成我们穷凶极恶地控制昆虫的受害者吗？这种控制只能得到暂时的安逸，后来还是要失败的。到那时我们再用什么方法控制新的害虫呢？榆树被毁灭，大自然的卫兵(鸟)由于中毒而死尽，到那时这些害虫就要蛀食留下来的树种。"

格罗米先生报告说，自从威斯康星州开始喷药以来的几年中，报告鸟儿已死和垂死的电话和信件与日俱增。这些质问告诉我们在喷过药的地区鸟儿都快要死尽了。

美国中西部的大部分研究中心的鸟类学家和观鸟者都同意格罗米的体验，如密歇根州鹤溪研究所、伊利诺伊州的自然历史调查所和威斯康星大学。对几乎所有正在进行喷药的地区的报纸上读者来信栏投上一瞥，都会清楚地看出这样一个事实：居民们不仅对此已有认识并感到义愤，而且他们比那些命令喷药的官员们对喷药的危害和不合理性有更深刻的理解。"我真担心许多美丽的鸟儿死在后院的日子就要到来了，"一位密尔沃基的妇女写道，"这个经验是令人感到可怜而又可悲的……而且，令人失望和愤怒的是，因为它显然没有达到这场屠杀所企望达到的目的……从长远观点来看，你难道能够在不保住鸟儿的情况下保住树木吗？在大自然的生物中，它们不是相互依存的吗？难道不可以不去破坏大自然而帮助大自然恢复平衡吗？"

在其他的信中说出了这样一个观点：榆树虽然是威严高大的树木，但它并不是印度的"神牛"，不能以此作为旨在毁灭所有其他形式生命的无休止的征战的理由。威斯康星州的另一位妇女写道："我一直很喜欢我们的榆树，它像标板一样屹立在田野上，然而我们还有许多其他种类的树……我们也必须去拯救我们的鸟儿。谁能够想象一个失去了知更鸟歌声的春天该是多么阴郁和寂寞呢？"

我们是要鸟儿呢，还是要榆树？在一般人看来，二者择其一，非此即彼似乎是一件十分简单的事情。实际上，问题并不那么简单。化学在药物控制方面广为流传的讽刺之一就是，假若我们在现今长驱直入的道路上继续走下去的话，我们最后很可能既无鸟儿也无榆树。化学喷药正在杀死鸟儿，但却无法拯救榆树。希望喷雾器能拯救榆树的幻想是一种引人误入歧途的危险鬼火，它正在使一个又一个的社区陷入巨大开支的泥沼中，而得不到持久的效果。康涅狄格州的格林威治有规律地喷洒了十年农药。然而一个干旱年头带来了特别有利于甲虫繁殖的条件，榆树的死亡率上升了十倍。在伊利诺伊州俄本那城——伊利诺伊州大学所在地，荷兰榆树病最早出现于一九五一年。一九五三年进行了化学药物的喷洒。到一九五九年，尽管喷洒已进行了六年时间，但学校校园仍失去了百分之八十六的榆树，其中一半是荷兰榆树病的牺牲品。

在俄亥俄州托莱多城，同样情况促使林业部的管理人约瑟夫·A·斯维尼对喷药采取了一种现实主义的态度。那儿从一九五三年开始喷药，持续到一九五九年。斯维尼先生注意到在喷药以后棉枫鳞癣的大规模蔓延情况更为严重了，而此种喷药以前始终是被"书本和权威们"所推荐的。他决定亲自去检查对荷兰榆树病喷药的结果。他的发现使他自己大吃一惊。他发现在托莱多城病情得到控制的区域仅仅是那些我们采取果断措施移开有病的树或种树的地区，而我们依靠化学喷药的地方，榆树病却未能控制。而在美国，那些没有进行过任何处理的地方，榆树病并没有像该城蔓延得如此迅速。这一情况表明化学药物的喷洒毁灭了榆树病的所有天敌。

"我们正在放弃对荷兰榆树病的喷药。这样就使我和那些支持美国农业部主张的人发生了争执，但是我手上有事实，我将使他们陷入为难的境地。"

很难理解为什么这些中西部的城镇(这些城镇仅仅是在最近才出现了榆树病害)竟这样不假思索地参与了野心勃勃而又昂贵的喷药计划，而不向对此问题早有认识的地区做些调查。例如，纽约州对控制荷兰榆树病当然是具有很长时期的经验。大约早在一九三〇年带病的榆木就是由纽约港进入美国的，这种病害也就随之传入。纽约州至今还保存着一份令人难忘的有关制止和扑灭这种病害的记载。然而，这种控制并没有依赖于药物喷洒。事实上，该州的农业增设业务项目并没有推荐喷药作为村镇的一种控制方法。

那么，纽约州怎样取得了这样好的成绩呢？从为保护榆树而斗争的早期年代直到今天，该州一直依靠严格的防卫措施，即迅速转移和毁掉所有得病的或受感染的树木。开始时的一些结果令人失望，不过这是由于开头并没有认识到不仅要把有病的树毁掉，而且应把甲虫有可能产下卵的所有榆树都全部毁掉。受感染的榆树被砍下并作为木柴贮放起来，只要在开春前不烧掉它，它里面就会产生许多带菌的甲虫。从冬眠中醒过来并在四月末和五月寻食的成熟甲虫可以传播荷兰榆树病。纽约州的昆虫学家们根据经验知道什么样的甲虫产过卵的木材对于传播疾病具有真正重要意义。通过把这些危险的木材集中起来，就有可能不仅得到好的防虫效果，而且使防卫计划的费用保持在较低的限度内。到一九五○年，纽约市的荷兰榆树病的发病率降低到该城五点五万棵榆树的百分之○点二。一九四二年，威斯切斯特郡发动了一场防卫运动。在其后的十四年里，榆树的平均损失量每年仅是百分之○点二。有着一点八五万棵榆树的水牛城由于开展防卫工作，近些年来损失总数仅达百分之○点三，得到了控制这种疾病的卓越记录。换言之，以这样的损失速度，水牛城的榆树全部损失将需三百年。

锡拉丘兹发生的情况特别令人难忘。那儿在一九五七年之前一直没有有效的计划付诸实行。一九五一至一九五六年间锡拉丘兹丧失了将近三千棵榆树。当时，在纽约州林学院的霍华德·C·米勒的指导下进行了一场大力清除所有得病的榆树和吃榆树甲虫的一切可能来源的运动。损失的速度现在每年已降到了百分之一。

在控制荷兰榆树病方面，纽约州的专家们强调了预防方法的经济性。"在绝大部分情况下实际的花费是很有限的，"纽约州农学院的 J·G·玛瑟西说，"作为一种防止财产损失和人身受害的预防措施，如果一根大树枝死了或坏了，最好把它砍去，这样它就不会再伤及房屋及人身，如果是一堆劈柴，那就应在春天到来之前将它们用掉，树皮可以剥去，或将这些木头贮存在干燥的地方。对于正在死去或已经死去的榆树来说，为了防止荷兰榆树病的传播而迅速除去有病榆树所花费的钱并不比以后要花费的钱多，因为在大城市地区大部分死去的树最后都是要除去的。"

倘若采取了有理智的措施，防治荷兰榆树病并不是完全没有希望的。一旦荷兰榆树病在一个群落中稳定下来，它就不能被现在已知的任何手段扑灭，只有采取防护的办法来将它遏制在一定范围内，而不应采用那些既无效果又导致鸟类生命悲惨毁灭的方法。在森林发生学的领域中还存在着其他的可能性，在此领域里，实验提供了一个发展一种杂种榆树来抵抗荷兰榆树病的希望。欧洲榆树抵抗力很强，在华盛顿哥伦比亚特区已种植了许多这样的树。即使在城市榆树绝大部分都受到病害影响时，在这些欧洲榆树中并未发现荷兰榆树病。

在那些正在失去大量榆树的村镇中急需通过一个紧急育林计划来移植树木。这一点是重要的，尽管这些计划可能已考虑到把抵抗力强的欧洲榆树包括在内了，但这些计划更应侧重于建立树种的多样性，这样，将来的流行病就不能夺去一个城镇的所有树木了。一个健康的植物或动物群落的关键正如英国生态学家查理·艾尔登所说的是在于"保持多样性"。现在所发生的一切在很大程度上是由于在过去几代中使生物单纯化的结果。甚至于在一代之前，还没有人知道在大片土地上种植单一种类的树木可以招来灾难，于是所有城镇的街道和公园都是用一排排榆树来美化。今天榆树死了，鸟儿也死了。

像知更鸟一样，另外一种美国鸟看来也将濒临灭绝，它就是国家的象征——鹰。在过去的十年中，鹰的数量惊人地减少了。事实表明，在鹰的生活环境中有一些因素在起作用，这些作用实际上已经摧毁了鹰的繁殖能力。到底是什么因素，现在还无法确切地知道，但是有一些证据表明杀虫剂罪责难逃。

在北美被研究得最彻底的鹰是那些沿佛罗里达西部从坦帕到梅耶堡海岸线上筑巢的鹰。从温尼伯退休的银行家查理·布罗勒在一九三九至一九四九年期间，由于标记了一千多只小秃鹰而在鸟类学方面荣获盛名。（在这之前的全部鸟类标记历史中只有一百六十六只鹰作过标记。）布罗勒先生在鹰离开它们的窝之前的冬天几个月里给幼鹰作了标记。以后重新发现的带标记的鸟儿表明了这些在佛罗里达出生的鹰沿海岸线向北飞入加拿大，远至爱德华王子岛；然而从前一直认为这些鹰是不迁徙的。秋天，它们又返回南方，这一迁徙活动是在宾夕法尼亚州东部的霍克山顶这样一个有利的地点被观察到的。

在布罗勒先生给鹰作标记的最初几年里，在他所选择作为研究对象的这段海岸带上经常在一年内发现一百二十五个有鸟的鸟窝。每年被标记的小鹰数约为一百五十只。一九四七年小鹰的出生数开始下降。一些鸟窝里不再有蛋，其他一些有蛋的窝里却没有小鸟孵出来。在一九五二至一九五七年间，近乎百分之八十的窝已没有小鸟孵出了。在这段时间的最后一年里，仅有四十三个鸟窝还有鸟住。其中七个窝里孵出了幼鸟（八只小鹰）；二十三个窝里有蛋，但孵不出小鹰来；十三个窝只不过作为大鹰觅食的歇脚地，而没有蛋。一九五八年，布罗勒先生沿海岸长途跋涉一百英里后才发现了一只小鹰，并给它作了标记。在一九五七年时还可以在四十三个巢里看到大鹰，这时已难得看见了，他仅在十个巢里看到有大鹰。

虽然布罗勒先生一九五九年的去世终止了这个有价值的连续系统观察，但由佛罗里达州奥杜邦学会，还有新泽西州和宾夕法尼亚州所写的报告证实了这一趋势，这种趋势很可能迫使我们不得不去重新寻找一种新的国家象征。霍克山禁猎区管理人莫里斯·布龙的报告特别引人注目。霍克山是宾夕法尼亚州东南部的一个美丽如画的山脊区，在那儿，阿巴拉契亚山的最东部山脊形成了阻挡西风吹向沿海平原的最后一道屏障。碰到山脉的风偏斜向上吹去，所以在秋天的许多日子里，这儿持续上升的气流使阔翅鹰和鵟鹰不需要花费气力就可以青云直上，使它们在向南方的迁徙中一天可以飞过许多路程。在霍克山区，山脊都汇聚在这里，而岭中的航道也是一样在这里汇聚。其结果是鸟儿们从广阔的区域通过这一交通繁忙的狭窄通道飞向北方。

莫里斯·布龙作为禁猎区的管理人，在二十多年的时间里所观察到并实际记录下来的鹰比任何一个美国人都多。秃鹰迁徙的高潮是在八月底和九月初。这些鹰被认为是在北方度过夏天后返回家乡的佛罗里达鹰。（深秋和初冬时，还有一些大鹰飞过这里，飞向一个未知的过冬地方，它们被认为是属于另一个北方种。）在设立禁猎地区的最初几年里，从一九三五至一九三九年，被观察到的鹰中有百分之四十是一岁大的，这很容易从它们一样的暗色羽毛上认出来。但是最近几年中，这些未成熟的鸟儿已变得罕见了。在一九五五至一九五九年间，这些幼鹰占鹰总数的百分之二十；而在一九五七年一年中，每三十二只成年鹰里仅有一只幼鹰。

霍克山的观察结果与其他地方的发现是一致的。一个同样的报告来自伊利诺伊州自然资源协会的一位官员爱尔登·福克斯。可能在北方筑巢的鹰沿着密西西比河和伊利诺伊河过冬。福克斯先生一九五八年报告说最近统计了五十九只鹰中仅有一只幼鹰。从世界上唯一的鹰禁猎区——萨斯奎哈纳河的蒙特·约翰逊岛上出现了该种类正在灭绝的同样征候。这个岛虽然仅在康诺云格坝上游区八英里，离兰开斯特郡海岸大约半英里的地方，但它仍保留着原始的洪荒状态。从一九三四年开始，兰开斯特的一个鸟类学家兼禁猎区的管理人赫伯特·H·伯克教授就一直对这儿的一个鹰巢进行了观察。在一九三五年到一九四七年期间，伏窝的情况是规律的，并且都是成功的。从一九四七年起，虽然成年的鹰占了窝，并且下了蛋，但却没有幼鹰出生。

在蒙特·约翰逊岛上的情况与佛罗里达一样，流行着同样的问题——一些成年鸟栖息在窝里，生下了一些蛋，但却几乎没有幼鸟出现。要寻找原因的话，看来只有一种原因可以符合所有的事实，即鸟儿的生殖能力由于某种环境因素而降低，以致于现在每年几乎没有新的幼鸟产生来传宗接代了。

由美国鱼类及野生生物管理局的著名的詹姆斯·德威特博士所进行的多种实验显示，在其他鸟类中确有同样的情况正在人为地产生着。德威特博士所进行的一系列杀虫剂对野鸡和鹌鹑影响效果的经典试验确证了这样一个事实，即在滴滴涕或类似化学药物对鸟类双亲尚未造成明显毒害之前，已可能严重影响它们的生殖力了。鸟类受影响的途径可能不同，但最终结果总是一样。例如，在喂食期间将滴滴涕加入鹌鹑的食物中，鹌鹑仍然活着，甚至还正常地生了许多蛋；但是几乎没有蛋能孵出幼鸟来。德威特博士说："许多胚胎在孕育的早期阶段发育得很正常，但在孵化阶段却死去了。"这些孵化的胚胎中有一半以上是在五天之内死掉的。在用野鸡和鹌鹑共同作为研究对象的实验中，假若在全年中都用含有杀虫剂的食物来饲养它们，则野鸡和鹌鹑不管怎样也生不出蛋来。加利福尼亚大学的罗伯特·路德博士和理查德·吉尼里博士报告了同样的发现。当野鸡吃了带狄氏剂的食物时，"蛋的产量显著地减少了，小鸡的生存也很困难"。根据这些作者所谈，由于狄氏剂在蛋黄中贮存，并能在孵卵期和小鸟孵出之后被逐渐同化而给幼鸟带来了缓慢的，但却是致命的影响。

这一看法得到了华莱士博士和一个毕业学生理查德·F·伯纳德的最新研究结果的有力支持，他们在密歇根州立大学校园里的知更鸟身上发现了高含量的滴滴涕。他们在所检验的所有雄性知更鸟的睾丸里，在正在发育的卵泡里，在雌鸟的卵巢里，在已发育好但尚未生出的蛋里，在输卵管里，在从被遗弃的窝里取出的尚未孵出的蛋里，在从这些蛋内的胚胎里，在刚刚孵出但已死了的雏鸟的身体里，都发现了这种毒物。

这些重要的研究证实了这样一个事实，即即使生物脱离了与杀虫剂的初期接触，杀虫剂的毒性也能影响下一代。在蛋和给予发育中的胚胎以营养的蛋黄里的毒物贮存是致死的真正原因，这也足以解释为什么德威特的鸟儿死在蛋中或是孵出后几天内就死了。

当把这些研究实验应用到鹰的身上时遇到了几乎无法克服的困难，然而野外研究正在佛罗里达州、新泽西州和其他一些希望能够对发生在这么多鹰身上的明显不孕症找出一个确切原因的地方进行。这样，根据情况来判断，原因指向了杀虫剂。在鱼很多的地方，鱼在鹰所吃的食物中占很大的比例（在阿拉斯加约占百分之六十五，在切萨皮克湾地区约占百分之五十二）。毫无疑问，由布罗勒先生长期研究的那些鹰绝大多数都是食鱼的。从一九四五年以来，这个特定的沿海地区一直遭受着溶于柴油的滴滴涕的反复喷洒。这种空中喷药的主要目标是盐沼中的蚊子，这种蚊子生长在沼泽地和沿海地区，这些地方正是鹰猎食的典型地区。大量的鱼和蟹被杀死了。实验室从它们的组织里分析出浓度高达百万分之四十六的滴滴涕。就像清水湖中的鹏鹛一样（鹏鹛由于吃湖里的鱼而使体内杀虫剂积累到很高浓度），这些鹰当然也在它们体内组织中贮存了滴滴涕。同样，如同那些鹏鹛一样，野鸡、鹌鹑和知更鸟也都越来越不能生育幼鸟来保持它们种类的繁衍了。

从全世界传来了关于鸟儿在我们现今世界中面临危险的共鸣。这些报告在细节上有所不同，但中心内容都是描述继农药使用之后野生生物死亡这一主题。例如，在法国用含砷的除草剂处理葡萄树残枝之后，几百只小鸟和鹏鹛死去了；在曾经一度以鸟类众多而闻名的比利时，由于在农场喷洒了药物而使鹏鹛遭了殃。

在英国，主要的问题看来有些特殊，它是和日益增多的在播种前用杀虫剂处理种子的做法引起的。种子处理并不是新鲜事，但在早期，主要使用的药物是杀菌剂。一直没有发现对鸟儿有什么影响。然而到一九五六年，用一种双重目的的处理方法代替了老办法，杀菌剂、狄氏剂、艾氏剂或七氯都被加进来以对付土壤昆虫。于是情况变得糟糕了。

一九六〇年春天，关于鸟类死亡的报告像洪水一样涌到了英国管理野生生物当局，其中包括英国鸟类联合公司、皇家鸟类保护学会和猎鸟协会。一位诺福克的农民写道："这个地方像一个战场，管理人员发现了无数的尸体，其中包括许多小鸟——苍头燕雀、绿莺雀、红雀、篱雀、还有家雀……野生生物的毁灭是十分可怜的。"一位猎场管理人写道："我的松鸡已被用药处理过的谷物给消灭掉了，一种野鸡和其他鸟类，几百只鸟儿全被杀死了……对我这个终生的猎场看守人来说，这真是一件令人痛心的事情。看到许多对松鸡在一起死去是十分可悲的。"

在一份联合报告里，英国鸟类联合公司和皇家鸟类保护学会描述了六十七例鸟儿被害的情况——这一数字远远不是一九六〇年春天死亡鸟儿的统计数字的全部。在此六十七例中，五十九例是由于吃了用药处理过的种子，八例由于毒药喷洒所致。

第二年出现了一个使用毒剂的新高潮。众议院接到报告说在诺福克的一片地区有六百只鸟儿死去，并且在北埃塞克斯一个农场中死了一百只野鸡。很快就明显地看出，与一九六〇年相比，有更多的郡县已被卷进来了。（一九六〇年是二十三郡，一九六一年是三十四郡。）以农业为主的林克兰舍郡看来受害最重，已报告有一万只鸟儿死去。然而，从北部的安格斯到南部的康沃尔，从西部的安哥拉斯到东部的诺福克，毁灭的阴影席卷了整个英格兰农业区。

在一九六一年春天，对问题的关注已达到了这样一个高峰，竟使众议院的一个特别委员会开始对该问题进行调查，他们要求农民、土地所有人、农业部代表以及各种与野生生命有关的政府和非政府机构出庭作证。

一位目击者说："鸽子突然从天上掉下来死去了。"另一位报告说："你可以在伦敦郊外开车行驶一二百英里而看不到一只茶隼。"自然保护局的官员们作证："在本世纪或在我所知道的任何时期内从来没有发生过类似的情况，这是发生在这个地区最大的一次对野生生物和野鸟的危害。"

对这些死鸟进行化学分析的实验设备极为不足，在这片农村里仅有两个化学家能够进行这种分析（一位是政府的化学家，另一位在皇家鸟类保护学会工作）。目击者描述了焚烧鸟儿尸体的熊熊篝火的情景。然而仍努力地收集了鸟儿的尸体去进行检验，分析结果表明，除一只外，所有鸟儿都含有农药的残毒。（这唯一的例外是一只沙鹬鸟，这是一种不吃种子的鸟。）

可能由于间接吃了有毒的老鼠或鸟儿，狐狸也与鸟儿一起受到了影响。被兔子困扰的英国非常需要狐狸来捕兔子。但是在一九五九年十一月到一九六〇年的四月期间，至少有一千三百只狐狸死了。在那些捕雀鹰、茶隼及其他被捕食的鸟儿实际上消失的郡县里，狐狸的死亡是最严重的，这种情况表明毒物是通过食物链传播的，毒物从吃种子的动物传到长毛和长羽的食肉动物体内。气息奄奄的狐狸在惊厥而死之前总是神智迷糊两眼半瞎地兜着圈子乱晃荡。其动作就是那种氯化烃杀虫剂中毒动物的样子。

所听到的这一切使该委员会确信这种对野生生命的威胁"非常

严重";因此它就奉告众议院要"农业部长和苏格兰事务大臣应该采取措施保证立即禁止使用含有狄氏剂、艾氏剂、七氯或相当有毒的化学物质来处理种子"。该委员会同时也推荐了许多控制方法以保证化学药物在拿到市场出售之前都要经过充分的野外和实验室试验。值得强调的是,这是所有地方在杀虫剂研究上的一个很大的空白点。用普通实验动物——老鼠、狗、豚鼠所进行的生产性实验并不包括野生种类,一般不用鸟儿,也不用鱼;并且这些试验是在人为控制条件下进行的。当把这些试验结果外延及野外的野生生物身上时决不是万无一失的。

英国决不是由于处理种子而出现鸟类保护问题的唯一国家。在美国这儿,在加利福尼亚及南方长水稻的区域,这个问题一直极为令人烦恼。多少年以来,加利福尼亚种植水稻的人们一直用滴滴涕来处理种子,以对付那些有时损害稻秧的蝌蚪虾和蝼蛄甲虫。加利福尼亚的猎人过去常为他们辉煌的猎绩而欢欣鼓舞,因为在稻田里常常集中着大量的水鸟和野鸡。但是在过去的十年中,关于鸟儿损失的报告,特别是关于野鸡、鸭子和燕八哥死亡的报告不断地从种植水稻的郡县传来。"野鸡病"已成了人人皆知的现象,根据一位观鸟者报道:"这种鸟儿到处找水喝,结果它们瘫痪了,并发现它们在水沟旁和稻田埂上颤抖着。"这种"鸟病"发生在稻田下种的春天。所使用的滴滴涕浓度已达到足以杀死成年野鸡量的许多倍。

几年过去了,更毒的杀虫剂发明出来了,它们加重了由于处理种子所造成的灾害。艾氏剂对野鸡来说其毒性相当于滴滴涕的一百倍,现在它已被广泛地用于拌种。在得克萨斯州东部水稻种植地区，这种做法已大大减少了褐黄色的树鸭(一种沿墨西哥湾海岸分布的茶色、像鹅一样的野鸭)的数量。确实，有理由认为，那些已使燕八哥数量减少的水稻种植者们现在正使用杀虫剂去努力毁灭生活在产稻地区的一些鸟类。

"扑灭"那些可能使我们感到烦恼或不中意的生物的杀戒一开，鸟儿们就愈来愈多地发现它们已不再是毒剂的附带被害者而成为毒剂的直接杀害目标了。在空中喷洒像对硫磷这样致死性毒物的趋势在日益增长，其目的是为了"控制"农民不喜欢的鸟儿的集中。鱼类和野生生物服务处已感到它有必要对这一趋势表示严重的关注，它指出"用以进行区域处理的对硫磷已对人类、家畜和野生生物构成了致命的危害"。例如，在印第安纳州南部，一群农民在一九五九年夏天一同去雇了一架喷药飞机来河岸地区喷洒对硫磷。这一地区是在庄稼地附近觅食的几千只燕八哥的如意栖息地。这个问题本来是可以通过稍微改变一下农田操作就能轻易解决的——只要改换一种芒长的麦种使鸟儿不再能接近它们就可以了，但是那些农民却始终相信毒物的杀伤效果，所以他们让那些洒药飞机来执行使鸟儿死亡的使命。

其结果可能使这些农民心满意足了，因为在死亡清单上已包括有约六点五万只红翅八哥和燕八哥。至于其他那些未注意到的、未报道的野生生物死亡情况如何，就无人知晓了。对硫磷不只是对燕八哥才有效，它是一种普遍的毒药，那些可能来到这个河岸地区漫游的野兔、浣熊或负鼠，也许它们根本就没有侵害这些农夫的庄稼地，但它们却被法官和陪审团判处了死刑，这些法官既不知道这些动物的存在，也不关心它们的死活。

人类又怎么样呢？在加利福尼亚喷洒了这种对硫磷的果园里，与一个月前喷过药的叶丛接触的工人们病倒了，并且病情严重，只是由于精心的医护，他们才得以死里逃生。印第安纳州是否也有一些喜欢穿过森林和田野进行漫游、甚至到河滨去探险的孩子们呢？如果有，那么有谁在守护着这些有毒的区域来制止那些为了寻找纯洁的大自然而可能误入的孩子们呢？有谁在警惕地守望着以告诉那些无辜的游人，他们打算进入的这些田地都是致命的呢？这些田地里的蔬菜都已蒙上了一层致死的药膜。然而，没有任何人来干涉这些农民，他们冒着如此令人担心的危险，发动了一场对付燕八哥的不必要的战争。

在所有这些情况中，人们都回避了去认真考虑这样一个问题：是谁做了这个决定，使得这些致毒的连锁反应产生作用，就像将一块石子投进了平静的水塘，使不断扩大的死亡的波纹扩散开去？是谁在天平的一个盘中放了一些可能被某些甲虫吃掉的树叶，而在另一个盘中放入可怜的成堆杂色羽毛——在杀虫毒剂无选择的大棒下牺牲的鸟儿的遗物？是谁对千百万不曾与之商量过的人们做出决定——是谁有权力做出决定，认为一个无昆虫的世界是至高无上的，甚至尽管这样一个世界由于飞鸟奔拉的翅膀而变得黯然无光？这个决定是一个被暂时委以权力的独裁主义者的决定；他是在对千百万人的忽视中做出这一决定的，对这千百万人来说，大自然的美丽和秩序仍然具有一种意义，这种意义是深刻而极其重要的。

## 九 死亡的河流

在大西洋绿色海水的深处，有许多小路通向海岸；它们是鱼类巡游的小路，尽管这些小路看不见，也摸不着，但它们是由来自陆地河流的水体的流动所造成的。几千年来，鲑鱼已熟悉了这些由淡水形成的水线，并能沿着这些淡水线返回河流；每条鲑鱼都要回到它们曾度过生命最初阶段的那些小支流里去。一九五三年的夏秋季节，一种在新布鲁斯维克被称为"米拉米奇"的河鲑从它们遥远的大西洋觅食地区回来了，并进入了它们故乡的河流。在这种鲑鱼所到之处，有许多由绿阴掩映的溪流组成的河网，鲑鱼在秋天里将卵产在河床的沙砾上，在这些河床上流过的溪水轻柔而又清凉。这个地方由云杉、冷杉、铁杉和松树构成了一个巨大的针叶林区，这样的地方为鲑鱼提供了合适的产卵地，使它们得以繁衍。

这种情况从很久远的年代一直到现在都是这样不断重复着；在美国北部的一个出产最佳鲑鱼的、名叫米拉米奇的河流中，情况就一直如此。但到了一九五三年，这一情况被破坏了。

在秋冬季节，大个的、带有硬壳的鲑鱼卵就产在满是沙砾的浅槽中，这些浅槽是母鱼在河底挖好的。在寒冷的冬天，鱼卵发育缓慢，按照它们的规矩，只有在春天当林中小溪完全融化时，小鱼才孵化出来。起初，它们藏身于河底的石子中间，小鱼只有半英寸长。它们不吃东西，只靠一个大卵黄囊过活。直到这个卵黄囊被吸收完了，小鱼才开始到溪流中去找小昆虫吃。

一九五四年春天，新的小鱼孵出来了，米拉米奇河中既有一两岁的鲑鱼，也有刚孵出的幼鱼。这些小鱼有着用小棒和鲜艳红色斑点装饰着的灿烂外衣，它们搜寻着、贪婪地吃着在溪水中的各种各样的奇怪小虫。

当夏天来临时，这一切开始发生变化。米拉米奇河西北部流域在这一年中被纳入一个宏大的喷药计划之中。加拿大政府实行这个计划已一年了，目的是为了拯救森林免受云杉蚜虫之害，这种蚜虫是一种侵害多种常绿树木的本地昆虫。在加拿大东部，这种昆虫看来约每隔三十五年就要大发展一次。在五十年代初期已看出这种蚜虫的数量正在形成一个高峰。为了打击它们，开始喷洒滴滴涕；起初在一个小范围内喷洒，到一九五三年时突然扩大了范围。为了努力挽救作为纸浆和造纸工业原料的冷杉树，不再像从前那样只在几千英亩森林中喷药了，而是改向几百万英亩森林喷洒。

于是，一九五四年六月，喷药飞机光顾了米拉米奇西北部的林区；药水的白色烟雾在天空中勾画出了飞行的交错航迹。每一英亩喷洒半磅溶解在油中的滴滴涕，药水在冷杉森林中渗落，其中有一些最后到达地面并进入溪流。飞行员只关心交给他们的任务，并未尽量避开河流喷洒或在飞过河流时关上喷药枪管；但实际上这些喷洒物甚至在很微弱的气流中也可随之飘浮很远，所以即使飞行员注意这样做了，其结果也未必会好多少。

喷洒刚一结束，就出现了一些不容置疑的坏迹象。两天之内就在河流沿岸发现了已死的和垂死的鱼，其中包括许多幼鲑，鳟鱼也出现在死鱼中间。道路两旁和森林中的鸟儿也正在死去，河流中的一切生物都沉寂了。在喷洒之前，河流里一直拥有丰富多彩的水生生物，它们构成了鲑鱼和鳟鱼的食物。这些水生生物中有飞蜉蝣的幼虫，它们居住在一个用黏液胶结起来的，由树叶、草梗和沙砾组成的松散而又舒适的保护体中。河流中还有在涡流中紧贴着岩石的飞石虫蛹，还有分布在沟底石头边或溪流由陡峭的斜石上落下来的地方的黑飞虫幼蠕。但是现在小河中的昆虫都已被滴滴涕杀死了，再没有什么东西可供幼鲑去吃了。

在这样一个死亡和毁灭的环境中，幼鲑本身难以期望幸免，并且无法幸免。到了八月，没有一条幼鲑再从它们春天逗留过的河床沙砾上浮现出来。孵出后一年或更长时间的稍大一些的小鲑鱼受到稍轻一些的打击。在飞机光临过的小河中，一九五三年孵出的鲑鱼只有六分之一留下来；而一九五二年孵出的准备入海的鲑鱼死去了三分之一。

　　由于加拿大渔业研究会从一九五〇年一直从事米拉米奇西北部的鲑鱼研究，这全部事实才为世人得知。这个学会每年都对生存于这条河流中的鱼进行一次普查。生物学家记录了当时河流中可产卵的成年鱼数量、各种年龄组的幼鱼数量、鲑鱼和其他居住在此河中的鱼类的正常数量。正因为有了这一喷药前情况的完整记录，才使人们能够较精确地测定喷药后所造成的损失。

　　这一考察不仅查清幼鱼受损的情况，而且还调查出这条河流本身的严重变化。反复的喷药已彻底改变了河流的环境，作为鲑鱼和鳟鱼食料的水生昆虫已被杀死。要使这些昆虫之中的大多数再大量繁殖以充分供给正常数量鲑鱼的食用，即使在单独的一次喷药之后也需花费很长时间，这个时间不是以月计，而是以年计。

　　如像蚊蚋、黑飞虫这样的小数量种昆虫恢复起来较快，它们是仅几个月的最小鲑鱼苗的最佳食料。不过对两三龄的鲑鱼赖以为食的大点儿的水生昆虫来说，则不可能这么快地得到恢复，这些昆虫是蜻蜓、硬壳虫和五月金龟子的幼体。甚至在滴滴涕进入河流一年之后，除了偶然出现的小硬壳虫外，觅食的幼鲑仍很难找到别的更多的东西。为了努力增加这种天然食料，加拿大人已试图将蜻蜓幼虫和其他昆虫移植到米拉米奇这片贫瘠的区域中来。很明显，这种迁移仍无法避免再次喷药造成的危害。

　　树蚜虫不但数量并未像预料的那样减少下去，其抵抗力反而更顽强；从一九五五到一九五七年在新布鲁斯维克和魁北克各处多次喷药，有些地区被喷洒了三次之多。到一九五七年已有将近一千五百万英亩的土地喷洒了药物。然而当喷洒暂时停下来的时候，蚜虫就急剧繁殖起来，导致一九六〇和一九六一年的那种剧增。确实，任何地方都没有证据表明化学喷洒仅被视为控制蚜虫的权宜之计以挽救树木免于多年连续落叶而造成的死亡；因而随着不断地喷药，其副作用也不断地被人们感觉到了。为了使其对鱼类的危害减小到最低限度，加拿大林业局已下令将滴滴涕的施放量由从前的每英亩〇点五磅降低到〇点二五磅，以求符合渔业研究会推荐的标准。（在美国，每英亩施用标准和最高致死量仍未改变。）在对喷药效果观察了几年之后，加拿大人看到了一个正反效果兼备的复杂情况；不过可以肯定，如果继续喷药，从事鲑鱼捕捞的人不会高兴。

一个很不寻常的综合事件将米拉米奇西北部从预计向毁灭发展的进程中拯救出来，已往引人注目的事情已不再占据问题的中心了。知道在这儿发生了什么事和发生的原因是重要的。

如我们所知，一九五四年在米拉米奇这一支流流域内大量喷洒了药；此后，除了一个狭窄地带在一九五六年再度喷药外，这个流域再未喷洒过药。一九五四年秋天，一场热带风暴干预了米拉米奇鲑鱼的命运。艾德纳飓风——这一猛烈的风暴到达了它北上路线的终点，给新英格兰和加拿大海岸带来了倾盆大雨。由此所发生的洪流与河流淡水远奔入海，因而招引来了异常多的鲑鱼。结果，在鲑鱼的产卵地——河流的沙砾河床上就得到了异常大量的鱼卵。于一九五五年春天在米拉米奇西北部孵出的幼鲑发现这儿的状况对它们的生存很理想：当滴滴涕杀死河中全部昆虫一年之后，最小的昆虫——蚊蚋和黑飞虫已恢复其数量，它们是幼鲑的正常食料。这一年出生的幼鲑不仅发现有大量食物，而且发现几乎没有什么竞争者，这是由于稍大一些的鲑鱼已于一九五四年被喷药杀死。因此，一九五五年的幼鲑长得特别快，而且数量也多得出奇。它们很快完成了在河流中的生长阶段，并早早入了海。一九五九年它们中的许多又返回河流，并给故乡的溪流生产出大量的幼鲑。

米拉米奇西北部幼鲑之所以增加，相对来说还算是一个好情况，这仅仅是因为这儿只喷了一年药的缘故。多年反复喷药的后果已在该流域的其他河流中清楚地显示出来了，那儿鲑鱼的数量惊人地减少了。

在所有经过喷药的河流里，各种大小的幼鲑都很少。生物学家报告说，最年幼的鲑鱼"实际上已被彻底消灭"。在米拉米奇西南全部地区都在一九五六和一九五七年喷了药，一九五九年孵出的小鱼数量为十年中的最低点。渔民纷纷议论着回游鱼类中最小的幼鲑在急剧减少。在米拉米奇河口的采集样品处，一九五九年幼鲑数量仅相当于从前的四分之一。一九五九年整个米拉米奇流域的产量仅为六十万条两三龄的幼鲑（这是正迁移入海的小鲑鱼），此数量比前三年的产量减少了三分之一。

面对这一基本情况，新布鲁斯维克的鲑渔业的未来只能指望将来发明一种代替滴滴涕的东西洒向森林。

加拿大东部的情况没有什么特殊，唯一与众不同的就是喷药的森林面积大，已采集到的第一手资料多。缅因州也有它的云杉和冷杉森林，有它控制森林昆虫的问题；缅因州也有鲑鱼回游的问题，虽然已仅是过去大量回游的一些残余了。不过，河流受工业污染和木材淤塞，因此河里的残余鲑鱼光靠生物学家和保护主义者的工作是难以保证它们活下去的。虽然一直试验着将喷药作为一种武器来对付无处不有的蚜虫，但受影响的范围已相对比较小了，甚至不再包括鲑鱼产卵的重要河流了。不过，缅因州内陆渔猎部在一个区域河鱼中所观察到的情况也许是一个不祥的先兆。

该部报告说，"在一九五八年喷洒药物以后不久，在大戈达德河中立刻发现了大量濒死的亚口鱼。这些鱼表现出滴滴涕中毒的典型症状，它们奇怪地游动着，露出水面喘气、战栗并痉挛。在喷药后的头五天里，就在两个河段的渔网里收集到六百六十八条死亚口鱼。在小戈达德河、卡利河、阿德河和布勒克河中也有大量的鲦鱼和亚口鱼中毒而死。经常看到虚弱、濒死的鱼虚弱地顺流而下。有时，在喷药之后一星期，仍发现瞎眼和垂死的鳟鱼随水漂下。"

〔滴滴涕可以使鱼眼变瞎的事实已在许多研究结果中报道。一个在温哥华岛北部对喷药进行观察的生物学家于一九五七年报告说，原来很凶猛的鳟鱼现在可以用手在河流中轻而易举地抓到，这些鱼行动呆滞，也不逃跑。经调查，它们的眼睛上已蒙上了一层不透明的白膜，这使它们的视力减弱或完全丧失。由加拿大渔业部进行的实验表明，几乎所有的鱼（银鲑）实际上并不会被低浓度（百万分之三）的滴滴涕杀死，但是会出现眼水晶体不透明的盲目症状。〕

凡是有大森林的地方，控制昆虫的现代方法都威胁着树阴下鱼类栖息的溪流。在美国，一个鱼类毁灭的最著名例子发生在一九五五年，它是在黄石国家公园及其附近施用农药的结果。那年秋天，在黄石河中发现了大量的死鱼，使钓鱼爱好者和蒙大拿渔猎管理处大为震惊。约九十英里的河流受到影响，在三百米的一段岸边就统计到六百条死鱼，其中包括褐鳟、白鱼和亚口鱼。作为鳟鱼天然饵料的河流昆虫已没有了。

林业管理局宣称他们规定的每一英亩施放一磅滴滴涕为"安全标准"。然而喷药的实际后果使人确信这一标准是远远不够安全的。一九五六年开始了一项协作研究，由蒙大拿渔猎局及两个联邦机构——鱼类和野生生物管理局、林业部——共同参加。这一年在蒙大拿喷药九十万英亩，一九五七年又处理了八十万英亩。因此生物学家们不用发愁找不到他们的研究场所了。

鱼死的状况一直呈现出一种特征性的景象——森林中弥漫着滴滴涕的气味，水面上漂着油膜，河流两岸是死去的鳟鱼。对所有的鱼，不论死活都做了分析，它们的组织中都蓄积着滴滴涕。如在加拿大东部，喷药的最严重后果是有机食料的急剧减少。在许多被研究的地区内，水生昆虫和其他河底动物种群已减少到正常数量的十分之一。鳟鱼生存迫切需要的水生昆虫一旦遭到毁灭后，待要恢复其数量则需很长时间。即使在喷药后的第二个夏天，也只有很少量的水生昆虫出现；在一个从前有着十分丰富的底栖动物的河流里几乎看不到任何东西。在这种河段里，鱼捕获量减少了百分之八十。

鱼当然不会马上就死；事实上，延缓死亡比立即死亡更加严重。正如蒙大拿生物学家们所发现的，由于延缓死亡发生在捕鱼季节之后，鱼的死亡情况可能得不到报道。在所研究的河流中产卵鱼的大量死亡发生在秋天，其中包括褐鳟、河鳟和白鱼。这并不奇怪，因为对生物来说——不论是鱼还是人，在生理高潮期，它们要积蓄脂肪作为能量来源。由此可知贮存于脂肪组织中的滴滴涕具有使鱼致死的充分作用。

因此，十分清楚，以每英亩一磅滴滴涕的比例进行喷药构成了对林间河流中鱼类的严重威胁。更糟糕的是，控制蚜虫的目的一直未能达到，于是许多土地登记要继续喷药。蒙大拿渔猎局对进一步喷药提出了强烈反对，它表示不愿为了这些喷药计划而危害渔猎资源，这些计划的必要性和成绩是令人怀疑的。该局宣布，无论如何它都要与林业部联合起来以"确定尽量减少副作用的途径"。

不过，这样一个合作确实能在拯救鱼类方面取得成功吗？在这一问题上，英属哥伦比亚的一个经验对此有所论及。在那儿，黑头蚜虫的大量繁殖已猖獗多年。林业部担心另一次季节性的树叶脱落将可能造成大量树木的死亡，于是决定于一九五七年执行蚜虫控制计划。与渔猎局商量了多次，但渔猎局更关心鲑鱼的回游问题。林业部已同意修改这一喷药计划，采用各种可能办法消除其影响，以减少对鱼类的危险。

虽然采取了这些预防措施，虽然事实上付出了努力，但至少有四条河流中的鲑鱼几乎百分之百地被杀死了。

在其中一条河里，千万条回游的成年银鲑鱼中的幼鱼几乎全部被消灭了。几千条年幼的钢头鳟鱼和其他鳟鱼的命运也是如此。银鲑鱼有着三年生活循环史，而参加回游的鱼几乎全都是一个年龄组的。像其他类属的鲑鱼一样，银鲑有着很强的回归本能，使它们能回到自己出生的河流。不同河流里的鲑鱼不会互相乱窜。这也就是说除非通过精心管理或人工繁殖和其他办法来恢复这一重要经济鱼类，否则鲑鱼的每三年一回游就不复存在了。

有一些办法可以做到既保护森林又保护鱼类。假若我们听任我们的河流都变成死亡的河流，那将是屈从于绝望和失败主义。我们必须更广泛地利用现在已知的、可代替的方法，并且必须动员我们的智慧和资源去发展新方法。在记载中有一些例子，天然寄生性生物征服了蚜虫，其控制效果比喷洒药物要好。需要把这一自然控制方法应用到最广泛的范围。可以利用低毒农药，或更好的办法是引进微生物，这些微生物将在蚜虫中引起疾病，而不影响整个森林生物的结构。我们将在后面看到这些可替代的方法是什么，以及它们要求什么条件。现在我们应该认识到对森林昆虫喷洒化学药物的办法既不是唯一的，也不是最好的。

给鱼类带来威胁的杀虫剂可分为三类。如我们所知，一种是与喷药林区个别问题有关的杀虫剂，它们已影响到北部森林中回游河流中的鱼，这几乎完全是滴滴涕作用的结果。另一种是大量的、可蔓延和可扩散的杀虫剂，它们影响到许多不同种类的鱼，如鲈鱼、翻车鱼、刺盖太阳鱼、亚口鱼等，这些鱼居住在美国各地的各种水体中，甚至在流动水体中，这类杀虫剂包括了几乎全部在农业上现在使用的杀虫药，但其中只有如异狄氏剂、毒杀芬、狄氏剂、七氯等罪魁祸首能够比较容易被检验出来。还有另外一个问题现在必须充分考虑到，即在逻辑上，未来会发生什么事情还不清楚，因为揭露这些与盐化沼泽、海湾和河口中的鱼类有关事实的研究工作才刚刚开始。

随着新型有机杀虫剂的广泛使用，鱼类世界遭到严重摧残是不可避免的。鱼类对氯化烃异常敏感，而近代的杀虫剂大部分是由氯化烃组成的。当几百万吨化学毒剂被施放到大地表面时，有些毒物将会以各种方式进入陆地和海洋间无休止的水循环之中。

有关鱼类被悲惨毒杀的报告现已变得如此普遍，以至于美国公共卫生部不得不设立一个专门的办公室到各州去收集这种报告以作为水污染的指标。

这是一个关系到广大民众的问题。将近二千五百万美国人把钓鱼看作是主要的娱乐休闲活动，另外至少有一千五百万人是不定期的钓鱼爱好者。这些人每年在执照、小船、野营装备、汽油和住处上要花费三十亿美元。另外一些使人们失去钓鱼场地的问题也同样影响到大量经济利益。以渔业为生的人们把鱼看作一种重要的食物来源，他们代表着一种更重要的利益。内陆和沿海渔民（包括海上捕鱼者）每年至少捕获三十亿磅鱼。然而正如我们所看到的，杀虫剂对小溪、池塘、江河和海湾的污染已给业余的和专业的捕鱼活动带来了威胁。

到处都可以看到由于对农作物喷药水或药粉而造成鱼类毁灭的例子。如在加利福尼亚州，由于试图用狄氏剂控制一种稻叶害虫而损失了近六万条可供捕捞的鱼，其中主要是蓝鳃鱼和其他的翻车鱼。在路易斯安那州，由于在甘蔗田中施用了异狄氏剂，在一九六一年一年中就发生了三十多起大型鱼死亡的事例。在宾夕法尼亚州，为了消灭果园中的老鼠，鱼也被异狄氏剂大批杀死了。在西部高原用氯丹控制草跳蚤的结果是使许多溪鱼死亡。

也许再没有哪一项计划在面积规模上能与像美国南部执行的一项农业计划相比了，他们为了控制一种火蚁而在几百万英亩土地上广泛地喷洒了农药。主要使用的农药是七氯，它对鱼类的毒性稍弱于滴滴涕。狄氏剂是另一种可毒死火蚁的药品，它具有对所有水生生物强烈有害的坏名声。仅仅异狄氏剂和毒杀芬就已给鱼类造成很大危险了。

在对火蚁分布区进行控制的每个地方，不论是使用七氯还是狄氏剂，都报告说给水生生物带来了灾难性影响。只要摘录出不多的几句话就可以得知这些由专门研究药物危害的生物学家们写出的报告中透露出的信息。得克萨斯州报告说，"为了努力保护运河，水生生物损失惨重"，"在所有处理过的水域中都出现了死鱼"，"鱼死亡严重，并且持续了三个多星期"；亚拉巴马州报告说，"在喷药后的不几天内，大部分成年鱼都被杀死了(在维尔克斯县)"，"在临时性水体和小支流中的鱼类已全部灭绝"。

在路易斯安那州，农场主抱怨农场池塘中的损失。在一条运河上，仅在不到四分之一英里的距离内就发现了五百条以上的死鱼，它们漂浮在水面或躺在河岸边。在另一个教区里死了一百五十条翻车鱼，占原有数量的四分之一。五种其他鱼类完全被消灭了。

在佛罗里达州，在取自喷药地区池塘中的鱼体内含有七氯残毒和一种次生的化学物质——氧化七氯。这些鱼包括翻车鱼和鲈鱼；当然，翻车鱼和鲈鱼都是钓鱼人喜爱的鱼类，并且这两种鱼也经常出现在餐桌上。而这些鱼内含的这些化学物质被食品与药品管理局认为属于那种在人类食入短短几分钟内就会造成很大危险的物质。

好多地区都报告说鱼、青蛙和其他水中生物被杀死了，因此美国鱼类学家和爬行类学家协会(这是一个专门研究鱼、爬行动物和两栖动物的很有权威的科学组织)于一九五八年通过了一项决议，它呼吁农业部及其在各州的办事机构"在不可挽回的损害造成之前，应中止七氯、狄氏剂及此类毒剂的空中喷洒"。该协会呼吁要注意生活在美国东南部的种类繁多的鱼和其他生物，其中包括那些世界其他地方未曾出现过的种类。该协会警告说："这些动物中有许多种类只生活在一些很小的区域内，因而会迅速地被彻底消灭。"

用于消灭棉花昆虫的杀虫剂也沉重地打击了南部各州的鱼类。一九五〇年夏季亚拉巴马州北部产棉区遭灾。在这一年之前，为了控制棉铃象鼻虫，一直在十分有节制地使用着有机杀虫剂。但由于一连几个冬天都很暖和，于是在一九五〇年出现了大量的象鼻虫；因此，约有百分之八十到九十五的农民在本地掮客商的鼓动下转向求助于杀虫剂。这些农民最普遍使用的化学药物是毒杀芬，这是一种对鱼类有最强烈杀伤力的药物。

这一年夏天的雨水丰沛而又集中。雨水将这些化学药物冲进了河里；而农民为补偿这一流失就更多地向田地里撒药。在这一年中，平均每英亩农田得到了六十三磅毒杀芬。有些农夫竟在一英亩地里施用二百磅之多的药量；有一个农民过分热情地在一英亩地里施了四分之一吨以上的杀虫剂。

其结果是可以想见的。在流入惠勒水库之前，富林特河在亚拉巴马州农作地区流经了五十英里，在富林特河中所发生的情况在这一地区是比较典型的。八月一日，倾盆大雨降落到富林特河流域。这些雨水通过细流、小河和滚滚洪流由土地倾注到河流里。富林特河水上涨了六英寸。次日清晨，看到除了雨水之外还有许多别的东西出现在河中。鱼在附近水面上盲目地兜着圈子浮游，有时一条鱼会自己从水里向岸边跳，可以很容易地捕捉到它们。一个农民捡了许多鱼，并把它们放进了泉水补给的水池中。在那儿，在清洁的水中，一些鱼苏醒过来了。而在河流中，死鱼终日顺水漂浮而下。但这一次鱼死仅仅是以后更多次鱼死的序曲，因为以后每次下雨都会冲洗更多的杀虫剂进入河流，从而杀死更多的鱼。八月十日的降雨在整条河流中造成了严重后果，鱼几乎都被杀死了。直至八月十五日再次下雨把毒物冲入河里时，也就几乎没有剩下的鱼再次作为牺牲品了。不过，关于这种化学物质造成死亡的证据是通过将实验金鱼笼放入河流后才得到的：金鱼在一天内全都死了。

在富林特河中遭受浩劫的鱼类包括大量的白刺盖太阳鱼，这是钓鱼者们喜爱的鱼类。在富林特河水流入的惠勒湾里还发现了大量死去的鲈鱼和翻车鱼。这些水体中所有的杂鱼——鲤、水牛鱼、鼓鱼、砂囊鲋和鲶鱼等也都被消灭了。没有任何鱼表现出害病的症状，它们只表现出死亡时的反常运动和在鳃上出现了奇怪的深葡萄酒的颜色。

在农场的鱼塘内圈起的温水水域附近使用杀虫剂时，水域内的鱼很可能死亡。正如许多例子所说明的，毒物是随着雨水和径流由周围土地中带到河里来的。有时，这些鱼塘不仅仅由于径流带来污染，而且当给农田喷药的飞行员飞过鱼塘上空而忘记关上喷洒器时，这些鱼塘就直截了当地接收了毒物。情况甚至不需要这么复杂，在正常使用农药的情况下也会使鱼类得到大量化学药物，其数量已远远超过使其致死的数量。换言之，即使大量减少用药经费也很难改变这种致命的情况，因为每英亩〇点一磅以上的使用量对鱼塘来说一般就认为是有害的了。这种毒剂一旦引入池塘就很难消除。一个池塘为了除掉不中意的银色小鱼而曾使用了滴滴涕处理，这个池塘在反复的排水和流动中保存下了这些毒物，由于这些毒物后来蓄积起来，杀死了百分之九十四的翻车鱼。很显然，这些化学毒物是储存在池塘底部淤泥中的。

很明显，现在的情况并不比这些新式杀虫剂刚刚付诸使用时的情况好多少。俄克拉何马州野生生物保护局于一九六一年宣称，有关农场鱼塘和小湖中鱼类损失的报告一直是至少每周报来一次，现在越报越多。向农作物施用杀虫剂后马上下一场暴雨，这样毒素就被冲进了池塘里。——这种带来损失的情况在俄克拉何马州由于多年来反复出现，人们已习以为常了。

在世界有些地方，塘鱼为人们提供了必不可少的食物。在这些地方，由于未考虑到对鱼类的影响而使用了杀虫剂，于是立刻就发生了问题。例如，在罗得西亚，浓度仅为百万分之〇点〇四的滴滴涕杀死了浅水中的一种重要的食用鱼——卡菲鲤的幼鱼。其他许多杀虫剂甚至剂量更小也能致死。这些鱼所生活的浅水环境正是蚊子滋生的好地方。要消灭蚊子而同时又保护食用鱼的问题，在中非地区显然始终未得到妥善解决。

在菲律宾、中国、越南、泰国、印度尼西亚和印度养殖的牛奶鱼面临着同样的问题。这种鱼被养殖在这些国家海岸带的浅水池塘中。这种鱼的幼鱼群会突然出现在沿岸海水中（没有人知道它们是从什么地方来的），它们被捞起来，放入蓄养池，它们就在池里长大。对于东南亚和印度几百万吃大米的人口来说，这种鱼是一种非常重要的动物蛋白来源，因此太平洋科学代表大会已建议进行一次国际性的努力来寻找这一至今尚无人知道的产卵地，以求在广大地区发展这种鱼的养殖事业。但是，喷洒杀虫剂已给现有的蓄养池造成了严重损失。在菲律宾，为消灭蚊子而进行的区域性喷药已使鱼塘主人付出了昂贵的代价。在一个养有十二万条牛奶鱼的池塘里，在喷药飞机光顾这儿之后，死了一半以上的鱼，虽然养鱼者竭尽全力用水流来稀释塘水也无济于事。

一九六一年，在奥斯汀，得克萨斯州下游的科罗拉多河中发生了近年来最大的一次鱼类死亡事件。一月十五日，是一个星期日，在黎明后不久，突然有死鱼出现在新唐湖和该湖下游约五英里范围内的河面上。在这一天之前，没有人发现这个现象。星期一，下游五十英里报告说鱼死了。这时情况已很清楚，原来是某些毒性物质正顺着河流向下扩散。到一月二十一日，在一百英里下游靠近格拉朗日地方的鱼也被毒死了。而在一个星期之后，这些化学毒物在奥斯汀下游二百英里处又发挥了它们的杀伤威力。在一月的最后一个星期里，关闭了内海岸河道的水闸，以避免使有毒的河水进入玛塔高达海湾，这股毒流被转送到墨西哥湾中。

奥斯汀的调查者们在当时闻到了与杀虫剂氯丹和毒杀芬有关的气味。这种气味在一条下水沟的污水里尤其强烈。这个下水沟过去一直由于排放工业废物而造成事故；当得克萨斯州渔猎局的官员从湖泊顺着河流找上来时，他们注意到一种好像是六氯苯的气味，这种气味从一个化学工厂的一条支线飘散到很远的地方。这个工厂主要生产滴滴涕、六氯苯、氯丹和毒杀芬，同时还生产少量其他杀虫剂。该工厂管理人员近来让大量杀虫药粉冲洗到下水沟中；更为甚者，他承认对杀虫剂的溢流和残毒的这种处理在过去十年中一直是作为常规措施实施的。

在进一步的研究中，渔业官员发现其他工厂的雨水和日常生活用水也可能携带杀虫剂进入下水沟。然而，作为这一连锁反应的最后一环的一个事实是这样一个发现，即在河与湖的水质变得对鱼类致命的几天之前，整个排水系统流过了几百万加仑的水，这些水在加压的情况下冲洗了排雨水系统。这一水流毫无疑问地已将砾石、沙和瓦块沉积物中贮存的杀虫剂冲洗出来了，然后将它们带入湖中，带到河里；在湖水与河水里，化学毒物后来又再度显现出来。

当这大量的致命毒物顺流而下到达科罗拉多时，它们给那里带去了死亡。湖水下游一百四十英里距离内的鱼几乎都被杀死了，后来人们曾用大围网去努力发现是否会有什么鱼侥幸存留下来，但他们一无所获。发现了二十七种死鱼，每一英里河上总计有死鱼一千磅。有一种运河猫鱼是这条河里的一种主要捕捞对象，还有蓝色的和扁头的猫鱼、鳅、四种翻车鱼、小银鱼、鲦鱼、石滚鱼、大嘴鲈、鲻鱼、吸盘鱼、黄鳝、雀鳝、亚口鱼、河吸盘鲤、砂囊鲋和水牛鱼都在死鱼之列。其中有一些是这条河中的长者，许多扁头猫鱼重量超过二十五磅，根据它们个头大小知道它们年龄必定很大了，据报告，被当地沿河居民捡到的有重达六十磅的，而且根据正式记录，一种巨大的蓝猫鱼可重达八十四磅。

该州渔猎局预言：即使不再发生进一步的污染，要改变这条河里鱼类的数量也许要花多年时间。一些在它们天然区域中仅存的品种可能永远也不会再恢复了，而其他鱼类也只有靠州里养殖活动的广泛增加才有可能恢复。

奥斯汀鱼类的这一场大灾难现在已经公诸于世了，但可以肯定事情并未完结，这一有毒的河水在向下游流了二百英里之后仍具有杀死鱼的能力。若这一极其危险的毒流被允许放入玛塔高达海湾，它们就会影响那里的牡蛎产地和捕虾场；所以将这整个有毒的洪流转引到了开阔的墨西哥湾水体中。但在那儿它们的影响如何呢？也许还有从其他河流来的、带着同样致命的污染物的洪流吧？

当前我们对这些问题的回答大部分还得凭猜测；不过，人们对河口、盐沼、海湾和其他沿海水中农药的污染作用愈加关心。这些地区不仅有污染了的河水流入，而且，尤为常见的是为消灭蚊子及其他昆虫而直接喷洒农药。

　　没有什么地方能比佛罗里达州东海岸的印第安河沿岸乡村发生的事更加生动地证实了农药对盐沼、河口和所有宁静海湾中生命的影响了。一九五五年春天，那里的圣鲁斯郡有二千英亩盐沼被用狄氏剂处理，其目的是试图消灭沙蝇幼虫，用药量为每英亩一磅有效成分。对水生生物的影响真是一场大灾难。来自州卫生部昆虫研究中心的科学家们视察了这次喷药后造成的残杀现场，他们报告说鱼类的死亡是"真正彻底的"。海岸上到处乱堆着死鱼。从天空中可以看到鲨鱼游过来吞食着水中垂死无助的鱼儿。没有一种鱼得以幸免。死鱼中有鲻、锯盖鱼、银鲈、食蚊鱼。


　　在除印第安河沿岸之外的整个沼泽区中所有直接被杀死的鱼至少有二十至三十吨，或约一百一十七点五万条，至少有三十种(调查队的 R・W・小哈林顿和 W・L・比德林梅耶尔等报告)。

　　软体动物看来未受狄氏剂伤害。本地区的甲壳类实际上已完全被消灭。水生蟹种群彻底毁灭；提琴手蟹除了在明显漏掉喷药的沼泽小地块中有少数暂时活着外，也全部被杀死了。

　　较大型的捕捞鱼和食用鱼迅速地死了……蟹在腐烂的鱼体上爬行和吞食，而第二天它们也都死了。蜗牛不断地、狼吞虎咽地吃着鱼的尸体，两周之后，就没有一点儿死鱼残体遗留下来了。

这样一幅阴沉的图画是后来由赫伯特·R·米尔斯博士在佛罗里达对岸的塔姆帕湾进行观察后描述出来的，国家奥杜邦学会在那儿建立了一个包括威士忌残礁在内的海鸟禁猎区。在当地卫生权威们发动了一场驱赶盐沼地蚊子的战役之后，这一禁猎区具有讽刺意味地变成了一个荒凉的栖息地，鱼和蟹又一次成了主要的牺牲品。提琴手蟹是一种小巧、雅致的甲壳动物，当它们成群地在泥地或沙地上爬过时，宛如正在放牧的牛群。它们现已无法抵御喷药人的袭击了。在这一年的夏、秋季节里进行了大量喷药（有些地方喷了十六次之多）之后，提琴手蟹的状况曾由米尔斯博士进行了统计："这一次，提琴手蟹的进一步减少已变得很明显了。在这一天（十月十二日）的季节和气候条件下，这儿本应有十万只提琴手蟹群居，然而在海滨实际上只见到不足一百只，而且都是死的和有病的，它们颤抖着，抽动着，沉重地、勉勉强强地爬行；然而在邻近的未喷药的地区中的提琴手蟹仍然很多。"

在这个世界的生态学中，提琴手蟹的地位是必需的，不易填补的。对许多动物来说，它们是一种重要的食物来源。海岸浣熊吃它们，像铃舌秧鸡、海岸鸟这样一些居住在沼泽地中的鸟和一些来访的候鸟也吃它们。在新泽西州的一个喷洒了滴滴涕的盐化沼泽中，笑鹅的正常数量在几星期内减少了百分之八十五，推测其原因可能是由于喷药之后使这些鸟再也找不到充足的食物了。这些沼泽提琴手蟹还有其他方面的重要性，它们到处挖洞使沼泽泥地得到清理和充气。它们也给渔人提供了大量饵料。

提琴手蟹并不是潮汐沼泽和河口中唯一遭受农药威胁的生物，有些对人更为重要的其他生物也受到危害。切萨皮克湾和大西洋海岸其他地区中有名的蓝蟹就是一个例子。这些蟹对杀虫剂极为敏感，在潮汐沼泽、小海湾、沟渠和池塘中的喷药杀死了那里的大部分蓝蟹。不仅当地的蟹死了，而且从其他海洋来到洒药地区的蟹也都中毒死亡。有时中毒作用是间接发生的，如在印第安河畔的沼泽地中，那儿的蟹像清道夫一样地处理了死鱼，然而它们本身也很快中毒死去了。人们还不太了解大红虾受危害的情况；然而它们与蓝蟹一样属于节肢动物的同一族，它们具有本质上相同的生理特征，因而推测可能会遭到同样影响。对直接具有人类食物经济重要性的蟹和其他甲壳类来说可能出现同样的情况。

近岸水体——海湾、海峡、河口、潮汐沼泽——构成了一个极为重要的生态单元。这些水体对许多鱼类、软体动物、甲壳类来说关系如此密切和不可缺少，以致于当这些水体不再适宜于生物居住时，这些海味就从我们的餐桌上消失了。

甚至在那些广泛生活在海岸水体的鱼类中，有许多都依赖于受到保护的近岸区域来作为养育幼鱼的场所。幼小的大鲢白鱼大量地存在于所有栲树成行的河流及运河的迷宫之中，这些河流在佛罗里达州西岸三分之一的低地中蜿蜒环绕。在大西洋海岸，海鳟、叫鱼、石首鱼和鼓鱼在岛和"堤岸"间的海湾沙底浅滩上产卵，这条堤岸像一条保护性链带横列在纽约南岸大部分地区的外围。这些幼鱼孵出后被潮水带着通过这个海湾，在这些海湾和海峡——卡里图克海峡、帕姆利科海峡、波哥海峡和其他许多海峡，幼鱼发现了大量食物，并迅速长大。若没有这些温暖的、受到保护的、食料丰富的水体养育区，各种鱼类种群的保存是不可能的。然而我们却正在容忍农药通过河流及直接向海边沼地喷洒而进入海水。而这些鱼

146

在幼年阶段比成年阶段更容易化学中毒。

另外，小虾在幼年时期依存于近海岸的觅食区。丰富而又广泛巡游的虾类是沿南大西洋和墨西哥湾各州所有渔民的主要捕捞对象。虽然它们在海中产卵，但幼虾却游入河口和海湾，这种几周龄的小虾将经历形体连续的蜕皮和变化。从五六月份到秋天，它们停留在那儿，在水底碎屑上觅食。在它们整个近岸生活期间，小虾的安全和捕虾业的利益都仰仗于河口的适宜条件。

农药的出现是否对捕虾人和市场供应是一个威胁呢？由商务渔业局最近所做的实验室试验可能会提供答案：发现刚刚过了幼年期的、具有商业意义的小虾对杀虫剂的抗药性非常低——其抗药性是用十亿分之几来衡量的，而不是通常使用百万分之几的标准。例如在实验中，当狄氏剂浓度为十亿分之五时，即有一半的小虾被杀死。其他的化学药物甚至更毒。异狄氏剂始终是最致命的农药之一，它对小虾的半致死量仅为十亿分之五。

这种威胁对牡蛎和蛤更是加倍严重，这些动物的幼体同样是十分脆弱的。这些贝类栖居在海湾、海峡的底部，栖居在从新英格兰到得克萨斯的潮汐河流中及太平洋沿岸的庇护区。虽然成年的贝壳定居不再迁移，但它们把自己的卵子散布到海水中。在海水中，在几星期时间内幼体就可以自由运动了。在夏天的日子里，一个拖在船后的细眼拖网可以收集到这种极为细小、像玻璃一样脆弱的牡蛎和蛤的幼体，与它们一同打捞起来的还有许多组成浮游生物的漂流植物和动物。这些牡蛎和蛤的幼体并不比一粒灰尘大，这些透明的幼体在水面上游泳，吃微小的浮游植物；如果这些细微的海洋植物衰败了，这些幼小的贝类就要饿死；而农药能有效地杀死大多数浮游生物。通常用于草坪、耕地、路边，甚至用于岸边沼泽的除草剂只要有十亿分之几的浓度，即可成为这些构成软体贝壳幼虫食物的浮游植物的强烈毒剂。

这种娇弱的幼体被各种极微量的常用杀虫剂杀死了。即使它们暴露于不足致死的浓度情况下最终也会引起死亡，因为它们的生长速度不可避免地将受到阻滞，这必将延长幼贝在致毒的浮游生物环境中生长的时间，这样就减少了它们发育成为成贝的机会。

对于成年软体动物来说，看来至少对某些农药直接中毒的危险要少得多。但这也不一定是很保险的。牡蛎和蛤可以在其消化器官及其他组织中蓄积这些毒素。人们吃各种贝类时一般都是把它们全部吃下去，有时还吃生的。商务渔业局的菲利浦·巴特勒博士曾提出了一个不吉祥的比喻，在这个比喻中我们可能发现自己已处于一种类似知更鸟的同样处境。巴特勒博士提醒我们说，这些知更鸟并不是由于受到滴滴涕的直接喷洒而死去的，它们的死亡是由于吃了已在其组织中蓄积了农药的蚯蚓。

使用农药消灭昆虫的直接作用是明显的，它造成一些河流和池塘中成千上万的鱼类或甲壳类突然死亡。虽然这种事故是悲惨的、令人吃惊的，但间接到达河口湾的农药所带来的那些看不见的、人们还不知道的和无法测量的影响却可能最终具有更强大的毁灭性。这全部情况涉及到一些问题，而这些问题至今还没得出圆满的答案。我们知道，从农场和森林中出来的地面径流中含有农药，这些农药现正通过许多、也许是所有的河流被带入海洋。但我们却不知道这些农药的全部总量是多少；而且一旦它们汇入海洋，我们当前还没有任何可靠的方法在高度稀释的状况下去测出它们。虽然我们知道这些化学物质在迁移的漫长时间里肯定发生了变化，但我们却无法知道最终的变化产物究竟比原来的毒物毒性更强还是更弱。另外一个几乎未被探查过的领域是化学物质之间的相互作用问题，考虑到当毒物进入海洋之后，那儿有很多的无机物质与之混合和转化，这个问题就变得更为急迫。所有这些问题急需得到正确回答，只有广泛的研究才能提供这些答案，然而用于这一目的的基金却少得可怜。

内陆和海洋的渔业是一项关系到许许多多人的收入和福利的非常重要的资源。这些资源现已受到进入我们水体的化学物质的严重威胁，这一情况已毋庸置疑了。如果我们能把每年花在试制愈来愈毒的喷洒剂上的钱的零头转用到上述建议的研究工作上去，我们就能够发现使用较少危险性物质的办法，并从我们的河流中将毒物清除出去。什么时候公众将充分认清这些事实而要求采取这一行动呢？

## 一〇　无人幸免的天灾

在农田和森林上空喷药最初是小范围的，然而这种从空中喷药的范围一直在不断扩大，并且喷药量不断增加。这种喷药已变成了一种正如一个英国生态学家最近所声称的撒向地球表面的"骇人死雨"。我们对于毒物的态度正在发生微妙的变化。如果这些毒药一旦装入标有死亡危险标记的容器里，我们间或使用也会倍加小心，知道只施用于那些要被杀死的对象，而不应让毒药碰到其他任何东西。但是，由于新的有机杀虫剂的增多，又由于第二次世界大战后飞机的大量过剩，所有使用毒药的注意事项都被人们抛在脑后了。现今的毒药的危险性超过了以往用过的任何毒药，并且使用方法使人震惊。人们把含毒农药一古脑儿从天空中漫无目标地喷洒下来。在那些已经喷过药的地区，不仅是那些要消灭的昆虫和植物领教了这种毒物的厉害，而且其他生物——人类和非人类——也都尝到了这种毒药的滋味。喷药不仅在森林和耕地上进行，而且乡镇和城市也无可幸免。

现在有相当多的人对从空中向几百万英亩土地喷洒有毒化学药剂感到不安，而在一九五〇年后期所进行的两次大规模喷药运动更大大地加重了人们的怀疑。这些喷药运动的目的是为了消除东北各州的吉卜赛蛾和美国南部的火蚁。这两种昆虫都不是当地土生土长的，但是它们在这个国家已存在了许多年，并没有造成非要我们采取无情措施对付的灾害。然而，在一个只要结果好而可不择手段的思想指导下（这个思想长期以来指导着我们农业部的害虫控制科），对它们采取了断然的行动。

消灭吉卜赛蛾的这一行动计划反映出，当用轻率的大规模的喷药代替了局部的和有节制的控制时，将会造成多么巨大的损害。这个消灭火蚁计划是一个过分夸大了消灭虫害的必要性后而采取行动的明显例证。在没有具备对于消灭害虫所需毒物剂量的科学知识的情况下，人们就鲁莽地采取了行动。其结果是，这两个计划没有一个达到预期目的。

这种原生长在欧洲的吉卜赛蛾，在美国生存已将近一百年了。一位法国科学家利奥波德·特鲁洛特在马萨诸塞州的迈德福德设立了他的实验室。一八六九年，他正试验使这种蛾与蚕蛾杂交。有一天偶然让几只蛾从他的实验室里飞走了。这种蛾一点一点地发展遍及新英格兰。使得这种蛾得以扩展的主要原因是风；这种蛾在幼虫（或毛虫）阶段是非常轻的，它能够乘风飞得很快很远。另一个原因是带有大量蛾卵的植物的转运，这种蛾借助于这种形式得以过冬并生存下来。每年春天，这种蛾的幼虫都有几个星期时间在损害橡树和其他硬木的树丛，现在在新英格兰所有各州中都有这种蛾出现。在新泽西州也不时发现这种蛾，它们是一九一一年由于进口荷兰云杉而被带入的。在密歇根州也同样发现这种蛾，虽然进入该州的途径尚未查清。一九三八年，新英格兰的飓风把这种蛾带到了宾夕法尼亚州和纽约州，不过在艾底朗达克地区生长着不吸引蛾的树阻止了蛾的西行。

把这种蛾限制在美国东北部的任务已经借助于多种方法完成了。在这种蛾进入这个大陆后的将近一百年中，一直担心它是否会侵犯南阿帕拉契山区大面积的硬木森林，但这种担心并未成为现实。十三种寄生虫和捕食性生物由国外进口，并且成功地定居于新英格兰地区。农业部本身很信任这些舶来品，这些舶来品可靠地减少了吉卜赛蛾爆发的频率和危害性。用这种天然控制方法，再加上检疫手段和局部喷药，已取得了如同农业部在一九五五年所描述的成果："害虫的分布和危害已被明显抑制。"

在宣布了上述情况之后仅仅只有一年，农业部的植物害虫控制处却开始了一项新的计划。这项计划在宣称要彻底"扑灭"吉卜赛蛾的口号下，在一年中对几百万英亩的土地进行了地毯式的喷药。（"扑灭"的含义是在害虫分布的区域中彻底、完全地消灭和根除这一种类。然而，这一计划接连不断地失败了。这使得农业部发现他们不得不第二次、第三次地向人们宣讲需要去"扑灭"同一地区的同一害虫。)

农业部的消灭吉卜赛蛾的化学战争开始时决心很大。一九五六年，在宾夕法尼亚州、新泽西州、密歇根州、纽约州的近乎一百万英亩的土地上喷了药。在喷药区，人们纷纷抱怨说药品危害严重。随着大面积喷药的方式开始固定下来，环境保护派们变得更加不安。当计划宣布要在一九五七年对三百万英亩土地进行喷药时，保护派变得更加激愤。州和联邦的农业官员以其特有的耸肩来摆脱那些被他们认为是无足轻重的个别抱怨。

长岛区被包括在一九五七年的灭蛾喷药区中，它主要包括有大量人口的城镇和郊区，还有一些被盐化沼泽所包围着的海岸区。长岛的纳塞县是纽约州人口密度最大的一个县，位于纽约市的边缘。"害虫在纽约市区蔓延的威胁"一直被作为是一种重要的借口来证明这一喷药计划是正当的，但这一点看起来糊涂透顶。吉卜赛蛾是一种森林昆虫，当然不会生存在城市里，它们不可能生活在草地、耕地、花园和沼泽中。然而，一九五七年由美国农业部和纽约州农业和商业部所雇用的飞机把预先规定的油溶性滴滴涕均匀地喷洒下来。滴滴涕被喷到了菜地、制酪场、鱼塘和盐沼中。当它们洒到了郊外街区时，这些药水打湿了一个家庭妇女的衣裳；在轰轰隆隆作响的飞机到达之前，她正在竭尽全力把她的花园覆盖起来。这些杀虫剂也被喷洒到了正在玩耍的孩子和火车站乘客的身上。在赛特克特，一匹很好的赛马由于喝了田野里被飞机喷过药的小沟中的水，十小时之后就死去了。汽车被油类混合物喷得斑斑点点，花和灌木枯萎了。鸟、鱼、蟹和一些益虫都被杀死了。

一群长岛居民在世界有名的鸟类学家罗伯特·库什曼·墨菲的率领下曾经上诉法院,企图阻止一九五七年的喷药。在他们的最初要求被法院驳回之后,这些来抗议的居民不得不忍受原定的滴滴涕喷洒。不过以后,他们仍坚持努力去争取对喷药的长期禁令,然而由于这一次喷药已经进行,法院只能判定这一申诉"争议待定"。这个案件一直送到最高法院,但最高法院拒绝接受申诉。最高法院法官威廉·道格拉斯不同意法院不肯重审这一案件的决定,他认为"由许多专家和官员所提出关于滴滴涕的危险性警告,说明了这一案件对民众的重要性"。

由长岛居民所提出的诉讼至少使民众注意到了不断增长的大量使用杀虫药的趋势,注意到了昆虫控制管理处漠然不顾居民个人神圣财产权利的权势和倾向。

在对吉卜赛蛾喷药的过程中,牛奶和农产品的污染作为一个不幸的意外来到了许多人的面前。在纽约州,北威斯切斯特郡的沃勒牧场的二百英亩土地上所发生的事情已足以说明这种污染。沃勒夫人曾特别要求农业部官员不要向她的土地喷药;但是在向森林喷药时,避开牧场是不可能的。她曾提出用检查土地的方式来阻止吉卜赛蛾,并且用点状喷洒来阻止蛾虫的蔓延。尽管人们向她保证,药不会喷到牧场上,但她的土地仍有两次被直接喷了药,而且还有两次遭到飘来的药物的影响。取自沃勒牧场的纯种格恩西乳牛的牛奶样品表明,在喷药四十八小时之后牛奶就含有百万分之十四的滴滴涕。从母牛吃草的田野上取来的饲料样品当然也被污染了。尽管这个郡的卫生局接到了通知,但是并没有指示牛奶不能上市。这一情况是顾客缺乏保护的一个典型事例，很不幸，这种情况太普遍了。尽管食品和药品管理局要求牛奶中不能有杀虫剂残毒，限制没有被严格执行，仅对州际之间交换的货物才加以应用。州和郡的官员在没有压力的情况下，是可以遵照联邦政府规定的农药标准的；但如果本地区的法令和联邦的规定不一致，那么他们就不一定尊重联邦的规定了。

菜园种植者也同样遭难，一些蔬菜的叶子是这样枯焦，并带有斑点，看来无法上市。蔬菜含有大量残毒，一个豌豆样品，在康奈尔大学农业实验站分析出滴滴涕含量达到百万分之十四到二十，而最高容许值是百万分之七。因此，种植者们或是不得不忍受巨大的经济损失，或是明白他们自己处于贩卖超标残毒的产品的状况中。他们中间一些人研究和收集了损失情况。

随着滴滴涕在空中喷洒的增多，到法院上诉的人数也大大增加了。在这些案件中，有些是纽约州某些区域的养蜂人所提的申诉。甚至在一九五七年喷药之前，养蜂人就已经受到了在果园中使用滴滴涕所带来的严重危险。一位养蜂人痛苦地说："直到一九五三年，我一直把美国农业部和农业学院所提出的每一件事都认为是天经地义的。"但是在那年五月，这个人损失了八百个蜂群。在这个州大面积洒药之后，损失是如此广泛和严重，以至于另外十四个养蜂人也参加了对该州的控告，他们已经损失了二十五万美元。另一位养蜂人的四百群蜂在一九五七年的喷药中成了一个旁及的目标，他报告说，在林区，蜜蜂的野外工作力量（为蜂巢中外出采集花蜜和花粉的工蜂）已经被百分之百杀死，而在喷药较轻的农场地区有百分之五的蜂死亡。他写到："在五月份走到院子里，却听不到蜜蜂的嗡嗡声，这是一件令人十分懊丧的事情。"

这些控制吉卜赛蛾的计划有许多不负责任的行动标记。由于给喷药飞机付款不是根据它喷洒的亩数，而是根据喷药量，所以飞行员就没有必要去努力节约农药，于是许多土地被喷药不止一次，而是许多次。至少发生过一例这种情况，执行空中喷药合同的是一个无州内地址的外州公司，这个公司未向州内官员登记以承担其法律责任。在这样一种非常微妙的情况下，在苹果园和养蜂业中遭受直接经济损失的居民们发现，他们不知该去控告谁。

　　在一九五七年灾难性的喷药之后，很快缩小了这个行动计划，并发表了一个含糊声明说要对过去的工作进行"评价"并对农药进行检查。一九五七年喷药面积是三百五十万英亩，一九五八年减少到五十万英亩，一九五九、一九六〇、一九六一年又减少到十万英亩。在此期间，控制害虫处定然会得知来自长岛的令人愤懑的消息——吉卜赛蛾在那儿又大量出现了。这一昂贵的喷药行动使得农业部大大失去了公众的信任和他们的美好愿望——这一行动原想永远清除吉卜赛蛾，然而实际上却什么事也没有做到。

　　不久，农业部的植物害虫控制人员似乎已经暂时忘记了吉卜赛蛾的事，因为他们又忙于在南方开始一个更加野心勃勃的计划。"扑灭"这个词仍然是很容易地从农业部的油印机上印出来的；这一次散发的印刷品答应人们要扑灭火蚁。

　　火蚁，是一种以其红刺而命名的昆虫。看来，它是通过亚拉巴马州的莫比尔港由南美洲进入美国的。在第一次世界大战以后，很快在亚拉巴马州发现了这种昆虫。到了一九二八年，就蔓延到了莫比尔港的郊区，以后继续入侵，现在它们已进入到了南部的大多数州中。

自从火蚁到达美国以来的四十多年中，看来它们一直很少引起注意。仅仅是因为这些火蚁建立了巨大的窠巢，形如高达一英尺多的土丘，才使它们在其为数最多的州内被看作是一种讨厌的昆虫。这些窠巢妨碍农机操作。但是，只有两个州把这种昆虫列为最重要的二十种害虫之一，并且把它们列在清单末尾。看来不论是官方或者民间都不曾感到这种火蚁是对农作物和牲畜的威胁。

随着具有广泛毒力的化学药物的发展，官方对于火蚁的态度产生了一个突然的变化。在一九五七年，美国农业部发起了一个在其历史上最为引人注目的大规模行动。这种火蚁突然变成了政府宣传品、电影和激动人心的故事联合猛攻的目标，政府宣传品把这种昆虫描绘成南方农业的掠夺者和杀害鸟类、牲畜和人类的凶手。一个大规模的行动宣布开始了；在这个行动中，联邦政府与受害的州合作要在南方九个州内最终处理两千万英亩的土地。

一九五八年，当扑灭火蚁的计划正在进行的时候，一家商业杂志高兴地报道说："在由美国农业部所执行的大规模灭虫计划不断增加的情况下，美国的农药制造商们似乎开辟了一条生意兴旺的道路。"

从来都没有什么计划像这次的喷药计划这样实际上被每一个人彻底而又据理地咒骂过，当然除了那些在这次"生意兴旺"中发财致富的人。这是一个缺乏想象力、执行得很糟糕的、十分有害的大规模控制昆虫实验的突出例证。它是一个非常费钱、给生命带来毁灭、并使公众对农业部丧失信任的一个实验，然而不可理解的是仍把所有基金投入了这一计划。

这一失去人们信任的计划最初是得到国会众议员的支持的。火蚁被描绘成一种对南方农业的严重威胁，说它们毁坏庄稼和野生生物，它们侵害了在地面上筑巢的幼鸟。它的刺也被说成会给人类健康造成严重威胁。

这些论点听起来怎么样呢？由那些想争取拨款的农业部作证者所做出的声明与农业部的重要出版物中的相关内容并不一致。一九五七年，在专门报道控制侵犯农作物和牲畜的昆虫的"杀虫剂介绍通报"上并没有过多地提及火蚁——这真是一个令人吃惊的遗漏，如果农业部相信它自己的出版物的话。甚至在一九五二年的农业部百科全书年报（该年刊全部登载昆虫内容）的五十万字的书中也仅有很小一段述及火蚁。

与农业部证实的火蚁毁坏庄稼并伤害牲畜的说法相反，亚拉巴马州在对付这种昆虫方面有最切身的体会，农业实验站进行了仔细的研究，认为火蚁"对庄稼的危害是很少见的"。美国昆虫学会一九六一年的主任、亚拉巴马州工艺研究所的昆虫学家Ｆ·Ｓ·阿兰特博士说，他们部"在过去五年中从未收到过任何有关蚁类危害植物的报告……也从未观察到对牲畜的危害"。一直在野外和实验室中对蚁类进行观察的那些人说，火蚁主要是吃其他各种昆虫，而这些昆虫的大多数被认为是对人不利的。观察到了火蚁能够从棉花上寻食棉籽象鼻虫的幼虫，并且火蚁的筑巢活动在使土壤疏松和通气方面起着好的作用。亚拉巴马的这些研究已被密西西比州立大学考察所证实。这些研究工作远比农业部的证据更有说服力。而农业部的这些证据，显而易见，要么就是根据对农民的口头访问得到的，而这些农民很容易把一种蚁和另外一种蚁相混淆；要么就是根据陈旧的研究资料。某些昆虫学家相信，这种蚁的嗜食习惯由于它们数量的日益增多已经发生改变，所以在几十年前所进行的观察现在已没有什么价值了。

这种关于火蚁构成对健康与生命威胁的论点将要被迫做重大修正。农业部拍摄了一部宣传电影（为了争取对其灭虫计划的支持），在这部电影中，围绕着火蚁的刺制造了一些恐怖镜头。当然这种刺是很讨厌的，人们被再三提醒要避免被这种刺刺伤，正像一个人通常要躲开黄蜂或蜜蜂的刺一样。偶然也可能在比较敏感的人身上出现严重反应，而且医学文献也记载过一个人可能是由于中了火蚁的毒液而死亡，虽然这一点尚未得到证实。据人口统计办公室报告，仅在一九五九年，由于受到蜜蜂和黄蜂蜇刺而死去的人数为三十三名，然而看来却没有一个人会提出要"扑灭"这些昆虫。更进一步，当地的证据是最令人信服的，虽然火蚁居住在亚拉巴马州已达四十年，并且大量集中于此地，亚拉巴马州卫生官员声称："本州从来没有得到报告说有人由于被外来的火蚁叮咬而死亡。"并且他们认为由火蚁叮咬所引起的病例是属于"偶发性的"。在草坪和游戏场上的火蚁巢丘可能容易刺伤那儿的儿童，不过，这很难成为一种借口来给几百万英亩的土地洒上毒药。这种情况只要对这些巢丘进行处理就很容易得到解决。

对于鸟类的危害同样也是在缺乏证据的情况下武断而定的。对此问题最有发言权的一个人当然是亚拉巴马州奥波恩野生动物研究单位的领导人莫里斯·F·贝克博士，他在这个地区已经具有多年工作经验。不过贝克博士的观点完全与农业部的论点相反，他宣布说："在亚拉巴马南部和佛罗里达西北部，我们可以猎到很多鸟，北美鹑种群与大量迁入的火蚁并存。亚拉巴马南部存在这种火蚁已有近四十年的历史，然而猎物的数量一直是稳定的，并且有实质性的增长。当然，假如这种迁入的火蚁对野生动物是一种严重威胁的话，这些情况根本不可能出现。"

用杀虫剂消除火蚁的后果会使野生生物发生什么情况，这又是另外一回事了。被使用的药物是狄氏剂和七氯，它们都是相对比较新的药。人们在现场应用这两种药的经验甚少，没有一个人知道在大范围使用时，这些药物会对野生鸟类、鱼类或哺乳动物产生什么影响。然而，已知这两种毒物的毒性都超过滴滴涕许多倍。滴滴涕已经使用了大约十年的时间，即使以每一英亩一磅的比例使用滴滴涕，也会杀死一些鸟类和许多鱼；而狄氏剂和七氯的剂量用得更多——在大多数情况下，每一英亩用到二磅，如果要将白边甲虫也控制住的话，每英亩要用到三磅狄氏剂。依它们对鸟类的效应而言，每一英亩所规定使用的七氯相当于二十磅滴滴涕，而狄氏剂相当于一百二十磅的滴滴涕。

紧急抗议由该州的自然保护局、国家自然保护局、生态学家、甚至一些昆虫学家提出来了，他们向当时的农业部部长叶兹拉·本森呼吁，要求推迟这个计划，至少等到做完一些研究以确定七氯和狄氏剂对野生及家养动物的影响作用并确立控制火蚁所需的最低剂量之后。这些抗议被置之不理，而那个喷药计划于一九五八年开始执行。在第一年中有一百万英亩的土地被处理了。这一点是很清楚的，任何研究工作在这种情况下只具有亡羊补牢的性质了。

在这个计划进行的过程中，各种事实开始在州、联邦的野生生物部门和一些大学的生物学家的研究工作中被逐渐积累起来，据这些研究工作证明，在有些地区喷药后所造成的损失将扩大，并使野生动物彻底毁灭，家禽、牲畜和家庭动物也都被杀死了。农业部以"夸大"和易使人"误解"为借口，将一切遭受损失的证据都一笔抹杀。

然而，事实还在继续积累。在得克萨斯州哈丁县有一个例子，负鼠、犰狳类、大量的浣熊在施用农药之后，实际上已经消失了。甚至在用药后的第二个秋天里，这些东西仍然是寥寥无几。在这个地区所发现的很少几只浣熊的组织中都带有这种农药的残毒。

在用药的地区，所发现的死鸟已经吞食了用于消灭火蚁的毒药，通过对它们的组织进行化学分析，已很清楚地证实上述事实。（唯一残留下来一定数量的鸟类是家雀，其他地区也有证据说明这种鸟可能相对具有抗药性。）在一九五九年喷过药的亚拉巴马州的一片开阔地带上，有一半的鸟类被杀死了，那些生活在地面上或多年生低植被中的鸟类百分之百死亡。甚至在喷药一年以后，仍然没有任何鸣禽，大片的鸟类筑巢地区变得悄无声息，春天再没有鸟儿来临。在得克萨斯州，发现了死在窝边的燕八哥、黑喉鸫和百灵鸟，许多鸟窝已被废弃。当死鸟的样品由得克萨斯州、路易斯安那州、亚拉巴马州、佐治亚州和佛罗里达州被送到鱼类和野生生物服务处进行分析的时候，发现百分之九十的样品都含有狄氏剂和一种七氯的残毒，总量超过百万分之三十八。

冬天在路易斯安那州北方觅食的野鹬，现在在它们体内已带有对付火蚁的毒物的污染。这种污染的来源是很清楚的，野鹬大量地吃蚯蚓，它们用细长的嘴在土中寻找蚯蚓。在路易斯安那州施药后的六到十个月中发现有残留的蚯蚓，它们的组织中含有百万分之十的七氯，一年之后它们还含有百万分之十以上。野鹑的间接中毒致死的后果现在已经在幼鸟和成年鸟比例的明显变化中看出来了，这一明显的变化在处理火蚁后的那一季节中就首次被观察到了。

使南方的狩猎者们最为不安的是与北美鹑有关的一些消息。这种在地面上筑巢、觅食的鸟儿在喷药区已全部被消灭了。例如，在亚拉巴马州，野生生物联合研究中心进行了一项初步的调查，在三千六百英亩已被喷药处理过的土地上调查了鹑的数量，共有十三群、一百二十一只鹑分布于这个区域。在喷药后的两个星期，只能见到死去的鹑。所有的样品被送到鱼类和野生生物服务处去进行分析，结果发现它们所含农药的总数量足以致它们于死地。在亚拉巴马州发生的这一情况在得克萨斯州再次重演，该州用七氯处理了二千五百英亩的土地，从而失去了他们所有的鹑。百分之九十的鸣禽也随着北美鹑死去了，化学分析又一次化验出了在死鸟的组织中存在着七氯。

除鹑外，野火鸡也由于实行了扑灭火蚁的计划而急剧地减少了。在亚拉巴马州维尔克斯郡的一个地区，在使用七氯之前虽然发现有八十只火鸡，但在施药后的那个夏天却一只也没有发现，除了一堆堆未孵出的蛋和一只死去的幼禽外，一只火鸡也没有发现。野火鸡可能和它们的家养同类遭遇了相似的命运，在用化学药品处理过的区域内的农场，火鸡也很少生出小鸡，很少有蛋孵出，几乎没有幼鸟存活。这种情况在邻近未经处理过的区域内没有发生。

绝不是唯独这些火鸡才有这样的命运。美国最有名和受人尊敬的野生物学家之一，克拉伦斯·科塔姆博士召集了一些其土地被喷药处理过的农民，他们除了谈到"所有树林小鸟"看来在土地经过喷药之后都已经消失外，大部分农民都报告说他们损失了牲口、家禽和家庭动物。科塔姆博士报道说：有一个人"对喷药人员十分生气，他说他的母牛已被毒药杀死，他只好埋葬或用其他方法处理这十九头死牛，他还知道另外三或四头母牛也死于这次药物处理。仅仅由于出生后吃了牛奶，小牛犊也死了"。

被科塔姆博士所访问过的这些人都感到困惑不解，在他们的土地被药物处理后的几个月内究竟发生了什么事情。一个妇女告诉博士说，"在她周围土地喷了药之后，她放出一些母鸡"，由于一些她不知道的原因，几乎没有小鸡孵出和活下来。另一个农民"是养猪的，在散布了毒药以后的整整九个月中，他没有小猪可喂。小猪仔或者生下就是死的，或者生下后很快死去"。一个同样的报告是另外一个农民提供的，他说三十七胎小猪本应有二百五十头之多，但只有三十一头活下来了；这个人自从他的土地被毒化之后也完全不能再养鸡了。

农业部始终坚持否认牲畜损失与扑灭火蚁的计划有关。然而佐治亚州贝恩桥的一位曾被召集去处理许多受影响动物的兽医奥狄斯·L·波特维特博士总结了原因后认为，引起死亡是由于杀虫剂：在消灭火蚁的药物施用之后的两星期到几个月内，耕牛、山羊、马、鸡、鸟儿和其他野生生物可以遭受到通常是致命的神经系统疾病。它只影响那些已经与被污染的食物或水接触过的动物，而圈养的动物没有受到影响。这种情况仅仅是在处理火蚁的地区才看到了。对这些疾病的实验室试验也驳斥了农业部的意见。由波特维特博士与其他兽医所观察的症状在权威著作中被描绘成是由狄氏剂或七氯所引起的中毒。

波特维特博士又描述了头两个月的小牛犊出现七氯中毒的有意思的病例。这只动物经过了彻底的实验室研究，一个有意思的发现是，在它的脂肪里找到了百万分之九十九的七氯。但是这件事发生在施用七氯五个月以后。这个小牛犊是直接从吃草中得到七氯的呢，还是间接从它母亲的奶中得到或甚至在它出生之前就有了七氯？波特维特问道："如果七氯来自牛奶，那为什么不采取特别措施来保护那些饮用当地牛奶的儿童呢？"

波特维特博士的报告提出了一个关于牛奶污染的重大问题。实施消灭火蚁计划的区域主要是田野和庄稼地。那么，在这些土地上的乳牛又怎么样呢？在喷药的田野上，青草不可避免地带有某种形式的七氯残毒，如果这些残毒被母牛吃进去，那么它们必将在牛奶中出现。早在执行火蚁控制计划之前，已于一九五五年通过实验证实七氯这种毒物可以直接转入牛奶。后来又报道了有关狄氏剂的同样实验，狄氏剂也是在火蚁控制计划中使用的一种毒物。

农业部的年刊现在也将七氯和狄氏剂划入了那些化学药物之列，这些化学药物会使草料变得不再适宜于喂养奶用动物或肉用动物。然而农业部门的害虫控制处仍然在大力推行那些将七氯和狄氏剂散布到南方很多草地区域去的计划。有谁在保护消费者以使他们看到在牛奶中不再出现狄氏剂和七氯的残毒呢？美国农业部会毫不犹豫地回答说它已经劝告农民将他们的乳牛赶出喷药后的牧场三十到九十天。考虑到许多农场都很小，而控制计划的规模又这样庞大——许多化学药物是用飞机来喷施的——所以很难使人相信农业部的劝告将会被人们遵守或接受。从残毒稳定性的观点来看，这个规定的期限也是不够的。

虽然食品与药品管理局对在牛奶中出现的任何农药残毒都皱眉头，但他们在这种情况下却权利有限。在属于火蚁控制计划范围内的大多数州里，牛奶业衰退了，它的产品不能运到外州去卖，联邦灭虫计划造成了危及牛奶供应的问题，而如何防止这一问题却留给各州自己去解决。在一九五九年寄给亚拉巴马州、路易斯安那州和得克萨斯州卫生官员和其他有关官员的调查材料揭示，没有进行过任何实验研究，甚至完全不知道牛奶究竟是否已被杀虫剂所污染。

同时，与其说在那个控制火蚁计划开始执行之后，不如说在其执行之前，已开展了对七氯特殊性质的一些研究。也许，应该这样说更为准确，甚至在发现由联邦政府的灭虫行动带来危害之前的若干年里，已有人查阅了当时出版的研究成果，并且企图改变这一控制计划的实行。这是一个事实，七氯在动植物的组织中或土壤中经过一个短时期之后，就变成了一种更加有毒的环氧化物的形式，这一环氧化物通常被认为是由于风化作用而产生的氧化物。在食品与药品管理处发现用百万分之三十的七氯喂养的雌鼠仅在两星期之后就可在体内蓄积百万分之一百六十五的毒性更强的环氧化物，自从一九五二年以来就已经知道会发生这种转化。

上述农药转化的事实在一九五九年只有生物学文献有所记述，但还不十分清楚。当时食品与药品管理处采取行动禁止食物含有任何七氯及其环氧化物的残毒。这一禁令至少暂时给那个控制计划泼了冷水；尽管农业部仍在继续强行索取控制火蚁的年经费，但地方农业管理人士已不太愿意劝说农民去使用化学农药，因为这些农药可能使他们的谷物变成在法律上不能出卖的东西。

简言之，农业部不对所使用的化学物质的既有知识进行最起码的调查，只是盲目执行自己的计划；即使进行了调查，它也把所发现的事实置之不理。企图发现化学药物能达到灭虫目的而需要的最低含量的初步研究一定是失败了。在大剂量地使用药物达三年之后，突然在一九五九年减少了施用七氯的比例量，从每英亩二磅减少到一点二五磅，以后又减少到每英亩〇点五磅，在三到六个月期间的两次喷药中施用量为〇点二五磅。农业部的一位官员把这一变化描述为"一个有进取性的方法的修正计划"，这种修正说明了小剂量地使用还是有效的。假若这种报告早在扑灭害虫计划发起之前就为人们知晓，那么，就有可能避免很大数量的损失，并且纳税人也能节约相当大的一笔钱。

一九五九年，农业部可能试图消除对该计划日益增长的不满，因此主动提出对得克萨斯州的土地所有者免费供应这些化学药物，而这些土地所有者应签字承认不要联邦、州及地方政府对所造成的损失负责。就在同年，亚拉巴马州对于化学药物所造成的损失感到惊慌和生气，因此对进一步执行此计划的基金拒绝使用。一位官员对于整个计划进行了特征性的描述："这是一个愚蠢、草率、失策的行动，是一个对于其他公共和私人的职责实行霸道的十分明显的例子。"尽管缺少州里的资金，联邦政府的钱却不断地流入亚拉巴马州，并且一九六一年立法部又被说服拨出了一小笔经费。同时，路易斯安那州的农民们对于此计划的签订表现了日益增长的不满，这是十分明显的，因为对付火蚁的化学药物的使用会引起危害甘蔗的昆虫大量繁殖。归根结底，这个计划显然一无所获，这种可悲状况已由农业实验站、路易斯安那州大学昆虫系主任 L·D·纽塞姆教授在一九六二年春天做了简明的总结："一直由州和联邦代办处所指导的'扑灭'外来火蚁的计划是彻底失败的,在路易斯安那州,现在虫害蔓延的地区比控制计划开始之前更大了。"

看来,一种倾向于采取更为深思熟虑、更为稳妥办法的趋势已经开始。据报道"佛罗里达州现在的火蚁比控制计划开始时更多"。佛罗里达州通告说,它已拒绝采纳任何有关大规模扑灭火蚁计划的意见,而准备改用集中小区域控制的办法。

有效的、少花钱的小区域控制办法多年来已为人们所熟知。火蚁具有巢丘栖居特性,而对个别巢丘的化学药物处理是一件简单的事。这种处理,每英亩约花一美元。在那些巢丘很多而又准备实行机械化的地方,一个耕作者可以首先把平土地,然后直接向巢丘施放农药,这种办法已由密西西比农业实验站发展出来了。这种办法可以控制百分之九十至九十五的火蚁,每英亩只花〇点二三美元。相比来看,农业部的那个大规模控制计划每英亩要花三点五美元——农业部的计划是所有办法中花钱最多、危害最大、而收效最小的一项计划。

## 一一 超越波吉亚家族的梦想

　　我们这个世界的污染不仅仅是一个大规模喷药的问题。对于我们大多数人来说，这种大规模喷药与我们日复一日、年复一年所遭受的那些无数小规模毒剂暴露相比，其严重性相对就显得不那么重要了。就像滴水穿石一样，人类和危险药物从生到死地持续接触最终可能被证明会造成严重危害。不管每一次暴露是多么轻微，但这种反复的暴露会促进化学药物在我们体内蓄积，并且导致累积性中毒。可能没有人能够避免同这种正在日益蔓延的污染相接触，除非他生活在幻想的、完全与世隔绝的境况之中。由于受到花言巧语和隐讳的劝说者的欺骗，普通居民很少觉察到他们正在用这些剧毒的物质把自己包围起来，他们确实可能根本没有意识到他们正在使用这样的物质。

广泛使用毒物的时代已经如此彻底地到来了，以致于任何一个人可以在商店里随便买到比某些医用药品的致死能力强得多的化学物质，而不会有什么人向他提出什么问题；但如果他要去买那些带点儿毒性的医用药品，却可能被要求在药房的毒物登记本上签个字。对任何超级市场的调查都足以吓倒那些最大胆的顾客，倘若他对要购买的化学药物具有最起码的知识的话。

如果能在杀虫剂商店的上面挂起一个画有骷髅和交叉的大腿骨的死亡标记就好了，那么顾客进入商店时至少会对致死物质心怀通常的畏惧之感。但实际上在这样的商店里一排排的杀虫剂像其他商品一样舒适、顺眼地陈列着，它们和商店走廊另一边的泡菜和橄榄一起陈列着，并与洗澡、洗衣用的肥皂紧挨在一起。装在玻璃容器中的化学药物是放在一个儿童很容易接触到的地方。如果这些玻璃容器被儿童或粗心的大人摔在地上，那么周围的任何人都可能溅上这些药物，而这些药物曾导致那些喷洒过它的人得病。这种危险性当然会随着买主直接进到他的家里。例如，在一个盛有滴滴涕防蠹物质的罐子上很精致地印着一个警告，说明它是高压填装的，如果受热或遇见明火，就可能爆裂。一种有多种用途（包括在厨房中使用）的普通家用杀虫剂是氯丹，然而食品和药品管理局的一位主要药物学家已经宣称：在氯丹喷洒过的房子里面居住的危险性是"很大的"。其他一些家用杀虫剂中有含毒性更强的狄氏剂。

在厨房中使用这种毒剂既很方便也很吸引人。厨房的隔板纸，无论是白色或者其他人们所喜爱的颜色，都可以用杀虫剂浸透，不仅在一面，而且两面都行。制造商向我们提供了一个自己动手消灭臭虫的小册子。一个人可以向着小房间、偏僻的地方和护壁板上最不易达到的角落和裂缝，像按电钮那么方便地喷洒狄氏剂的烟雾。

如果我们被蚊子、跳蚤或其他对人类有害的昆虫所困扰，我们就可以选择许许多多种洗涤剂、擦脸油和喷雾剂用在衣服和皮肤上，尽管我们已被告诫说这些物质中有一些能够溶解于清漆、油漆和人工合成物，但我们仍然幻想这些化学物质不能透过人类的皮肤。为了保证我们任何时候都能击败各种昆虫，纽约一家高级商店推销一种杀虫剂散装包，它既适用于钱包，适用于海滨和高尔夫球场，也适用于渔具。

我们可以用药蜡涂打地板，以保证杀死任何在地板上活动的昆虫。我们可以悬挂一条浸透了高丙体六六六的布条在壁橱里，或把这些布条放在外衣口袋里或写字台的抽屉里，这样就可以使我们有半年时间不必担心蠹蛾为患。广告没有提示高丙体六六六是危险的。一个电子设备的广告也没有提示它会发出高丙体六六六的气味，我们被告知它是安全的、没有气味的。然而这件事的真相是，美国医学协会认为高丙体六六六雾化器是一种非常危险的东西，所以医学协会开展了一个广泛的运动，在其杂志上抵制使用高丙体六六六雾化器。

农业部在《家庭与花园通讯》中，劝说我们采用油溶性的滴滴涕、狄氏剂、氯丹或各种其他的蠹虫毒剂去喷洒我们的衣服。如果由于过量喷洒而在被喷物体上留下杀虫剂的白色沉淀物的话，农业部说，这是可以一刷就掉的；但是它却忘了告诫我们要注意在什么地方去刷和怎样去刷。所有这些情况导致了这样一个结果，即甚至当我们晚上去睡觉时还要与杀虫剂相伴随——我们要盖一条浸染着狄氏剂的防蠹毛毯。

现在园艺是紧密地和高级毒剂联系在一起了。每一个五金店、园艺用具商店和超级市场都为园艺工作中可能出现的各种需要提供成排的杀虫剂。那些尚未广泛使用众多的致死喷洒物和药粉的人只是由于他们动作太慢，因为几乎每一种报纸上的园艺专栏和大多数园艺杂志都认为使用这些药物是理所当然的。

甚至是急性致死的有机磷杀虫剂也广泛地被应用于草地和观赏植物，以致于佛罗里达州卫生部在一九六〇年发现它必须禁止任何人在居民区对杀虫剂进行商业性应用，除非他首先征得同意并符合既定要求。在这一规定实施之前，由于对硫磷中毒引起的死亡已有多起。

虽然已经采取了一些行动去警告那些正在接触极为危险的药物的园丁和房主，然而，正源源不断出现的一些新的器械使得草坪和花园中使用毒剂变得更为容易了，这就增加了人与毒物接触的机会。例如，一个人可以搞到一种瓶型附件安装在花园水管上，给草坪浇水时，借助于这种装置，剧毒的农药，如氯丹和狄氏剂就随水散流出去。这样一种装置不仅对使用水管的人是一个危险，而且对公众也是一个威胁。《纽约时报》认为，必须在园艺专栏上对上述做法发出一个警告，即如果不安装一个特殊的保护性装置的话，毒药就会由于倒虹吸作用而进入供水管网。考虑到这种装置正在大量地被使用之中，考虑到很少有人发出上面这样的警告，那么，面对我们的公共用水为什么会被污染的问题，难道我们还会感到惊奇吗?

　　以一个在人身上可能发生的问题为例,我们来看看一个医生的个案。这个医生是一个热情的业余园艺爱好者。开始时,他在自家花园的灌木丛和草坪上每周有规律地使用滴滴涕,后来又用马拉硫磷,有时他用手洒药,有时借助于水管上的那种附件直接把药加入水管中。当他这样做的时候,他的皮肤和衣服经常被药水浸湿。这种情况持续了约一年之后,他忽然病倒了,并且住了院。对他的脂肪活组织样品的检查表明,已有百万分之二十三的滴滴涕累积。出现了广泛的神经损伤,给他看病的医生认为这种损伤是永久性的。随着时间的推移,他体重减轻,感到极度疲劳,患了特殊的肌肉无力症,这是一种典型的马拉硫磷中毒症状。所有这些长期作用已严重到足以使得这位园艺爱好者无法再从事他的活动。

　　除了一度是无害的花园喷水龙头之外,机动割草机为适应施放杀虫剂而装置了某种附件,当房主在他的草地上进行收割时,这种附加装置就放散出白色蒸汽般的烟雾。这样,农药的高分散度微粒就加进了具有潜在危险的汽油废气中,可能那些不抱怀疑的郊区居民已经这样去喷施农药了,因而在他们自己的土地上空加重了空气的污染,其污染程度之高是很少有城市能达到的。

　　还有一点要谈到,即关于用毒剂整饰花园和在家里使用杀虫剂的时髦风尚的危害;印在商标上的警告占地方很小,也不显眼,以致几乎没有人费心去读或去遵守。一个工业商号现正在调查究竟有多少人认真对待这种警告。它的调查表明,在使用杀虫剂时,有不到百分之十五的人甚至不知道容器上的警告。

　　现在,郊区居民已习惯于只要让酸苹果草成长,而不惜付出任何代价。里面装有可用于清除草坪上人们不喜欢的野草的农药袋子几乎已经变成了一种社会地位的象征。这些除草农药往往在一个很漂亮的名义下出售，这个名字从来不会使人们猜想到它的实质和本性。要想知道这些袋子里装的是氯丹还是狄氏剂，人们必须仔细地去读那印在袋子上面一个很不显眼的地方的小标记。那些与处理和使用这些农药有关的技术资料，如果它们涉及到危害真情的话，人们就很难在任何五金店或花园用品商店里得到它们。相反，得到的资料却是那种典型的说明书，描绘了一个幸福家庭的景象：父亲和儿子微笑着正准备去向草坪喷药，小孩子们和一只狗正在草地上打滚。

我们食物中的农药残毒问题是一个被热烈争论的问题。这些残毒的存在不是被工业界贬低为无所谓的问题，就是被断然否认。同时，现在存在着一种强烈的倾向，即要把所有坚持要求使其食物避免受到杀虫毒剂污染的人都给扣上"盲从者"的帽子。在所有这些争论的迷雾中，真实情况究竟是什么呢？

有一点已从医学上确认，即作为一种常识我们可以知道，在滴滴涕时代（一九四二年前后）来临之前，那时的人们在其身体组织中不含微量的滴滴涕和其他同类物质。如第三章所述，在一九五四到一九五六年从普通人群中所采集的人体脂肪样品中平均含有百万分之五点三到七点四的滴滴涕。存在一些证据，说明从那时以后，平均含量水平一直持续上升到一个较高的数值。当然，对那些由于职业和其他特殊原因而暴露于杀虫剂的个别人，其蓄积量就更高了。

在处于不为人们所觉察的严重遭受杀虫剂污染的普通人群中，

可以假设所有贮存于脂肪中的滴滴涕是通过食物进入人体的。为了验证这一假设，由美国公共卫生管理局组成一个科学小分队去采集饭馆和大学食堂的膳食。发现每一种膳食样品中都含有滴滴涕。由此，调查者们有充分理由得出结论："几乎不存在可使人们信赖的、完全不含滴滴涕的食物。"

像这样被污染的食物，其数量是非常多的。在一项公共卫生部的独立研究中，监狱膳食分析结果揭示出炖干果含百万分之六十九点六的滴滴涕、面包含百万分之一百点九的滴滴涕等这样的问题！

在一般家庭的食物中，肉和任何由动物脂肪制成的食品都含有氯化烃的大量残毒。这是因为这类化学物质可以溶解于脂肪。在水果和蔬菜中的残毒看来要少一些，这是由于冲洗起了一点作用，最好的方法是摘掉和抛弃像莴苣、白菜这样的蔬菜的所有外层叶子，削掉水果皮，并且不要再去利用果皮或者是无论什么样的外壳。烹调并不能消除残毒。

牛奶是由食品和药品管理条例规定不允许含有农药残毒的少数食品之一。然而事实上，无论什么时候进行抽样检查，残毒都会检出。在奶油和其他大规模生产的奶酪制品中残毒量是最大的。在一九六〇年对这类产品的四百六十一个样品进行了化验，表明三分之一含有残毒。食品与药品管理局把这种状况描述为"远非鼓舞人心的"。

一个人要想发现不含滴滴涕和有关化学药物的食物，看来必须到一块遥远的、原始的土地上去，还要放弃现代文明的舒适生活才行。这样的土地也许至少会存在于遥远的阿拉斯加北极海岸的边缘地带吧？但一个人甚至在那儿也会看到正逼近而来的那种污染的阴影。当科学家对该地区爱斯基摩人的食物进行调查时，发现这种食物不含杀虫剂。鲜鱼和干鱼，从海狸、白鲸、美洲驯鹿、驼鹿、北极熊、海象身上所取得的脂肪、油或肉；蔓越橘、鲑浆果和野大黄，所有这一切都完全未被污染。这儿仅有一个例外——来自好望角的两只白猫头鹰含有少量的滴滴涕，可能它们是在迁徙过程中得到滴滴涕的。

当对一些爱斯基摩人本身的脂肪样品进行抽样分析时，发现了少量滴滴涕残毒（百万分之〇到一点九）。原因是很清楚的。这些脂肪样品是从那些离开其祖居地到昂克雷吉的美国公共健康服务处医院去做手术的人身上取来的。在这儿流行着文明的生活方式。就像在大多数人口稠密的城市的食物中含有许多滴滴涕一样，在这所医院的食物中也发现含有同样多的滴滴涕。就当他们在文明世界逗留期间，这些爱斯基摩人已被打上了农药污染的印记。

由于对农作物普遍地喷施了这些毒水和毒粉，因而一个必然的事实是，在我们所吃的每一顿饭里都含有氯化烃。假若农夫细心地遵守标签上的说明，那么使用农药所产生的残毒不会超过食品与药品管理局所规定的标准。暂且先不考虑这些残毒标准究竟是否如他们所说的那样"安全"，一个众所周知的事实是，农民们经常在临近收获期的时候使用超过规定剂量的农药，并且想在哪儿用就在哪儿用；另一方面，这也说明人们都不屑去看那些小巧的说明标记。

甚至连制造农药的工业部门也意识到农民经常滥用杀虫剂，需要进行教育。农用工业的一家最富声望的商业杂志最近声称："看来许多使用者不懂得，如果使用农药超过了所推荐的剂量，他们就会面临危险。另外，农民可以一时兴起，随意在许多农作物上使用杀虫剂。"

在食品与药品管理局的卷宗中所记载的这种越轨行为已达到一个令人不安的数量。有一些例子说明了对于指示的漠视态度:一位种莴苣的农民,他在临近莴苣收获时不是施用一种,而是同时施用了八种不同的杀虫剂。一位运货者在芹菜上使用了剧毒的对硫磷,其剂量相当于最大容许值的五倍。尽管在莴苣上不容许带有残毒,种植者们仍使用了在所有氯化烃中最毒的异狄氏剂。菠菜也在收获前的一星期内被喷洒了滴滴涕。

也有偶然和意外污染的情况。大量装在粗麻布袋中的生咖啡也被污染了,因为当它们在船运过程中,这只船上也同时装有一些杀虫药货物。存在仓库里的包装食物遭受到滴滴涕、高丙体六六六和其他杀虫剂的多次空中喷洒处理,这些杀虫剂可以进入被包装的食物中,而且达到一定的数量。这些食物在仓库中存放的时间越长,污染的危险就越大。

"难道政府就不保护我们免遭这些危害吗?"对这样一个问题的回答是:"能力有限。"在保护消费者免遭杀虫剂危害的活动中,食品与药品管理局由于两个原因而大受限制。第一个原因是该管理局只有权过问在州际进行贸易运输的食品;它完全无权管辖在一个州内部种植和买卖的食物,不管其中有多少违法乱纪的事。第二个原因是一个明摆着的事实,即在这个管理局的办事员为数甚少,他们不足六百人,却要从事十分繁杂的工作,据食品与药品管理局的一位官员说,只有极少量的州际贸易的农产品(远小于百分之一)能够利用现有设备进行抽样检查,这样取得的统计结果是有漏洞的。至于在一个州内生产和销售的食物,情况就更糟了,因为大多数州在这方面根本没有完整的法律规定。

由食品与药品管理局所规定的污染最大容许限度（称为"容许值"）有明显的缺陷。使用农药的风气如此盛行，这一规定仅是一纸空文而已，它反而造成了一种完全不真实的印象，即安全限制已经确定并且正在坚持下去。至于说到人们允许毒剂的毛毛雨洒到食物上的安全性如何，有许多人根据充分的理由辩论，认为没有一种毒剂是安全的或是人们想要加在食物上的。为确定容许值标准，食品与药品管理局重新审查了这些毒剂对实验动物的试验结果，然后确定了一个污染的最大容许值，这个值远小于引起实验动物出现中毒症状的剂量。这一系列被用来确保安全的容许值，是与大量重要的事实相违背的。一个生活在受控制的、高度人为化的环境中的实验动物，食以一定量的特定农药，其情况与接触农药的人是有很大区别的。人所接触的农药不仅仅种类多，而且大部分是未知的、无法测量的和不可控制的。即使一个人的午餐色拉的莴苣菜中含有百万分之七的滴滴涕是"安全的"，那么在这顿饭中，人还吃其他食物，在每一种其他食物中都含有一定量的不超过标准的残毒；另外正如我们已经知道的，通过食物摄入的杀虫剂仅仅是人的全部摄入量的一部分，并且可能是很少的一部分。这种多渠道而来的化学药物的叠加就构成了一个不可测量的总摄入量。因此，讨论在任何单独一种食物中残毒量的"安全性"是毫无意义的。

另外还有一些问题。有时这些容许值是在违背食品与药品管理局的科学家所做出的正确判断的情况下被确定下来的。这些例子将在本书后文中引证。这些容许值的确定有时是以不充分的化学药物的知识为根据的。对这些毒物更充分的认识最后导致压低或取消这些最低容许值，但此时公众已遭受这些化学药物明显危害许多月或许多年了。曾给七氯定了一个容许值，后来又不得不把这个容许值取消了。在一种化学物质被登记使用之前，由于没有野外实用分析方法，因而，寻找残毒的检查最终归于失败。这一困难极大地阻止了对蔓越橘业氨基噻唑的残毒检查工作。对于某种普遍应用于种子处理的灭菌剂也同样缺少分析方法。如果在种植季节结束时这些种子仍未被用到地里的话，它们就可能被用来作为人们的食物。

然而事实上，使用容许值将意味着容许供给公众的食物受到有毒化学物质污染，这样做可以使农民和农产品加工者因降低成本和获得好处而高兴，然而却不利于消费者，消费者必须增加纳税以支持制订政策机构来查证落实他们是否会得到致死的剂量。不过要干这件查证工作可能要付出超过任何立法官工资的钱，以用于了解农药的现用量与毒性的情况。其结果是，倒霉的消费者付出了税钱，且仍然在摄入不受人们注意的那些毒物。

如何解决呢？首先是取缔氯化烃、有机磷类和其他强毒性的化学物质的容许值。这一建议将会马上遭到反对，因为它将加在农民身上一个不可容忍的负担。不过像现在这样所要求的，如果能在各种各样的水果和蔬菜上按百万分之七的滴滴涕、或百万分之一的对硫磷、或百万分之〇点一的狄氏剂的要求使用农药，以使它们只留下合乎容许值的毒量，那为什么不可以更加当心地完全防止任何残毒的出现呢？事实上，现在对一些化学药物正是这样要求的，例如用于某些农作物的七氯、异狄氏剂、狄氏剂等。假若对上述农药可以实现这一点，为什么对所有的农药不可以都这样要求呢？

但这不是一个彻底和最终的解决办法。一个纸面上的容许值是没有什么价值的。当前如我们所知，州际运输的食物有百分之九十九以上都在没有检查的情况下溜过去了。因此还迫切需要建立一个警惕性高、积极主动的食品与药品管理局，扩大检查人员的队伍。

　　然而，这样一种制度——先有意地毒化了我们的食物，然后又对这一结果施加司法管理——使人不能不想起刘易斯·卡罗尔的"白衣骑士"①，这个白衣骑士想出"一个计划去把一个络腮胡子染成绿色，然后再让他不停地使用一把巨大的扇子，于是这些络腮胡子就不会再被人看见了"。最终的回答是少用一些有毒化学物质，这样做就会使滥用这些化学物质所引起的公众危害迅速减少。现在已存在着这样一些化学物质：如除虫菊酯、鱼藤酮、鱼尼汀和其他来自植物体的化学药物。除虫菊酯的人工合成代用品最近也已经被发展出来了，这样，如果我们使用除虫菊酯，就不会感到不够用。向公众宣传教育所出售的化学物质的性质是急为需要的。一般买主都会被各种可用的杀虫剂、灭菌剂和除虫剂的庞杂阵势搞得完全手足无措，没有办法得知哪些是致死的，哪些是比较安全的。

　　此外，为了促使这些农药变成危险性较小的农业杀虫剂，我们应该勤奋地探索非化学方法的可能性。现在正在加利福尼亚进行实验，研究对一定类型昆虫具有高度专一性的一种细菌所引起的昆虫疾病在农业上的应用。这种方法的扩大实验目前正在进行。现在极有可能使用不在食物中留下残毒的方法来对昆虫进行有效的控制（参阅第一七章）。从任何人之常情的标准来看，在这些新方法大规

————————————

① Lewis Carroll（1832—1898），《爱丽丝漫游奇境记》的作者。白衣骑士是该童话中的一个角色。

模地代替老方法之前，我们将不可能从这种不可容忍的情况中得到任何安慰。从目前情况来看，我们所处的地位比波吉亚的客人们好不了多少。

# 一二　人类的代价

  化学药物的生产起始于工业革命时代，现在已进入一个生产高潮，随之而来的将是一个严重的公共健康问题的出现。在这种公共健康问题出现之前，仅仅在昨天，人类还生活在对天花、霍乱和鼠疫等天灾的担惊受怕之中，这些天灾曾经一度横扫了各民族。现在我们主要关心的已不再是那些曾一度在全世界引起疾病的生物；卫生保健、更优越的生活条件和新式药物已经使我们在很大程度上控制住了传染性疾病。今天我们所关心的是一种潜伏在我们环境中的完全不同类型的灾害——这一灾害是在我们现代的生活方式发展起来之后由我们自己引入人类世界的。

造成一系列环境健康问题的原因是多方面的，一是由于各种形式的辐射，二是由于化学药物在源源不断地生产出来，杀虫剂仅是其中的一部分。现在这些化学药物正向着我们所生活的世界蔓延，它们直接或间接地、单个或联合地毒害着我们。这些化学药物的出现给我们投下了一个长长的阴影，这一阴影并非吉祥，因为它是无定形的和朦胧的；这一阴影令人担忧，因为简直不可能去预测人的整个一生接触这些人类未曾检验过的化学和物理物质的后果。

美国公共卫生部的戴维·普赖斯博士说："我们大家在生活中都经常提心吊胆，害怕某些原因可能恶化我们的环境，从而使人类变成一种被淘汰的生物而与恐龙为伍。"有人认为我们的命运也许在明显危害症状出现之前的二十年或更早一些时间中就已经被决定了。这一看法使有前面那些想法的人变得更为不安。

杀虫剂与环境疾病分布的相关性表现在什么地方呢？我们已经看到它们污染了土壤、水和食物，它们具有使河中无鱼、林中无鸟的能力。人是大自然的一部分，尽管他很不愿意承认这一点。现在这一污染已完全遍布于我们整个世界，难道人类能够逃脱吗？

我们知道，如果一个人与这些化学药物单独接触，只要摄入的总剂量达到一定程度，他就会急性中毒的。不过这不是主要问题。农民、喷药人、航空员和其他接触一定量的杀虫剂的人员的突然发病或死亡是令人痛心的，更是不应该发生的。无形中污染了我们世界的农药，被人少量吞食后所造成的危害是有潜伏期的，因此为全体居民着想，我们必须对这一问题倍加重视，研究解决。

负责公共健康的官员已指出，化学药物对生物的影响是可以长期积累的，并且对一个人的危害取决于他一生所摄入的总剂量。正因为如此，这种危险很容易被人忽视。人们一贯轻视那些看来可能给我们未来带来危害的事物。一位明智的医生莱因·迪博博士说："人们平常只对症状明显的疾病极为重视。正因为如此，人类一些最坏的敌人就会从从容容地乘虚而入。"

这一问题对我们每个人来说，正如同对密歇根州的知更鸟或对米拉米奇的鲑鱼一样，是一个互相联系、互相依赖的生态学问题。我们毒杀了一条河流上的讨厌的飞虫，于是鲑鱼就逐渐衰弱和死亡；我们毒死了湖中的蚊蚋，于是这些毒物就在食物链中由一环进入另一环，湖滨的鸟儿很快就变成了毒物的牺牲品；我们向榆树喷了药，于是在随后来临的那个春天里就再也听不到知更鸟的歌声了，这不是因为我们直接向知更鸟喷了药，而是因为这种毒物通过我们现在已熟知的榆树叶—蚯蚓—知更鸟一步步地得以转移。上述这些事故是记录在案的、可以观察到的，它们是我们周围可见世界的一部分。它们反映出了生命或死亡的联系之网，科学家们把它们作为生态学来研究。

不过，在我们身体内部也存在着一个生态学的世界。在这一未被觉察的世界中，一些细微的原因会产生巨大的效应；然而，这种效应常常看上去与这些原因无关，它出现在身体的某个部位上，这个部位远离原始损伤区。有关当前医学研究动态的一个近期总结说："在一个小部位上的变化，甚至在一个分子上的变化，都可能影响到整个系统，并在那些看来似乎无关的器官和组织中引起变化。"对一个关心人类身体神秘而又奇妙功能的人来说，他会发觉原因和后果之间很少能够简单、容易地表现出联系来。它们可能在空间和时间上都完全脱节。为了发现发病与死亡的原因，要将许多看来似乎孤立的、相互无关的事实耐心地联系在一起，这些事实是通过在广阔的、相互无关的许多领域中进行非常大量的研究工作而取得的。

我们习惯于找寻那些明显的、直接的影响，而不研究其他方面。除非这一影响以一种无法否认的明显形式急速出现，否则我们总要否认危害的存在。由于没有适当的方法去发现危害的起源，因而，甚至连研究人员也感到为难。缺少充分精密的方法在症状出现之前就发现危害，这是医学中尚未解决的一个大问题。

有人会反驳说："不过，我已经多次将狄氏剂喷洒到草地上，而我从来没有像世界卫生组织的喷药人那样发生过惊厥，所以狄氏剂对我没有伤害。"事情并不是那么简单。一个处理这类药物的人，毫无疑问地会使毒物在他身体内累积起来，虽然并没有发生突然的和引人注目的症状。正如我们所知，氯化烃在人体的贮存是通过极小的摄入量而逐渐累积起来的，这些毒性物质进入到身体的所有含脂肪的组织中。只要脂肪在人体中积存起来，毒物就会很快进驻。一个新西兰的医学杂志最近提供了一个例子：一个正在接受肥胖症治疗的人突然出现中毒症状；通过检查，发现他的脂肪中含有累积的狄氏剂，而这些狄氏剂在他减轻重量的过程中已发生了代谢转化。同样的情况也会发生在由于疾病而体重下降的人身上。

另一方面，毒物累积的影响也可能是不明显的。几年之前，美国医学学会杂志对能够贮存在脂肪组织中的杀虫剂的危害发出强烈警告。这家杂志指出，那些在组织中有累积性的药品和化学物质比起那些不具有累积倾向的物质更加需要小心对待。我们被警告说，脂肪组织不仅仅是一个贮存脂肪的地方（脂肪占身体重量约百分之十八），而且还有许多重要的功能，累积的毒物可能干扰了这些功能；况且，脂肪非常广泛地分布在全身的器官和组织中，甚至是细胞膜的组成部分。因而，记住这一点也是很重要的，脂溶性杀虫剂可以贮存到个体细胞中，它们在那儿能够扰乱产生氧化和能量的极为活跃的人体基本功能。这一问题的重要性在下一章再谈。

关于氯化烃杀虫剂最值得注意的事实之一是它们对肝脏的影响。在人体所有器官中，肝脏是最不寻常的。从它的功能的广泛性和必不可少性来看，肝脏的作用是无可匹敌的。肝脏控制着许多要害的机体活动，因此即使它稍受危害也极可能引起严重后果。它不仅产生肝汁去消化脂肪，而且它具有重要的位置和特殊的循环渠道，这些渠道都聚集到肝脏中来，这样，肝脏就能够直接得到来自消化道的血液，它由此而深刻地参与了所有主要食物的新陈代谢。它以糖原的形式贮存糖，并以葡萄糖的形式释放出来，其量是严格控制的，以保持血糖的正常水平。它制造了身体中的蛋白质，其中包括一些十分重要的、与血液凝结有关的血浆组分。肝脏维持血浆中胆固醇的适当水平，当雄性激素和雌性激素超过正常水平时，肝脏就会起钝化激素的作用。肝脏是许多维生素的贮存地，反过来一些维生素也有助于肝脏保持自己的正常功能。

如果缺少一个正常起作用的肝脏，那么人体就会被解除武装——无法防御不断侵入身体的各种各样毒物，其中一些毒物是正常新陈代谢的副产品，肝脏能够迅速、有效地去掉这些毒物中的氮元素，从而使这些毒物转为无毒。但是那些外来的异常毒物也可能被肝脏解毒。"无害的"杀虫剂马拉硫磷和甲氧基氯的毒性小于它们的亲族，这仅仅是因为肝脏酶可以处理它们，通过这一处理，它们的分子结构发生了改变，因而它们的致毒能力也被削弱了。用同样的方式，肝脏处理了我们所摄入的大部分有毒物质。

我们的抵抗外来毒物和本体毒物的这一防线现在已被削弱，并且正在瓦解之中。一个受到杀虫剂危害的肝脏不仅再不能保护我们免受毒害，而且它的整个多方面的作用都可能被损害。这一后果不仅影响深远，而且由于这种后果变化多端并且不会立即显示出来，使人们很难看出引起这些后果的真正原因。

由于现在几乎遍地使用导致肝脏中毒的杀虫剂，去观察肝炎的急剧上升是很有意义的。肝炎的上升开始于本世纪五十年代，并一直持续地波浪式上升。据说肝硬化也在增加。虽然证明原因甲产生结果乙是件明显困难的事——在人类中证明这件事比在实验动物中证明更困难，但一般简单地认为肝脏疾病增长率与肝脏毒物在环境中的增长之间不是直接相关的。究竟氯化烃是不是主要原因，在当前我们接触这些毒剂的情况下，这个问题看来是很难弄清楚的。因为这些毒剂已被证明具有毒害肝脏的能力，据推测还能减低肝脏对疾病的抵抗力。

氯化烃和有机磷酸盐，这两种主要的杀虫剂都直接影响神经系统，虽然作用方式有所区别，这一点已经通过大量的动物实验和对人类的观察搞清楚了。滴滴涕作为首先广泛使用的一种新型有机杀虫剂，它的作用主要是影响人的中枢神经系统；小脑和高级皮层运动区被认为是主要受影响的区域。根据一本标准的毒物学教科书记载，诸如刺痛感、发热、瘙痒、发抖，甚至惊厥等感觉，都可能由于接触了足够量的滴滴涕而出现。

我们对滴滴涕引起的急性中毒症状的第一次认识是由几位英国研究者提供的，他们为了解滴滴涕的作用和后果，有意地让自己暴露于滴滴涕中。两个英国皇家海军生理实验室的科学家通过与覆盖着水溶性涂料墙壁的直接接触让皮肤吸收滴滴涕，这些涂料含有百分之二的滴滴涕。这些滴滴涕是附在一层薄薄的油膜中涂上去的。滴滴涕对神经系统的直接影响在他们关于症状的口头叙述中是很清楚的："困倦、疲劳和四肢疼痛是很真实的事情，精神状态也极为苦恼……易受刺激，讨厌任何工作，当遇到最简单的思考课题时，都感到脑子不够用，这些痛苦交织在一起常常是相当巨大的。"

另外一位曾在自己皮肤上涂抹滴滴涕丙酮溶液的英国实验者报告说，他感到四肢沉重疼痛，肌肉无力，而且有"明显的神经性紧张痉挛"。他休息了一个假期，身体有所好转；但当他回到工作岗位后，状况又恶化了。而后，他在床上病了三星期并受到持久的四肢疼痛、失眠、神经紧张和极度忧虑感觉的折磨。当战栗动摇他全身的时候，这种战栗所表现出的全部症状看来与鸟类受滴滴涕中毒的情况十分相似。这位实验者十周未能工作，在年底，当他的病例在一本英国医学杂志上被报道出来时，他还未完全复原。

（除了这一证据，一些在自愿者身上进行滴滴涕实验的美国研究者不得不应付受实验者们关于头痛和"明显的属于神经起因"的"每处骨头都疼"的诉苦。）

现在，接受实验者有许多病例记录，在这些记录中，病情的症状和整个发病过程都表明，杀虫剂是发病原因。这些典型的患者都曾经在某种杀虫剂中暴露过，在采取了将所有的杀虫剂从环境中消除掉等处理措施之后，症状就会消失了。更加意味深长的是，只要再和这些罪恶的化学物质接触，病情又会复发。作为对一种疾病进行医学治疗的根据，这种证据已足够了。这种证据完全能起到警告作用，使我们认识到我们的冒险行动是愚蠢的，明明知道有危险而偏要冒着危险把环境浸透于杀虫剂之中。

为什么所有处理和使用杀虫剂的人没有表现出一种相同的症状呢？造成这种情况的原因是个体敏感性问题。有一些证据表明，妇女比男人更敏感，年轻人比成年人更敏感，那些经常在室内坐着不动的人比那些做着露天劳动或艰难生活的人更为敏感。除了这些差别之外，还有一些客观存在的差别，尽管它们是没有规律的。是什么原因使得一个人对于灰尘或花粉呈变态反应，或者对某一种毒物敏感，或者对某一种传染病容易感染，其答案是一个医学上至今还没有解决的奥秘。然而这一问题客观存在着，并影响着大量的人群。一个医生估计，他的病人中的三分之一或更多的人表现出一些过敏症状，并且这种人的数量还在增长着。不幸的是，原来不过敏的人会突然患过敏症。事实上，一些医学人员相信，继续地暴露于化学药物中可以产生的正是这样的敏感性。如果这是真实的，那么它就可以解释，为什么在遭受职业性持续暴露的人身上进行的一些研究几乎没有发现什么中毒的迹象。由于持续地与这些化学药物接触，这些人产生了抗过敏性，这正如一个变态反应学者通过给病人反复地用小剂量注射致敏药物，而使他的病人产生抗过敏性一样。

人与在严格控制下生长的实验动物不一样，人从来不会一直只暴露在一种化学药物之中，这个现实情况使研究杀虫剂致毒的全部问题变得极为麻烦，难以解决。在几种主要的杀虫剂之间，在杀虫剂和其他化学物质之间，存在着能够产生重大影响的相互作用。另外，当杀虫剂进入土壤、水或人体血液之后，这些化学物质不会保持孤立状态；它们在那儿发生了神秘的、不可见的变化，借助于这些变化，一种杀虫剂可以改变另一种杀虫剂的危害能力。

甚至在两种主要的杀虫剂之间也存在着相互作用，而通常人们认为它们都是在完全独立地起作用的。如果人体事先曾暴露于伤害肝脏的氯化烃的话，对神经保护酶——胆碱酯酶起作用的有机磷类毒物的能力可能变得更强大。这是因为当肝功能被破坏以后，胆碱酯酶的水平降低到正常值以下；那时，这一外加的受抑制的有机磷作用将可能强大到足以促使严重症状出现。而且如我们所知，成对的有机磷彼此间的相互作用甚至可以使它们的毒性增长百倍。或者，有机磷可以与各种医药、人工合成物质、食物添加剂相互作用——对当前提供给我们世界的无穷无尽的人造物质，谁还能再说什么呢？

一种推测具有无毒性质的化学物质的作用可以在另一种化学物质的作用下而发生急剧变化；一个最好的例子是滴滴涕的一个被称为甲基氯氧化物的近亲。（实际上，甲基氯氧化物并不像人们通常所说的那样没有毒性，最近对实验动物的研究证明它对子宫有直接作用，并对一些很有用的黏液性激素有阻碍作用——这再一次提醒我们，这些化学物质具有极大的生物学影响。其他研究工作表明，甲基氯氧化物对肾脏有致毒作用。）由于当单独摄入甲基氯氧化物时，它不会大量蓄积于体内，所以我们说甲基氯氧化物是一种安全的化学物质。不过，这样说未必符合实际。如果肝脏已被其他原因损害，甲基氯氧化物就会蓄积在人体内高达其正常含量的一百倍，那时它将与滴滴涕的作用一样对神经系统具有长期持续的影响。然而，引起这一肝脏损害的后果可能很轻微，因此很容易被人忽视。它也可以是一个平常情况的结果——使用另一种杀虫剂，使用一种含四氯化碳的洗涤液，或服用一种被称之为镇静药的东西，这些东西大部分(不是全部)是氯化烃类，并且具有损伤肝脏的作用。

对神经系统损害并不只局限于急性中毒作用；它也可以受到暴露后的后遗影响。与甲基氯氧化物和其他化学物质有关的对大脑和神经的长期后遗损害已经有过报道。狄氏剂除了它的急性作用结果外，还有长期的后遗症影响，诸如"健忘、失眠、做噩梦、直至癫狂"。根据医学发现，六氯联苯大量地积蓄在大脑和重要的肝组织中，而且可以诱发"对神经系统的神秘的长期后遗作用"。甚而，六氯苯这种化学物质大量地被用于汽化器，这种设备能源源不断地将挥发性杀虫剂的蒸汽倾入屋舍、办公室和饭店。

通常认为只具有急性的、较激烈表现的有机磷，其实也具有对神经组织产生后遗性物理损害的作用，而且与近代发现相符，它可以引起神经错乱。各种各样后遗的麻痹症随着这种或那种杀虫剂的使用而出现了。约在本世纪三十年代的禁酒时期，在美国发生的一件奇事已经预兆着将要发生的事情。这件奇事的发生不是由于杀虫剂，而是由于一种在化学上属于与有机磷杀虫剂同类的物质。在那期间，一些医用物质被当作酒的代用品，以避开禁酒法律。这些物质之一是牙买加姜。酒由于列入《美国药典》，产品昂贵，于是分装商想出一个主意，用牙买加姜作为代用品。他们干得如此巧妙，以至于他们的假货通过了一定的化学检验，并且骗过了政府的化学家。为了给他们的不法姜水增加必要的强烈气味，他们又加入了一种叫做三原甲苯基磷的化学物质。这种化学物质如同马拉硫磷及其同类一样，能破坏保护性的胆碱酯酶。饮用这种分装商的产品的后果是大约一万五千人因腿肌肉麻痹而成了持久性的跛子，现在称这种症状为"姜瘫"。随着这种麻痹症还出现了两种症状，神经鞘的损伤和脊髓前角细胞变性。

　　大约二十年之后，其他各种各样的有机磷作为杀虫剂付诸使用了，正如我们所看到的，很快就出现了使人回想起"姜瘫"这个历史插曲的新病例。一个病例是个德国温室工人，他在使用马拉硫磷之后不时出现中毒症状，在他经历了这些温和的中毒症状几个月之后，便出现了麻痹症。然后，有一群来自三个化学工厂的工人由于暴露于有机磷类的其他杀虫剂而出现了严重中毒。他们经过治疗得到恢复，不过十天以后其中两人出现了腿部肌肉萎缩。这个症状在其中一个人身上持续了十个月；而另一个年轻女化学家遭遇更惨，她不仅两腿瘫痪，而且也影响到手和臂。两年之后，当她的病例被报道在一本医学杂志上时，她仍无法工作。、

　　应对这些病例负责任的那些杀虫剂已从市场上取消了，不过目前还在使用着的一些杀虫剂可能具有同样的伤害力。为园艺工人喜爱的马拉硫磷在小鸡的实验中已导致严重的肌萎缩。这个症状（正如"姜瘫"一样）是由坐骨神经鞘和脊骨神经鞘损伤所引起的。

　　由于有机磷酸盐中毒所造成的这些后果，如果它们没有引起死亡的话，它们也会是进一步恶化的一个前奏。由这些侵害神经系统的严重危害来看，这些杀虫剂最终必然会与精神疾病联系起来。最近，墨尔本大学和在墨尔本亨利王子医院的研究人员已发现了这种联系，他们报道了十六个精神病例。所有这些病例都有着长期暴露于有机磷杀虫剂的病史。其中三名是核查喷药效果的科学家，八名

在温室工作过，五名是农场工人。他们的症状变化包括从记忆衰退到精神分裂症和抑郁症。这些人长期使用的农药像回飞镖一样最后又打到了他们自己身体上，而在击倒他们之前，他们都有正常的体检记录。

据我们所知，与此类似的情况在各种医药文献中报道得很多，有的与氯化烃有关，有的与有机磷有关。错乱、幻觉、健忘、狂躁——这就是为了暂时消灭一些昆虫所付出的沉重代价；只要我们坚持使用那些直接摧残我们神经系统的化学药物，我们就将继续被迫付出这一代价。

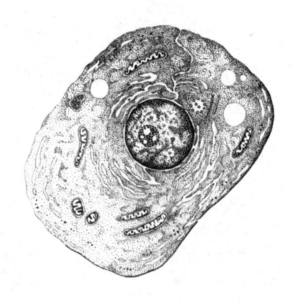

# 一三　通过一扇狭小的窗户

　　生物学家乔治·沃尔德曾经把他从事的一项极为专门化的研究课题——"眼睛的视觉色素"比作是"一扇狭小的窗户，一个人离这扇小窗户比较远，他就只能看见窗外一点亮光。但当他向窗户走近些时，他所看到的窗外景象就越来越多；直到最后，当他贴近窗户时，他能够透过这个狭小的窗户看到整个宇宙"。

　　这就是说，我们应该把我们研究工作的焦点先放在人体的个别细胞上，再放在细胞内部的细微结构上，最后再放在这些机构内部的基础反应上——只有当我们这样做的时候，我们才能够领悟到偶然将外部化学物质引入我们体内环境所带来的严重而长远的影响。

医学研究仅仅在最近才注意到对个体细胞在产生能量过程中的功能研究，这种能量是生命存在所必不可少的。人体内能量产生的非凡机制不仅仅对健康是个根本问题，对整个生命也是如此。它的重要性甚至超过了最重要的器官，因为没有正常的和有效的产生能量的氧化作用功能，身体中的任何功能都不能发挥作用。然而许多用于消除昆虫、啮齿动物和野草的化学药物都具有这样的特性，它们可以直接打击氧化作用，并且破坏这一系统奇妙的功能。

使我们对细胞氧化作用能有现在这个认识的研究工作是全部生物学和生物化学中最令人难忘的成就之一。在这一工作上取得成就的人员名册中包括许多诺贝尔奖获得者。在四分之一世纪的时间内，它凭借着一些成为它的奠基石的更早期工作，一直在一步一步地不断前进着。现在，几乎在所有的细节方面都还有待深入。仅仅在最近十年内，全部研究工作才形成了一个整体，这才使生物氧化作用变成了生物学家普通知识中的一部分。然而更重要的一个事实是，在一九五〇年之前，具有基本训练的医学人员，甚至没有机会去实际体会这一生物氧化作用破坏所引起的变化和危害的深刻重要性。

能量的产生并不是由任何专门化了的某一器官来完成的，而是由身体的所有细胞来完成的。一个活的细胞就像火焰一样，通过燃烧燃料去产生生命所必需的能量。这一比喻虽然很有诗意，但精确性不足，因为细胞仅仅是在产生人体维持正常体温所需适当热量的条件下完成它的"燃烧"的。于是，千千万万个这样温和地燃烧着的小小火焰产生出了生命所需的能量。化学家尤金·拉宾诺维茨说，如果这些小火焰都停止了燃烧，那么"心脏再不能跳动，植物再不能抵抗重力向上生长，变形虫不再游泳，再没有感觉能通过神经奔跑，再没有思想能在人的大脑中闪现"。

在细胞中，物质转化为能量是一个川流不息的过程，是自然界更新循环之一，真像一个轮子不停地转动着。以葡萄糖形式存在的糖燃料一粒儿一粒儿地、一个分子一个分子地填进了这个轮子，在循环的过程中，这些燃料分子就经历了分解和一系列细微的化学变化。这些变化很有规律地一环扣一环地进行着，每一环节都由一种具有专业化功能的酶支配和控制着，这种酶只干这一件事，其他什么都不管。在每一环节中都有能量产生和废物(二氧化碳和水)排出，经过变化了的燃料分子又被输送到下一阶段。当这一转动的轮子转够一圈时，燃料分子耗尽而进入一种新的状态，在这种状态中，它随时可与新进入的分子结合起来并重新开始这个循环。

这一过程是生命世界的奇迹之一。在这一过程中，细胞就像一个化学工厂一样进行生产活动。这真是一个奇迹，所有发挥作用的部分都是极小的，细胞本身几乎都十分微小，只有借助于显微镜才能看到。更为甚者，氧化作用的大部分过程是在一个很小的空间内完成的，即在细胞内部被称为线粒体的极小颗粒内完成的。虽然人们知道这种线粒体已有六十年之久，然而它们过去一直被看成是起着未知的、可能并不重要的作用的细胞内组分而被忽视。仅仅在五十年代，对它们的研究才变成了一个激动人心而富有成果的科学领域。它们突然开始引起了巨大的注意，单单在这一课题内，五年期间就出现了一千篇论文。

人类揭示了线粒体的奥秘，又一次表现出其卓越的创造才能和顽强的毅力。试想这样一种极小的微粒，即使通过一个放大三百倍的显微镜，也难以看到；但现在居然有这样一种技术，用这种技术能将上述微粒与其他组分分离，并单独取出它，对它的组分进行分析，还能确定这些组分的高度复杂的功能。这简直是难以想象的。现在多亏有了电子显微镜，生物化学家的技术得以提高，这项工作终于完成了。

现在已知，线粒体是一个极小的多种酶的包裹体，也是一种包括着对氧化循环所必需的所有酶的可变组合体，这些酶精确地和有序地被安排在线粒体的壁和间隔上。线粒体是一个"动力房"，大部分能量产生的作用发生在这个动力房中。当氧化作用的第一步和最初几步在细胞浆中完成之后，燃料分子就被引入线粒体。氧化作用就在这儿得以完成；大量的能量也就在这儿被释放出来。

如果在线粒体中氧化作用的无休止转动的轮子不是为了这一极为重要的目的而转动的话，它就失去其全部意义了。在氧化循环每一阶段中所产生的能量通常被生物化学家称之为 ATP(腺苷三磷酸)，这是一个含有三个磷酸基的分子。ATP 之所以能够提供能量是由于 ATP 能将它的一个磷酸基转换为另一种物质，在这一过程中电子高速来回传递随之产生了键能。这样，在一个肌细胞里，当一个末端的磷酸基被转移到收缩肌时，就得到了收缩能量。所以产生了另外一种循环——一种循环中的循环，即一个分子 ATP 释放出一个磷酸基后仅保存二个磷酸基，变成了二磷酸基分子 ADP；但是当这个轮子更进一步转动时，另外一个磷酸基又会被结合进来，于是强有力的 ATP 又得以恢复。这就如同我们所使用的蓄电池一样，ATP 代表已充电的电池，ADP 代表已放电的电池。

ATP 是万物皆有的能量传递者，从微生物到人，在所有的生物体内都发现有 ATP，它为肌肉细胞提供机械能，为神经细胞提供电能。精子细胞、准备进入急剧活动状态的受精卵（这种活动将使受精卵发展成为一只青蛙、一只鸟或一个婴儿）、能够产生激素的细胞等，所有这一切都是由 ATP 提供能量的。ATP 的少部分能量用在了线粒体内部，而大部分能量立即被释放到细胞中，为细胞的其他各种活动提供能量。在某些细胞中，线粒体的位置很有利于它们功能的发挥，因为它们的位置能够使得能量精确地传送到需要它的各个地方。在肌肉细胞中，它们成群地环绕在收缩肌纤维周围；在神经细胞中，它们被发现位于与其他细胞的邻接处为兴奋脉冲的传递提供能量；在精子细胞中，它们集中在推进尾与头部连接的地方。

给 ATP—ADP 电池充电的过程，就是氧化作用中的偶合过程：在这个电池中 ADP 和自由态的磷酸盐组又被结合成为 ATP，这一个紧密的结合就是人们所说的偶合磷酸化作用。如果这一结合变为非偶合性的，这就意味着失去了可用来供给的能量，这时，呼吸还在进行，然而却没有产生能量，细胞变成了一个空转马达，发热而不产生功能。那时肌肉就不能收缩了；脉冲也不能够沿着神经通道奔跑了；那时精子也不能运动到它的目的地了；受精卵也不能将它的复杂分化和它煞费苦心的作品完成。非偶合化的结果可能对从胚胎到人的所有的生物都是一个真正的灾难，有时它可能导致组织甚至整个生物的死亡。

非偶合化是怎样发生的呢？放射性是一个偶合作用的破坏者。有些人认为曾暴露于放射线中的细胞的死亡就是由于偶合作用破坏造成的。不幸的是，大量的化学物质也具有这种阻断产生能量的氧化作用的能力，而杀虫剂和除草剂都是这类化学物质的典型代表。据我们所知，苯酚对新陈代谢具有强烈作用，它所引起的体温升高具有潜在性的致命危险；这种情况是由非偶合作用的结果——"空转马达"所引起的。二硝基苯酚和五氯苯酚是这类被广泛用作除草剂的化学物质的例子。在除草剂中，另外一个偶合作用的破坏者是2,4-D。在氯化烃类中，滴滴涕是一个已被证实的偶合作用破坏者，如果进一步研究的话，将可能在这类物质中发现另外的破坏者。

不过非偶合作用并不是扑灭体内千百万个细胞的小火焰的唯一原因。我们已经知道，氧化作用的每一步都是在一种特定的酶的支配和促进下进行的。当这些酶中的任何酶——甚至是单独的一种酶被破坏或被削弱时，细胞中的氧化循环就要停止。不管哪种酶受到影响，其后果都是一样的。处在循环中的氧化过程正像是一只转动的轮子，如果我们将一根铁棍插入这个轮子的辐条中间，不管我们具体插在哪两根辐条之间，所造成的结果都是一样的。同样的原理，如果我们破坏了在这一循环中任何一点上起作用的一种酶，氧化作用就要停息。那时就再没有能量产生出来了，其最终结果与非偶合作用非常相似。

许多通常用做杀虫剂的化学物质就是这种破坏氧化作用转轮的铁棍子。滴滴涕、甲氧氯、马拉硫磷、吩噻嗪和各种各样的二硝基化合物都属于那些能妨碍与氧化作用循环有关的一种或多种酶的杀虫剂，它们正大量被使用着。它们就这样作为一种潜在作用而出现了。它们能够阻止能量产生的整个过程，并剥夺细胞中的可用氧。这一危害会带来大量灾害性的后果，在这儿只能提及其中很小的一部分。

实验人员仅仅依靠系统地抑制氧供应,他们就能将正常细胞转化成为癌细胞,我们将在下一章看到这部分内容。从正在发育的胚胎的动物实验中可以看出剥夺细胞中的氧所造成的其他激烈后果的一些线索。由于缺氧,组织生长和器官发育的那些有规律的过程就被破坏了;畸形和其他变态随之发生。如果人类的胚胎发生缺氧,它就会发育成先天畸形。

存在着一些迹象说明这类灾难的增加现在正为人们所注意,虽然没有人期望发现其全部原因。作为那个时期更加不愉快的凶兆之一是,人口统计办公室于一九六一年发起了一项全国出生儿畸形填表调查,调查表上附带着一个说明,说明这个统计结果提供了必要的事实来阐明先天畸形的发生范围和产生它们的环境。这方面的一些研究毫无疑问大部分要涉及到测定放射性影响,不过也不应忽视许多化学药物可与放射性产生同样的影响。人口统计办公室冷酷地预料到,将会在未来的孩子们身上出现的一些缺陷和畸形几乎肯定是由那些弥漫在我们外部世界和渗入到我们体内世界的化学药物所造成的。

情况很可能是,关于生殖作用衰退的一些症状也是与生物氧化作用的紊乱联系在一起的,并且与极重要的 ATP 储存的耗尽有关。甚至在受精之前,卵子就需要大量地被供给 ATP,以准备好去做出那种巨大的努力和付出巨大的能量消耗,一旦精子进入卵子和受精作用发生后,就必须要消耗大量的能量。精子细胞是否能够到达和进入卵子将取决于本身的 ATP 供应,这些 ATP 产生于集中在精子颈部的线粒体中。一旦受精过程完成,细胞的分裂就开始了,以

ATP形式供给的能量将在很大程度上决定着胚胎的发育是否能继续进行直到完成。胚胎学家研究了一些他们最容易得到的材料——青蛙和海胆的受精卵，发现如果ATP的含量减少到一定的极限值之下，这些卵子即停止分裂，并很快死亡。

从胚胎学实验室到苹果树之间并非没有联系，在这些苹果树上的知更鸟窝里保存着它的蓝绿色的全部鸟蛋，不过这些蛋冰凉地躺在那儿，生命之火闪烁了几天之后已经熄灭了。另外在高高的佛罗里达松树顶部，那儿有一大堆整齐安放的树枝和木棍，在这个窝里盛着三个大的白色的蛋，这些蛋也是冰凉而无生命的。为什么知更鸟和鹰不去孵蛋呢？这些鸟蛋是否也像那些实验室中的青蛙卵一样仅仅由于缺少普通的能量传递物——ATP分子而停止发育了呢？ATP缺乏的原因是不是由于下述原因造成的呢？在亲鸟体内和那些蛋中已经贮存了一定量的农药，足以使供给能量所依赖的氧化作用的小轮停止转动。

不必再去猜测杀虫剂是否已在鸟蛋中累积了。很明显，检查这些鸟蛋比观察哺乳动物的卵细胞要容易一些，不管这些鸟蛋是在实验室条件下还是在野外得到的，只要在鸟蛋中检查出这些农药，就能够发现滴滴涕和其他烃类有大量累积，并且浓度很高。在加利福尼亚州进行实验的雉蛋中含有百万分之三百四十九的滴滴涕。在密歇根州，从死于滴滴涕中毒的知更鸟输卵管中取出的蛋内含滴滴涕的浓度超过百万分之二百。由于老知更鸟中毒死亡而遗留在鸟窝中的无人关心的蛋中也含有滴滴涕。遭到邻近农场使用的艾氏剂中毒的小鸡也将这些化学物质传给了它们的蛋。以母鸡进行实验，喂以滴滴涕，下出来的蛋含有百万分之六十五之多的滴滴涕。

当我们知道了滴滴涕和其他的(也许是所有的)氯化烃通过钝化一种特定的酶或通过破坏产生能量的偶合作用而能够中断产生能量的循环时，我们很难想象，任何一个含有大量残毒的鸟蛋怎么能够完成其发育的复杂过程：细胞的无限多次分裂、组织和器官的精心构成、合成最关键的物质以最后形成一个活生生的生命。所有这一切都需要大量的能量——即需要由靠着新陈代谢循环的不断进行而产生 ATP 的线粒体小囊。

没有理由去假定这些灾难性事件仅仅局限于鸟类，ATP 是能量的普遍传递者，产生 ATP 的新陈代谢循环无论是在鸟类或在细菌体内，无论是在人体或老鼠体内，它都有着同一效果。因此杀虫剂在任何生物的胚胎细胞中累积的事实将同样有害于我们，它意味着对人类也有相当的影响。

这些化学药物进入了产生胚胎细胞的组织中也就意味着同样进入了胚胎细胞本身。在人工控制条件下的雉、老鼠和豚鼠体中，在为消灭榆树病害而喷过药的区域内的知更鸟体中，在活跃在为消灭枞针树花蕾蠕虫而喷过药的西部森林里的鹿体中，在各种鸟和哺乳动物的生殖器官中，都已发现了杀虫剂的积累。滴滴涕在一只知更鸟睾丸中的含量高于其体内其他任何部分；雉也在其睾丸中累积了大量的滴滴涕，其量超过百万分之一千五百。

在做过实验的哺乳动物中，可能作为这种滴滴涕在生殖器官中累积的后果之一是观察到了睾丸的萎缩。在甲氧氯中暴露过的小老鼠，其睾丸异乎寻常地小。当一个小公鸡被饲以滴滴涕时，其睾丸只有正常大小的百分之十八，依靠睾丸激素而发育的鸡冠和垂肉只有正常大小的三分之一。

精子本身也会受到 ATP 缺少的明显影响。实验表明，雄性的精子的活动能力由于食入二硝基苯酚而衰退，因为它破坏能量偶合机制，并不可避免地带来能量供应减少。其他已研究过的化学物质也发现有同样作用。这些对人类可能带来影响的迹象可以在有关精子减少的医学报告中或在精子产生的衰减中或在喷洒滴滴涕的农业航空喷雾器中看到。

　　对于作为一个整体的人类来说，比个体生命更加无限宝贵的财富是我们先天所具有的遗传物质，这是我们联系过去和未来的纽带。通过漫长的进化时期的演变，我们的基因不仅把我们人类造就成现在这个样子，而且将未来凶吉掌握在它们微小的形体之内。然而在当前，人为因素所引起的危害已成为我们时代的一种威胁，"这是人类文明的最后的和最大的危险"。

　　化学药物和放射作用又一次表现出了它们严格而又不可避免的相似性。

　　放射性袭击使得活体细胞遭受到各种伤害，它的正常分裂能力可能被破坏，它的染色体结构可能被改变，或者带有遗传物质的基因可能经历被称之为"突变"的突然变化，这种突变将使细胞在其后代中产生新的特征 。如果细胞是极为敏感的，那么这些细胞可能即刻被杀死；否则，这种细胞会在多年时间过去以后最终变成恶性细胞。

　　这些放射性作用的危害结果已在用大量称为拟放射或放射模拟化合物质所进行的实验研究中再现。许多被用作农药、除草剂或杀虫剂的化学物质都属于这一类物质，它们具有破坏染色体的能力，干扰正常的细胞分裂，或者引起细胞突变。这些对遗传物质的伤害能够导致暴露于农药的个体生物患病，也可以以其作用影响后代。

仅仅在几十年之前，还没有人知道放射性的这些作用，也没有人知道这些化学物质的作用；在那些日子里，原子还未曾被分离出来，可以摹仿放射作用的化学物质几乎还没有从化学家的试管里孕育出来。然而到了一九二七年，得克萨斯大学动物学教授赫尔曼·J·马勒博士发现将一个生物暴露于 X 射线中，它就能在以后的几代中发生突变。随着马勒的这一发现，一个科学和医学知识的新领域就被打开了。马勒以后由于自己的成就而获得了诺贝尔生理学或医学奖。后来，这个世界很快就与那种引起纠纷的灰色降尘①打交道了。在这个世界上，即使不是一个科学家现在也知道放射性的潜在危害了。

尽管很少有人注意，在四十年代初还有一个随之而来的发现。爱丁堡大学的卡路特·奥巴克和威廉·罗伯逊在对芥子气的研究中，发现这种化学物质造成了染色体的永久性变态，这种变态与放射性所造成的变态无法区别。用果蝇来做实验(马勒也曾用这种生物进行他的 X 射线影响的早期研究)，芥子气也引起了这种果蝇的突变。这样，第一种化学致变物就被发现了。

现在与芥子气具有同样致变作用的化学物质已有了一个很长的名单，这些化学物质已知能改变动物和植物的遗传物质。为了了解化学物质为何能够改变遗传过程，我们必须首先观察在活细胞这个舞台上上演的一连串基本事件。

———————

① gray rains of fallout，指由原子弹爆炸所造成的放射性尘埃。

如果身体要发育成长，如果生命的源流要一代一代地传下去的话，那么组成体内组织和器官的细胞就必须具有不断增殖的能力。这种作用是借助于细胞的有丝分裂或核分化过程来完成的。在一个即将分裂的细胞中，具有重要性的变化首先发生在细胞核内，最后扩展到整个细胞。在细胞核内，染色体发生了奇妙的移动和分裂，以使本身排列成为老的式样，这种老的式样可以将遗传的决定因素——基因传递给子代细胞。染色体先是细长线状，基因则念珠般地排列其上，尔后染色体纵向分离（基因亦分离），当细胞一分为二时，染色体各有一半进入子细胞。通过这种方式，每一个新的细胞都将含有一整套染色体，而所有的遗传信息密码就编排在染色体中。借助于这种方式，生物种属的完整性就被保留下来了；借助于这种方式，龙生龙，凤生凤，老鼠儿子会打洞。

一种特殊类型的细胞分裂发生在胚胎细胞的形成过程中。因为对一定种类的生物来说，其染色体数目是一个常数，所以结合形成一个新个体的卵子和精子只能带着一半数目的染色体进入新的结合体中。这一过程借助于染色体行为的变化极为精确地得以完成，这一染色体变化发生于产生新细胞的分裂作用过程中。在这时，染色体自身并不分裂，而是由每对染色体中分离出的一个染色体完整地进入每一个子细胞。

整个生命发展的关键就被提示于一个细胞中。细胞分裂的过程对于地球上所有的生命来说都是一样的；无论是人还是变形虫，无论是巨大的水杉还是极小的酵母，如果没有了这种细胞分裂作用，便都不再能够存在了。因而，任何妨害细胞有丝分裂的因素对生物的兴旺发展及其后代都是一个严重的威胁。

"诸如像有丝分裂这样一些细胞组织的主要特征已存在了五亿年之久，也许近于十亿年，"乔治·盖劳德·辛普森和他的同事皮腾卓伊和蒂法尼在他们的内容广博的名为《生命》的一书中写道，"从这个意义上来看，生命世界虽然肯定是虚弱而且复杂的，但是它在时间上具有难以置信的持久性——甚至比山脉还要持久。这种持久性完全是依靠着几乎难以置信的精确性——遗传信息的这种精确性一代又一代地重复着。"

　　不过在这千百万年的全部过程中，这种"难以置信的精确性"从未遭受过像二十世纪中期由人造放射性、人造及人类散布的化学物质所带来的如此直接和巨大威胁的打击。卓越的澳大利亚医生、诺贝尔奖获得者麦克华伦·伯内特先生认为上述情况是我们时代的"最有意义的医学特征之一，作为越来越有效的治病手段的、但生命却未曾经验过的化学药物生产的一个副产品，是使保护人体内部器官免受改变因素危害的整个屏障作用已经越来越频繁地被突破"。

　　人类染色体的研究还处于早期阶段，所以只是在最近才有可能去研究环境因素对染色体的作用。直到一九五六年由于新的技术的出现才使得精确确定人类细胞中染色体的数目——四十六条——成为可能，并且使如此细致地观察它们成为可能，这种观察可以使整个染色体或部分染色体的存在与否被检查出来。由环境中某些因素而引起的遗传危害的整个概念相对是比较新的，并且除了遗传学家之外，它很少能够被人们所理解，所以这些遗传学家的意见难得被人们所采纳。以各种形式出现的放射性危害现在已经令人信服地被充分理解了，——虽然有时在一些意外的场合下还被否认。马勒博士常常感到惋惜的是"不仅有这样多的政府部门的政策制定者，而且有这么多的医学专业人员拒绝接受遗传原则"。化学物质可以起到与放射性同样作用的这一事实现在几乎没有被公众所知晓，同样也没有被大部分医学工作者和科学工作者所了解。由于这种原因，一般所应用的化学物质（更确切来说是实验室中的化学物质）的作用至今尚未得到评价，但对于这些作用做出评价是极为重要的。

在对这种潜在危险做出估计方面，麦克华伦先生并不是孤立的。英国杰出的权威皮特·亚历山大博士曾说过："与放射性有类似作用的化学物质可以代表着比放射性更大的危险。"马勒博士根据几十年来在基因方面的杰出研究所提出的远景警告说：各种化学物质（包括以农药为代表的那些物质）"能够提高突变的频率像由放射性引起的一样多……在人们暴露于不寻常的化学物质的现代情况下，我们的基因遭受这样的致变物的影响已达到了相当程度，然而我们至今对这个程度几乎还一无所知"。

对化学致变物问题的普遍忽视也许是由于这样一个事实，即最初发现化学致变物仅仅是出于学术上的兴趣。氮芥子气始终没有从空中喷洒向整个人群；它的使用是被掌握在实验生物学家或生理学家的手中，他们将它用于癌症治疗（用这种方法治疗染色体破坏的病人的例子已于最近被报道）。但是杀虫剂和除草剂已经在与大量人群密切接触了。

只要对该问题稍加注意，就可以收集到一定数量有关农药的专门资料，这些资料显示出这些农药以多种方式妨害着细胞的重要过程——从微小的染色体损伤到基因突变，并且带来导致最后恶变灾难的后果。

几代暴露于滴滴涕的蚊子已转变成为一种被称为雄雌同体的奇

怪生物——它是半雄半雌的。

被多种苯酚处理过的植物的染色体遭到了严重毁坏，基因发生变化，出现大量的突变和"不可逆转的遗传改变"。当遭受苯酚作用后，突变在实验遗传学的经典材料——果蝇身上也发生了；这些果蝇发生了如此危险的突变，就如同它们被暴露于一种普通的除草剂或尿烷中一样，达到了致死的程度。尿烷属于被称为氨基甲酸酯的那类化学物质，从这类化学物质中正在涌现出日益增多的杀虫剂和其他农用化学物质。有两种氨基甲酸酯已被实际用于防止储藏中的马铃薯发芽，——确切来说是因为它们中断了细胞的分裂作用，这一点已被证实。其中之一的马来酰肼估计是一种强大的致变物。

经六氯联苯（BHC）或高丙体六六六处理过的植物会变得奇形怪状，在它们的根部带有像肿瘤一样的块状突起物。它们的细胞的体积变大了，这是由于染色体数目的倍增而肿大起来的。这种染色体的倍增现象在未来的细胞分裂中将一直继续进行下去，直到细胞的分裂由于体积过大而不得不停止时为止。

除草剂 2,4 - D 也能在经受处理的植物中产生肿块，使染色体变短、变厚，并聚积在一起。细胞的分裂被严重地阻滞了。这种总影响被认为与 X 射线所产生的影响十分相似。

这不过只是一点点说明，还可以引证更多的情况。至今还没有开展旨在检验农药这种致变作用的广泛研究。上述被引证的事实都是细胞生理学或遗传学研究的副产品，直接针对这个问题进行研究已是迫不及待的了。

一些愿意承认环境放射性对人体存在潜在影响的科学家却在怀疑致变性化学物质是否同样也具有这种作用。他们引证了大量有关放射性侵入机体能力的事实，然而却怀疑化学物质能否到达胚胎细胞。我们又再一次被这样一个事实所阻拦，即对这一人体内的问题，我们几乎没有多少直接的证据。然而，在鸟类和哺乳动物的生殖器官和胚胎细胞中发现有大量滴滴涕累积的现象，这是一个有力的证据，至少说明氯化烃不仅广泛地分布于生物体内，而且已与遗传物质相接触。宾夕法尼亚州立大学的大卫·E·戴维斯教授最近已发现，能够阻止细胞分裂和有限地用于癌症治疗的烈性化学物质也能引起鸟类的不孕。即使达不到致死的水平，这种化学药物也能够中止生殖器官中的细胞分裂。戴维斯教授已经成功地进行了野外实验。然而很明显，几乎没有什么理由能使人们希望和相信各种生物生殖器官能够避免环境中各种各样化学物质的侵害。

最近在染色体变态领域中所取得的医学发现是非常令人感兴趣的，并且意义深远。一九五九年，一些英国和法国的研究小组发现他们各自独立进行的研究所得出的一个共同结论，即一些人类疾病的发生是由于正常染色体数目遭到破坏。在这些人所研究的某些疾病和变态中，染色体的数目与正常值不一致。这一情况解释了为什么现在已经知道所有典型的蒙古型畸形病人都有一个多余的染色体。有时这个多余的染色体附着在另外的染色体上，所以染色体数目仍保持正常的四十六条。然而一般的规律是，这一个多余的染色体独立存在，从而使染色体的数字达到四十七条。这些病人缺陷发生的原始原因肯定来自上一代。

看来，对于患有慢性白细胞增多症的某些病人（不管是美国的还是英国的）来说，起作用的是另外一种机制。在一些血液细胞中已经发现了同样的染色体变态，这个变态包括着染色体的部分残缺。在这些病人的皮肤细胞中，染色体数目是正常的。这个结果表明，染色体的残缺并不是发生在形成了这些生物体的胚胎细胞中，而是仅仅出现在某些特定的细胞中（在这个例子中，最先遭害的是血液细胞），这个危害是在生物体本身的生活过程中发生的。一个染色体的残缺可能会使它们丧失指挥正常行为的"指令"功能。

自从打开这个新领域之后，与染色体破坏有关的身体发生缺陷的种类和数量以惊人的速度在迅速增长，至今已超出医学研究的范畴。仅知有一种克莱恩费尔特氏综合征是与一种性染色体的倍增有关。产生此病的生物是雄性的，不过，因为它带有两个 X 染色体（染色体变成 XXY 型，而不是正常的雄性染色体 XY 型），它就变得有些不正常了。身材超高和精神缺陷通常与在这种情况下所发生的不孕症相伴随。相反，仅仅得到一个性染色体（即 XO 型，而不是 XX 型或 XY 型）的生物体实际上是雌性的，不过缺少许多第二性征。这种情况常伴随着各种生理的（而且有时还是精神的）缺陷而出现，当然其原因是 X 染色体带有各种特征的基因，这就是所谓的反转并发症。在这些病被揭晓之前，这些情况早已在医学文献中有描述了。

在关于染色体变态的课题上的大量研究工作已由许多国家的工作者完成。由克劳斯·帕托博士领导的一个威斯康星州大学的研究组一直在研究各种先天性变态，这些先天性变态通常包括智力发育迟缓，看来，这是由于一个染色体的部分倍增而引起的，仿佛是在一个胚胎细胞形成的时候，一个染色体被打碎了，而其碎片未能适当地重新分配。这种不幸可能会干扰胎儿的正常发育。

根据现有知识，一个完全多余的人体染色体的出现通常是致命的，它能阻止胎儿的生存。在这种情况下已知只有三种方式可以使胎儿继续生存，蒙古型畸形病当然是其中之一；另外，一个多余的附加染色体碎片的存在虽然会造成严重伤害，但不一定是致命的，根据威斯康星州研究者们的看法，这种情况可以很好地解释至今尚未被查清的一些病例的本质原因，在这些病例中，一个儿童带着复合的缺陷出生，这些缺陷通常包括智力发育迟缓。

到目前为止，科学家一直都是在关心与疾病和缺陷发育有关的染色体变态的鉴定工作，而不怎么深究其原因，这是研究工作的一个新课题。假定认为在细胞分裂过程中引起染色体古怪行为的染色体损伤应该由某个单独的因素来负责，这种想法是不妥的。然而，我们难道能够无视这样一个现实吗？——我们现在正使化学物质充满我们的环境，这些化学物质有能力直接打击染色体，并以精确的方式影响染色体，造成上述情况。为了得到一个不生芽的马铃薯或一个没有蚊子的院落，难道我们付出这样的代价不是过高了吗？

如果我们愿意的话，我们是能够减少对基因天性的这种威胁的；这种基因经过了约二十亿年的活原生质的进化和选择之后，方才进入我们的身体，这种基因仅在目前暂时属于我们，以后我们必将把它传给后代。我们现在竟不能保护基因的完整性。虽然化学物质的制造者们根据法律要求检验了他们产品的毒性，但是，法律却没有要求他们去检验这些化学物质对基因的确切影响，所以他们实际上也没有这样去做。

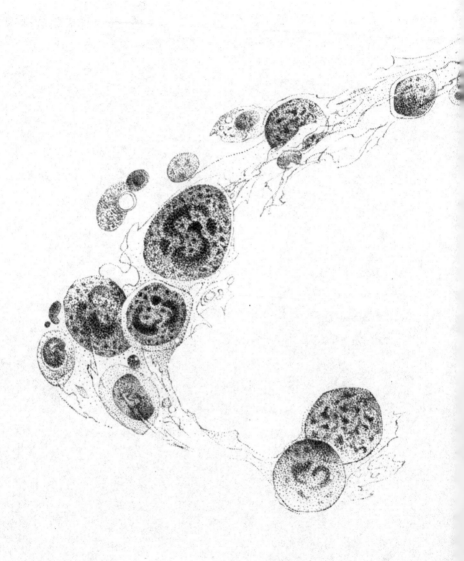

# 一四　每四个中有一个

生物反抗癌症的斗争由来已久，其起源因日久天长已经无法为人所知。不过最初的病因肯定是来自自然环境。在自然环境中，无论有何种生物居住，地球总是受到太阳、风暴和地球古代自然界所带来的各种或好或坏的影响。这个环境中的一些因素制造了灾难，面对这些灾难，生命要么就适应，要么就被淘汰。阳光中的紫外线可以造成恶性病变。从某些岩石中放出的射线也能如此，从土壤或岩石中冲刷出来的砷也能污染食物或饮水。

还在生命出现之前，环境中就已存在着这些敌对的因素；然而生命出现了，并且在经过几百万年之后，它已数量大增，种类繁多起来了。经过了那个属于大自然的、具有宽裕时间的时代，生命达到了与破坏力量相适应的状态；选择性地淘汰了那些适应能力差的物种，而只让那些最具有抵御能力的种类活下来了。这些自然致癌因子现在仍然是产生恶性病变的一种因素，然而它们现在已为数极少，并且对它们那种古老的作用方式，生命从一开始就已经习惯了。

随着人类的出现，情况发生了变化，因为人类不同于其他所有形式的生命，他能够创造产生癌症的物质，这些物质在医学术语上被称为致癌物。许多世纪以来，一些人造致癌物已成为环境的一部分。包含有芳烃的烟尘就是一例。随着工业时代的来临，我们的世界已变成了一个在不断加速变化的地方。自然环境正被人为环境迅速取代，而这个人为环境是由许多新的化学和物理因素所组成的，其中许多因素具有引起生物学变化的强大能力。人们至今还不能保护自己免受这些由人类自身活动所产生的致癌物的危害，这是由于人类的生物学遗传性进化缓慢，所以它需慢慢适应新的情况。其结果是，这些强大的致癌物就能够很容易地击破人体脆弱的防线。

癌症由来已久，但是我们对于癌症起因的认识一直进展迟缓，而且很不成熟。在将近两个世纪之前，伦敦的一个医生首先发现外部的或环境的因素可能引起恶性病变。一七七五年，帕尔齐法尔·波特先生宣称，在扫烟囱的人中普遍出现的阴囊癌肯定是与累积在他们体内的煤烟有关。他当时还不能提供我们今天所要求的那种"证据"，但是近代研究方法现在已将这种致死的化学物质从煤烟中分离出来了，并且证明了他的见解是正确的。

波特发现在人类环境中有某些化学物质通过多次皮肤接触、呼吸或饮食能引起癌症。在其发现后的一个多世纪内，这方面的认识并没有多少新的进展。确实，人们早已注意到在康沃尔和威尔士的铜冶炼厂、锡铸造厂里的暴露于砷蒸汽的工人中流行着皮肤癌。人们认识到，在萨克森的钴矿和波希米亚的乔其尔塞尔铀矿中的工人们患有一种肺部疾病，后来诊断是癌症。然而，这些都是矿区的现象；但在工业本身大规模发展之后，这些产物就侵入到了环境中的几乎每一个生命体内。

在十九世纪最后的二十五年中开始对起源于工业时代的恶性病变有所认识。大约当巴斯德正发现微生物是许多传染病病因的时候，另外一些人正在揭示癌症的化学病因——在萨克森的新兴褐煤工业和苏格兰页岩工业的工人中的皮肤癌与其他癌症的发生都是由于职业性地暴露于柏油和沥青。十九世纪末，已有六种工业致癌物为人所知，二十世纪产生了无数新的致癌化学物质，并且使广大群众与它们密切接触。在波特研究工作之后不到两个世纪期间，环境状况已发生了广泛性的变化。危险化学物质接触已不仅限于职业性的暴露；这些化学物质已进入了每个人生活的环境中——甚至包括孩子和至今尚未出生者。因而，现在我们看到这种恶性病在急剧增多是毫不奇怪的。

这种恶性病增多本身并不是一种主观臆想。一九五九年七月的人口统计办公室月报报道了包括淋巴和造血组织恶变在内的恶性病的增长情况，一九五八年的死亡率为百分之十五，而一九〇〇年仅为百分之四。根据这类疾病目前的发病率来判断，美国癌症协会预计现在活着的美国人有四千五百万个最终要得上癌症。也就是说每三个家庭中有两人要遭受恶性病的打击。

至于孩子中出现的这种情况更令人深感不安。二十五年前，在孩子中出现癌症被认为是医学上罕见的事。今天，死于癌症的美国学龄儿童比死于其他任何疾病的数目都多。情况已变得非常严重，因而波士顿建立了美国第一所治疗儿童癌症的医院。在一到十四岁年龄孩子的死亡总数中有百分之十二是由癌症引起的。大量的恶性肿瘤在临床上发现都是五岁以下的儿童。然而更加可怕的事是，这种恶性肿瘤在现有已出生或待产的婴儿中急剧增多。美国癌症研究所的 W·C·惠帕博士是一位最早的环境癌症权威，他指出，先天性癌症和婴儿癌症可能与母亲在怀孕期间暴露于致癌因素有关，这些致癌因素进入胎盘，并且作用于迅速发育的胎儿组织。实验证明，愈是年幼的动物，遭受致癌因素就愈容易得癌。佛罗里达大学的弗兰西斯·雷博士警告说："由于化学物质混入食物，今天的孩子们中间可能正在引发癌症……我们难以想象在一两代时间内将会出现什么样的后果。"

　　在这儿，与我们有关的一个问题是，在我们试图控制自然时所使用的化学物质中，究竟哪些对癌症的发生起着直接或间接的作用。依靠由动物实验得出的结论，我们将看到五种，也可能是六种农药必将肯定被定为致癌物。如果我们再把那些被某些医生认为会引起人类白细胞增多症的化学物质加上去，这一致癌物名单就会大大加长了。在这儿，结论是根据情况推测的，既然我们不能在人体上做试验，结论也只能如此；但这个结论仍然是令人难忘的。当我们把对活体组织或细胞具有间接致癌作用的那些化学物质也包括在内时，就会有更多一些的农药加入到这个清单中来。

　　与癌有关而最早使用的农药之一是砷，它以砷酸钠形式作为一种除草剂出现。在人体与动物中，癌与砷的关系由来已久。据惠帕博士在他的《职业性肿瘤》一书中说，有关暴露于砷的后果的一个奇怪的例子来自一篇有关此题目的专论。位于西里西亚的雷钦斯坦城，在几乎一千年的时期内，一直是个开采金、银矿的地方，并且几百年来一直也在开采砷矿。几个世纪以来，含砷废料堆积在矿井附近，山中流水经过时冲走了废料中所含的砷。地下水也被污染了，砷因而进入了饮用水。在几个世纪中，当地的许多居民染上一种疾病，后来称之为"雷钦斯坦病"，它是慢性砷作用，能引起肝、皮肤、消化和神经系统紊乱。恶性肿瘤经常与这种病同时发生。现在，雷钦斯坦病只具有历史意义了。因为那里二十五年以前已改用新水源，砷大部分已从水中清除掉了。同样，在阿根廷的科尔多瓦省，由于来自含砷岩层的饮用水已被污染，由此出现了一种引起砷皮肤癌的慢性砷中毒的地方病。

通过长期使用含砷杀虫剂来造成一种与雷钦斯坦和科尔多瓦相似的情况并不是件难事。在美国西北部的种植烟草地区和许多果园地区，以及在东部种植越橘的地区，那儿浸透了砷的土壤都很容易导致供水的污染。

一个受砷污染的环境不仅影响到人，同样影响到动物。一九三六年，一个很有意思的报告来自德国。在萨克森的弗莱堡附近，银和铅的冶炼厂向空气中排放出含砷气体，含砷气体飘向周围农村，并降落在植物上。根据惠帕博士报道，马、奶牛、山羊和小猪，它们当然都是以这些植物为食料的，它们都表现出毛发脱落和皮肤增厚。栖息在附近森林中的鹿有时也出现不正常的色素斑点和癌前期的疣肿。一个疣肿就是一个癌的明显的病变。不管是家饲的动物还是野生的动物都受到"砷肠炎、胃溃疡和肝硬变"的影响。放牧在冶炼厂附近的绵羊出现了鼻窦癌；当它们死去时，在其大脑、肝和肿瘤中化验出了砷。在这个地区，同样也有"大量昆虫死亡，特别是蜜蜂。下雨以后，雨水冲下了树叶上的含砷尘埃，并把它们一直带进小溪和池塘中，大量的鱼也死掉了"。


属于新型有机农药类的一种致癌物就是一种广泛用于对付蚁和扁虱的化学物质。这个农药的历史充分证明，尽管法律尽量给民众以保护，但为控制这种中毒情况而提出的法律诉讼进行得太慢，因而在判决前，民众却要多年暴露于一种已知的致癌物之中。从另一个观点来看，这个经过是很有意思的，它证明了要求民众接受的、今天看来是"安全得很"的东西，到明天就可能变得危险至极。

一九五五年，当这种化学物质被引进的时候，制造商就搞出了一个容许值，此容许值允许在用药的粮食作物中出现少量残毒。根据法律的要求，他已在实验动物身上用此化学物质做了实验，并且提交了他的实验结果。然而，食品与药品管理局的科学家们认为这些实验正好显示出这种化学物质可能具有致癌倾向，因此，该局的委员提出了一个"零容许值"，即在跨越州际运输的食物中，在法律上不允许出现任何残毒。不过，制造商有权上诉，因此这一案子被委员会重新审查。这个委员会做出了一个折衷决定：一方面确定容许值为百万分之一，另一方面让产品在市场上销售两年，在这段时间内进一步做实验以确定这种化学物质是否真是致癌物。

虽然该委员会没有这样说，但它的决定意味着民众必得扮演豚鼠的角色，和实验室的狗、老鼠一同去试验受怀疑的致癌物。不过动物实验很快就得出了结论，两年之后，就查清了这种灭蚁剂确实是一种致癌物，其残毒还污染着销售给民众的食物。甚至在这一情况下，一九五七年，食品与药品管理局仍不能立即废除这个已知致癌物的残毒容许值。第二年，进行各种法律程序又花了一年时间。最后，一九五八年十二月，食品与药品管理局委员会在一九五五年所提出的零容许值才开始生效。

这些绝不是仅有的致癌物。在实验室内对动物进行的试验中，滴滴涕产生出了可疑的肝肿瘤。曾经报道过发现肿瘤的那些食品与药品管理局的科学家们现在还没有把握对这些肿瘤进行分类，不过感到"把它们看作是一种低级的肝细胞癌肿是合理的"。惠帕博士现在给了滴滴涕一个明确的评价——"化学致癌物"。

属于氨基甲酸酯类的两种除草剂 IPC 和 CIPC 已被发现起着引起老鼠皮肤肿瘤的作用,其中一些肿瘤是恶性的。恶性病变似乎是由这些化学物质引起的,后来又可能受外界盛行的其他种类的化学物质作用,才促使病变全部形成。

除草剂氨基噻唑在实验动物身上已引起了甲状腺癌。一九五九年,这种化学物质被许多种植蔓越橘的人所滥用,于是在上市的一些浆果中出现了残毒。食品与药品管理局没收了被污染的橘子而引起了争论,在这一争论中,这种化学物质确实能产生癌症这一事实受到人们怀疑,其中甚至包括许多医学界人士。由食品与药品管理局所提出的科学事实清楚地表明了氨基噻唑对实验鼠类的致癌特性。当这些动物用含百万分之一百这种物质的饮水饲养时(即每一万匙水中加入一匙此化学物质),它们于第六十八个星期即开始出现甲状腺肿瘤。两年之后,在被检查的老鼠中有一半以上都出现了这种肿瘤,据诊断是各种良性与恶性肿瘤。这些肿瘤也可在更低的给药水平上出现——事实上,不曾发现有哪种不会引起肿瘤的给药水平。当然,没有人知道氨基噻唑达到何种水平时对人会成为一种致癌物,但是,正如哈佛大学的医科教授大卫·鲁茨特恩博士指出的,看来应当存在这样一个标准水平,这一水平看来不起眼,但却与人利害攸关。

到目前为止,还没有充分的时间去弄清楚新的氯化烃杀虫剂和现代除草剂的全部影响。大多数恶性病变发展得很缓慢,需要经过受害者一生中相当长一段时间之后才能表现出临床症状。在二十年代早期，那些在钟表表面涂发光料的女工们由于口唇接触毛刷而吞入了少量的镭；其中一些妇女在十五年或较长时间过去之后，得了骨癌。在十五至三十年或更长一段时期中，由于职业性与化学致癌物接触而发生的一些癌才得以表现出来。

与这些各种工业性致癌物相比，人在滴滴涕中的首次暴露日期大约是一九四二年（当时滴滴涕用于军事人员）和一九四五年（用于市民），直到五十年代早期，各种各样的化学农药才付诸应用。这些化学物质已经播下了各种恶变的种子，而这些种子的成熟期正在到来。

对大多数恶性病变来说，潜伏期很长是一个普遍现象，然而，这儿存在着一个现在已为人知的例外。这个例外是白细胞增多症。在原子弹爆炸之后仅仅三年，广岛的幸存者就开始出现白细胞增多症，当前没有理由认为还会有比这更短的潜伏期存在。也许迟早会发现其他类型的癌症有相对更短的潜伏期，但在目前，白细胞增多症看来是癌症发展极为缓慢的一般规律的一个例外。

在农药盛行的现代时期，白血病的发病率一直在稳步上升。从国家人口统计办公室得来的数字清楚地表明血液的恶性病变疾病在急剧增长。一九六〇年，仅白血病一项就有一万二千二百九十个受难者。死于所有类型的血液和淋巴恶性肿瘤的在一九五〇年有一万六千六百九十人，而在一九六〇年猛增到二万五千四百人。其死亡率由一九五〇年的十万分之十一点一增长到一九六〇年的十万分之十四点一。这种增长情况不仅在美国，其他所有国家的已登记的各种年龄的白血病死亡数都在以每年百分之四到五的比例在增长。这意味着什么呢？现在人们是否正日益地被暴露于某种或某些对我们环境来说是陌生的致毒因素之中呢？

　　许多像梅奥医院这样世界有名的机构已确诊患血液器官这类疾病的受害者已有几百人。在梅奥医院的血液科工作的马尔克姆·哈格里夫斯及其同事报道说，这些病人毫无例外地都曾暴露于各种有毒化学物质，其中包括喷洒含有滴滴涕、氯丹、苯、六氯化苯和石油蒸馏物的药剂。

　　哈格里夫斯博士相信，与使用各种各样有毒物质有关的环境疾病一直在增长，"尤其在最近十年中"。他根据自己广博的临床经验相信，"患有血液不良和淋巴疾病的绝大多数病人都曾有过暴露于包括现今大部分农药的各种烃类的引人注目的经历。一份仔细的病历几乎肯定会显示出这一关系"。这位专家现在拥有大量的、根据每个病人详细记录的病历，他注意到这些病例中有白血病、发育不良性贫血、霍金斯病及其他血液和造血组织的紊乱。他报告说："他们全都曾在这些环境致癌因素中充分地暴露过。"

　　这些病历说明什么呢？其中有一份是一个厌恶蜘蛛的家庭妇女的病例。八月中旬，她带着含滴滴涕和石油蒸馏物的空中喷洒剂进入自家的地下室。她彻底地喷洒了地下室。在楼梯下，在水果柜内，在所有围绕着天花板和橡子的被保护的地方，她都喷了药。当她喷完的时候，她开始感到很不舒服，感到恶心、极度烦躁、神经紧张。在以后几天内，她感到好一些了；然而，很明显，她没有想到她得病的原因；九月，她又重复了整个过程：又去喷了两次药，当她喷药期间，她病倒了，后来又暂时恢复了健康。当她第三次向空中喷药之后，新的症状出现了：发烧、关节疼痛和一些不适，一条腿得了急性静脉炎。经哈格莱维斯博士检查后，发现她得了急性白血病。第二个月她就死去了。

哈格里夫斯博士的另一个病人是一个专业人员，他在一所被蟑螂侵扰的古老建筑物里办公。由于这些昆虫使他感到困窘不安，他就自己动手采取了控制办法。他花了大半个星期天的时间去喷洒地下室和所有间隔地区。喷洒物是浓度为百分之二十五的、含有在甲基萘的溶液中以悬浮态存在的滴滴涕。他不一会儿就开始出现皮下出血和流血。他进入诊所的时候还在大出血。对他血液的研究表明，这是一个被称为发育不良性贫血的骨髓机能的严重衰弱。在以后的五个半月中，他除了其他治疗外，共接受了五十九次输血，他局部地恢复了健康，但大约九年之后，他得了致命的白血病。

在病历中涉及到农药的地方，那些最显眼的化学物质是滴滴涕、六氯化苯、六氯苯、硝基苯酚、普通的治蠹晶体对位二氯苯、氯丹，当然还有溶解这些药物的溶剂。正如一个医生所强调的，单纯地暴露于一个单一化学物质的情况与其说是个普通情况，还不如说是个特殊情况；因为这些商业产品通常都是含有多种化学物质的综合体，将这些化学物质制成悬浊液所用的石油分馏物中也夹杂有一些杂质。含有芳香族和不饱和烃的溶剂本身就可能是引起造血器官损害的主要因素。从农药实用的观点来看（而不是从医学观点来看），这一差别并不重要，因为这些石油溶剂毕竟是最普通的喷药操作中不可缺少的一部分。

在美国和其他国家的医学文献中记载着许多有意义的病例，这些病例使哈格里夫斯博士坚信，这些化学物质与白血病及其他血液病之间存在着因果关系。这些病例包括各种日常生活中的人们：如被自己的喷药设备或飞机喷的药物毒害的农民，一个在自己书房里喷药灭蚁后仍留在房中学习的学院学生，一个在自己家里安装了便携式高丙体六六六喷雾器的妇女，一个在喷过氯丹和毒杀芬的棉花地里工作的工人等。这些病历在专门医学术语的半遮掩之下隐藏着许多如下的人间悲剧。如在捷克斯洛伐克的两个表兄弟，这两个孩子住在同一城镇，并且总是在一起工作和玩耍。他们最后所从事的、也是最致命的一项工作是在一个联合农场里卸运成袋的杀虫剂（六氯联苯）。八个月之后，其中一个孩子病倒了，得了白血病，九天以后死去。就在这时，他的兄弟开始感到疲劳和发烧。三个月内，他的症状变得更加严重。最后他也住院了，诊断再次表明是急性白血病，而且再一次证明，这一疾病必然导致致命的结果。

另一个瑞典农民的病例使人奇怪地回想起金枪鱼渔船"福龙号"上的日本渔民洼山的情况。正像洼山一样，这个瑞典农民一直是个健康的人，他在陆地上苦心经营，就像洼山靠海洋为生一样。从天空飘洒下来的毒物给他们每人带来了一份死刑宣判书。前者是致毒的放射性微尘，后者是化学粉尘。这个农民用含有滴滴涕和六氯苯的药粉处理了大约六十英亩土地。当他工作时，阵阵清风把药粉的烟雾吹起，在他四周飘旋。当天晚上，他感到异常困倦，并在以后的几天中一直感到虚弱无力，同时背疼、腿疼，还感到发冷。他被迫上床休息，路德医务所的报告说："他的情况日益恶化，五月十九日（喷药后一星期）他要求住院治疗。"他发高烧，并且血液计数结果不正常。他被转送到路德医务所，并于患病两个半月之后在那儿死去。尸检结果发现他的骨髓已完全萎缩了。

像细胞分裂这样一个非常重要的正常运动过程竟然能够被改

变，这种现象是反常的，并具有破坏性，在当前已成为一个大问题，引起了无数科学家的重视，花掉的钱也不知有多少。在一个细胞内究竟发生了什么变化，使得细胞有规律的增长变成了不可控制的癌瘤胡乱增生？

如果将来得出答案的话，这些答案一定是多样的。正像癌症本身呈现出多种形态一样，因其病源、发展过程和控制其生长或转归的因素的不同，其出现形式也就各不相同；所以癌症必定会有相应的多种多样的病因存在。其中损害细胞的也许仅仅只是少数最基本的几种。在世界各处，广泛开展的研究有时完全不是作为一个癌症专业研究来进行的。在研究过程中，我们看到了朦胧的曙光，这曙光总有一天会把这个问题照亮。

我们又一次发现，仅仅对细胞及其染色体这些构成生命的最小单位进行观察，我们就能得到戳穿这些神秘之雾所必需的更多的资料。在这儿，在这个微观世界中，我们必须寻找那些用某种方式变更了细胞的奇妙作用机制并使其脱离正常状态的各种因素。

有关癌细胞起源的、令人难忘的一个理论是由一位德国生物化学家奥托·瓦尔堡教授提出来的，他在马克斯·普朗克细胞生理研究所工作。瓦尔堡将他整个一生都献给了细胞内氧化作用复杂过程的研究。由于他进行了广泛的基础研究，他对正常细胞如何变成癌细胞这一问题做出了一个引人重视的、清晰的解释。

瓦尔堡相信，无论放射性致癌物还是化学致癌物，都是通过破坏正常细胞的呼吸作用而剥夺了细胞的能量。这一作用可以由经常并重复地给与小剂量暴露而造成。这种影响一旦造成，就不可恢复了。那些在这种呼吸作用致毒剂的冲击下未被直接杀死的细胞将竭力去补偿已失去的能量。它们不再能继续进行那种产生大量 ATP 的、非凡而有效的循环了，于是它们就返回到一种原始的、效率极差的通过发酵作用进行呼吸的方式。借助于发酵作用而维持生存的斗争经常会继续一段很长时间。这种发酵呼吸方式通过以后细胞分裂而传递下去，所以后来产生的细胞全都具有这种非正常的呼吸方式了。一个细胞一旦失去了它正常的呼吸作用，它就不可能重新得到这种作用——在一年或一代，甚至许多代时间内都不能再得到这种作用。但是，在这种为恢复失去的能量而进行的激烈斗争中，这些存活下来的细胞开始一点儿一点儿地利用新产生的发酵作用来补偿能量。这就是达尔文的生存斗争，在这种斗争中只有最适宜的、适应性最强的生命体才能生存下去。最后，这些细胞达到了这样一种状态，在这种状态中发酵作用能够产生像呼吸作用一样多的能量。当达到此种境界时，可以说癌细胞已被从正常身体细胞中创造出来了。

瓦尔堡的理论阐明了其他方面令人迷惑的事情。大多数癌症的长潜伏期就是细胞无限大量分裂所需要的时间，在这段时间里，由于呼吸作用开始被破坏，发酵作用就逐渐增长起来。发酵作用要发展到占统治地位需要一定时间，由于在不同生物中发酵作用速度不同，因而在不同生物中所需时间也有变化：在鼠体内这个时间较短，所以癌在鼠身上很快出现；在人身上这一时间较长（甚至几十年），所以在人身上癌性病变的发展是十分缓慢的。

瓦尔堡的理论也解释了为什么在某些情况下反复摄入小剂量致癌物比单独一次大剂量摄入更为危险。一次大剂量中毒可以立即杀死细胞，然而小剂量却容许一些细胞存活下来，虽然这些存活细胞已处于一种受威胁的状态。这些存活细胞以后可以发展成为癌细胞。这就是为什么对致癌物来说不存在一个"安全"剂量的原因。

在瓦尔堡的理论中,我们也能找到对另外一个不可理解的事实的解释——同一个因素既能治疗癌症,也能引起癌症。众所周知,放射性就是这样,它既能杀死癌细胞,也能引起癌症。目前被用于抗癌的许多化学药物也确实如此。为什么?因为这两类因素都损害呼吸作用。癌细胞的呼吸作用本来已经受过损害,所以再加上一些危害,它就死了。而正常细胞的呼吸作用是第一次遭到损害,所以它不会被杀死,而是开始走上了一条最终可能导致癌变的道路。

一九五三年,另外一些研究者仅仅借助于在一个较长时期中断断续续地停止给正常细胞供氧,就能将它们转变为癌细胞;至此,瓦尔堡的思想就得到了证实。一九六一年,他的思想又一次得到证明,这一次不是用人工培养的组织,而是用活体动物的实验来证明的。放射性示踪物质被注射到患癌的老鼠体内,然后精心地测定了老鼠的呼吸作用,发现发酵作用的速度明显地高于正常状况,与瓦尔堡的预料正好相符。

用瓦尔堡所创立的标准来进行测定,大部分农药都达到了最厉害的致癌物的标准。正如我们在前几章中已经看到的,许多氯化烃、苯酚和一些除草剂都妨碍细胞中的氧化作用与能量产生作用。因此,它们可以创造出一些休眠癌细胞,在这种细胞中,一个不可逆转的癌变将会长期处于休眠状态而无法被发现,以致于最后当它的病因已被人长期遗忘、甚至不再被人怀疑的时候,这些细胞才以一个明显的癌症的形式出现在光天化日之下。

通向癌症的另一条道路可能是由染色体引起的。在这个领域内许多卓越的研究人员都带着疑虑的眼光看待危害染色体、干扰细胞分裂或引起突变的所有因素。在这些人的眼光中，任何突变都是一种潜在的致癌原因。虽然关于突变的争论常常涉及到可能在未来的几代中才能发现其影响的胚胎细胞的突变问题，但是身体细胞也同样存在着突变。根据癌起源于突变的理论，一个细胞在放射性或化学药物的作用下，也许可以发生突变，这个突变使得细胞摆脱了维护细胞正常分裂的机体控制作用，因而，这个细胞就可能以一种狂野的和不规律的形式而增殖起来。由于新细胞是这种分裂的产物，所以它们具有同样不受机体控制的能力，于是在足够长的时间内，这些细胞累积起来就形成了癌瘤。

其他研究者们指出了一个事实，即癌组织中的染色体是不稳定的，它们容易破裂或者受到损害；染色体的数量也是不正常的，甚至在一个细胞中会出现两套染色体。

首次对由染色体变态发展为真实癌变的全过程进行研究的研究者是阿尔伯特·黎凡和约翰·J·倍塞尔，他们在纽约的斯隆—凯特林癌症研究所工作。当考虑到恶性病变和染色体的破坏究竟谁先谁后的时候，这些研究者毫不犹豫地说："染色体的异常变化发生在恶性病变之前。"可能他们推测，在最初的染色体破坏和因此而造成的染色体不稳定性出现之后，需要有一段很长的时间让灾难和错误贯彻到许多代细胞中去(这就是恶性病变的很长潜伏期)，这段长时期使突变最终被集中累积起来，并使细胞摆脱控制而开始不规则的增生，这个增生就是癌。

欧几维德·温吉是染色体稳定性理论的早期倡导者之一，他感到染色体的倍增现象特别有意义。通过反复观察已知六氯苯及其同类高丙体六六六能引起实验植物细胞中染色体的倍增，而且这些化学物质与许多有可靠诊断证明的致命贫血症病例都有牵连，那么这两种情况之间是否有内在联系呢？在许多种农药中究竟是哪些农药干扰了细胞分裂、破坏了染色体并引起突变的呢？

很容易看出来为什么白血病应该是一种由于暴露于放射性或与放射性有相似作用的化学物质而引起的最普通疾病。物理或化学致变因子打击的主要目标是那些分裂作用特别旺盛的细胞。这包括了许多组织，不过最重要的是那些从事制造血液的组织。骨髓是人一生的红细胞的主要制造者，它每秒钟向人体血液中放出将近一千万个新的红细胞。白细胞以一种易变的、但仍然是巨大的速度形成于淋巴腺和一些骨髓细胞中。

某些化学物质使我们又想起了放射性产物锶90，这些化学物质对骨髓具有特殊的亲和性。苯是杀虫药溶剂中的通常组分，它进驻骨髓，并可以沉积在那儿长达二十个月之久。多年以来，在医学文献中苯本身已被确认为白血病的一个病因。

迅速生长的儿童身体组织也能提供一种最适宜于癌变细胞发展的条件。麦克华伦·伯内特先生指出，不仅白血病在全世界范围内正在增长，而且它已在三到四岁年龄组中变得极为普通了，而这个年龄的儿童并没有表现出其他高发疾病，据这位权威说："这种在三到四岁年龄之间所出现的白血病发病峰值除了用这些儿童在出生前后暴露于致变的刺激物来解释外，很难再找到其他解释了。"

另一种已知可引起癌症的致变物是尿脘。当怀孕的老鼠经这种化学物质处理后，不仅母鼠出现了肺癌，而且幼鼠也同样出现肺癌。在这一实验中，幼鼠暴露于尿脘的唯一可能机会是在出生前，这证明此化学物质必定通过了胎盘。正如惠帕博士曾警告过的，在暴露于尿脘及其有关化学物质的人群中，有可能由于出生前暴露于化学物质而在婴儿中引起肿瘤。

像氨基甲酸酯这样的尿脘在化学上与除草剂 IPC 和 CIPC 有关。不顾癌症专家们的警告，氨基甲酸酯已被广泛使用，不仅用作杀虫剂、除草剂、灭菌剂，而且还用在增塑剂、医药、衣料和绝缘材料等各种产品中。


通向癌症的道路也可能是间接的。有些物质一般来说不是致癌物，但它可以妨碍身体某些部分的正常功能，并由此引起恶性病变。有一些癌症可作为重要的例子，特别是生殖系统的癌症，它们的出现与性激素平衡被破坏有一定联系；在某些情况下，这些性激素的破坏反过来又引起一些后果，这些后果影响了肝脏保持这些激素正常水平的能力。氯化烃正好是这种类型的因素，因为所有氯化烃对肝脏在一定程度上都是有毒的，所以它能够招致这种间接的致癌作用。

当然，性激素在体内是可以正常存在的，并且起着一种与各种生殖器官有关的、必不可少的、刺激生长的作用。然而，身体具有一种长期建立起来的保护作用，以消除激素的多余累积，肝脏起着一种保持雄、雌性激素之间平衡的作用(不管是哪种性别都产生雄性激素和雌性激素，虽然数量比例不同)，肝脏可以阻止任何一种激素的过多累积。然而，如果肝脏受到疾病或化学物质危害，或如果维生素 B 供应不足，肝脏的上述功能就会被破坏。在这种状况下，雌性激素就会达到一个异常高的水平。

后果如何呢？至少在动物方面有大量的实验证据。其中一例如下，洛克菲勒医学研究所的一个研究人员发现，由于疾病而使肝脏受损的兔子表现出子宫肿瘤的高发病率，研究人员认为子宫肿瘤高发的形成是因为肝脏已不能再抑制血液中的雌性激素，以致于"最后这些肿瘤演化到癌变的水平"。对小鼠、大鼠、豚鼠和猴子的广泛实验表明，长期服入雌性激素，只需小剂量就能引起生殖器官组织的变化，"从良性蔓延变化到明显的恶性病变"。通过服入雌性激素，欧洲大鼠也诱发出肾脏肿瘤。

　　虽然在这个问题上存在着不同的医学观点，但大量证据支持这样一种观点，即同样的影响也会发生在人体组织中。麦克吉尔大学维多利亚皇家医院的研究人员发现他们所研究过的一百五十例宫癌中有三分之二提供了证据，证明体内雌性激素含量水平非常高。后来又有二十个病例，其中百分之九十都具有高动性的雌性激素。

　　虽然用所有现代医学的实验手段也检查不出肝脏有什么损害，但这个人仍可能已得了足以干扰消除雌性激素的肝损害。氯化烃很容易引起这种情况，如我们所知，氯化烃摄入量很低就引起了肝细胞的变化，它们也同样引起维生素 B 的损失。这一情况极为重要，因为其他环节的证据表明，这种维生素具有抵制癌症的保护作用。以后的 C・P・洛兹(他一度担任斯隆—凯特林癌症研究所所长)发现，暴露于一种非常强烈的化学致癌物的实验动物，如果喂给他们酵母———一种天然维生素 B 的丰富来源，它们就不会出现癌症。这种维生素的缺乏也被发现与口腔癌，可能还有消化道其他部分的癌相伴随。这一情况不仅在美国观察到了，而且在瑞典和芬兰遥远的北部地区也发现了，这些地方的日常食物通常缺少维生素。容易得早期肝癌的人群，例如非洲班图部落，他们是营养缺乏的典型例子。男性乳腺癌在非洲一些地方也占优势，此情况与肝病和营养不良有关。战后，希腊的男性乳腺癌的增多是饥饿时期的一种普通伴随物。

简言之，关于农药在癌症中的间接作用的讨论是由于已证实它们具有损害肝脏和减少维生素B供给的能力，这就导致了体内自生的雌性激素的增多，也就是说由身体本身产生了这些物质。现在还有大量各种的人工合成雌性激素正在加入到我们的环境中来，我们正日益严重地暴露在这些物质之中——它们存在于化妆品中、医药中、食物中和职业性暴露中。这种联合的影响是一件值得特别关注的事情。

人类对致癌化学物质（包括农药）的暴露是难以控制的，并且也是多种多样的。一个人可以通过许多不同的暴露途径摄入同一种化学物质。砷就是一个例子。它存在于许多具有不同形式的环境之中：作为空气污染物存在，作为水的污染物存在，作为食物残毒存在，作为医药存在，作为化妆品存在，作为木料防腐剂存在，或是作为油漆和墨水中的染料存在等等。十分可能的是，这些暴露方式中没有哪一种能单独使人类陷入恶性病变，——但是任何单独一种假定的"安全剂量"都可能使已经负载了许多其他种"安全剂量"的天平倾斜。

另外，人类的恶性病变也可以由两三种不同致癌物的共同作用所造成，因而存在着一个它们作用的综合影响。例如，一个暴露于滴滴涕的人几乎同时也暴露于烃类之中，这些烃类是作为溶剂、颜料展开剂、减速剂、干洗涤剂和麻醉剂而被广泛使用着。滴滴涕的"安全剂量"在这种情况下又有什么意义呢?

上述情况由于这样一个事实而变得更加复杂化,即一种化学物质可以作用于另一种化学物质而改变其作用效果。癌症有时需要两种化学物质相互影响才能发生,其中一种化学物质先使细胞或组织变得敏感,然后在另一种化学物质或促进因素的作用下细胞或组织才发生真正的癌变。这样,除草剂 IPC 和 CIPC 就在皮肤癌的发生中起了带头者的作用,它播下了癌变的种子,而当另外一些东西(也许是普通的洗涤剂)进入人体作用时,癌变就会在人体中发生。

更进一步说,在物理因素与化学因素之间也可能存在着相互作用。白血病的发生过程可能分为两个阶段,恶性病变的开始是由 X 射线引起的,而摄入的化学物质(如尿脘)则起了促进的作用。人群在各种来源的放射性中的暴露日益增加,再加上各种化学物质与人体的大量接触,这一切给现代世界提出了一个严峻的新问题。

放射性物质对供水的污染提出了另外一个问题。由于水中常包含着许多化学物质,那些成为水的污染物的放射性物质可以通过游离射线的撞击作用而活跃地改变水中这些化学物质的性质,使这些物质的原子以不可预测的方式重新排列组合而创造出新的化学物质来。

洗涤剂是一种特别普遍的污染物,现在成了一个公共供水中的麻烦问题,全美国的水污染专家们都在关心着它,但还没有实际可行的办法来处理它。现在人们几乎还不知道有什么洗涤剂是致癌物,但洗涤剂可能通过一种间接的方式促进癌变,它们作用于消化道内壁,使机体组织发生变化,以使这些组织更容易吸收危险的化学物质，从而加重了化学物质的影响。不过，谁能预见和控制这种作用呢？在这错综变幻的万花筒中，致癌物，除了"零剂量"，还有什么剂量是"安全"的呢？

我们容忍致癌因素在环境中存在，我们就要对它可能产生的危险负责。这一危险已经被当前发生的情况清楚地描绘出来了。一九六一年春天，在许多联邦的、州的和私人的鱼类产卵地，在虹鳟鱼中出现了一种肝癌流行病。在美国西部和东部地区的鳟鱼都受到了影响，超过三龄的鳟鱼实际上百分之百地得了癌症。之所以能得知这一发现，是由于全国癌症研究所环境癌症科和鱼类与野生生物管理局已事先在报告所有鱼类的肿瘤方面达成了一个协定，这样做的目的是为了能够由水质污染发出对人类癌症危险的早期警告。

尽管研究工作至今还在寻找在如此广阔地区发生这种流行病的确切原因，但最好的证据莫过于指出在事先准备好的鱼类产卵地的饵料中已存在着问题。这些饵料含有令人难以置信的各种化学添加物和医药，它们都混入了基本食料之中。

这个鳟鱼的事件从许多方面来看都有重要意义，但是最重要的一点是，它作为一个例子说明了当一个强烈的致癌物被引入环境时，将会发生什么事情。惠帕博士把这一流行病看作是一个前车之鉴，它警告人们必须把极大的注意力放在对数量巨大、种类繁多的环境致癌物的控制上面。他说："如果不采取这样的预防措施，那么在鳟鱼身上表现出来的这场灾难必将会与日俱增地在人类的未来出现。"

由于发现我们正生活在一个如一位研究者所称的"致癌物的汪洋大海之中"，这当然令人沮丧，并很容易使人产生绝望和失败的反应。一个普遍的反应是："这难道不是一个毫无希望的情况吗？""难道没有可能从我们这个世界上去尝试消除这些致癌因素吗？最好不要再浪费时间去进行试验了，干脆把我们的全部力量用于去发现治疗癌症的良药，这样不更好吗？"

这一问题提交给了惠帕博士，他在癌症研究方面多年来的卓越工作使得他的意见受人尊敬，他对这一问题深思熟虑了很长时间，他基于一生的研究和经验进行判断，并做出了一个全面的回答。惠帕博士认为，我们今天因癌症而造成的形势与十九世纪最后几年人类面临传染病时的形势非常相似。病源生物与许多疾病间的病因关系已被巴斯德和卡介的辉煌研究工作所确立。医学界人士、甚至一般公众在当时都逐渐醒悟到人类环境已被大量的、能够引起疾病的微生物所占据，正如今天致癌物蔓延到我们周围一样。大多数的传染性疾病现在已被置于适当的控制之下了，有些实际上已被消灭了。这一辉煌的医学成就是靠两面夹攻而实现的——既强调了预防，又强调了治疗。且不管"神奇药丸"和"起死回生灵药"在外行人头脑中占有多么突出的地位，实际情况是，在抵抗传染病的斗争中，真正具有决定性意义的大部分战役是由消灭环境中致病生物的措施组成的。一百多年前的伦敦霍乱大爆发是一个历史例证。一位名叫约翰·斯诺的伦敦医生把发病情况绘成了地图，他发现所有病例都发源于一个地区，这个地区的所有居民都从布罗德街上的同一个泵井里取水用。作为一个迅速、果断的预防医学行动，斯诺博士更换了那个泵井的把柄。该流行病由此就被控制住了——不是通过用一种药丸去杀死（当时尚未有人知道）引起霍乱的微生物，而是把它们排除于人类环境之外。甚至从治疗手段来看也是这样，减少传染病的病灶比治疗病人更能取得成效。现在结核病已相对比较稀少的原因主要是与这样一个事实有关，即一般人现在很少有机会去和结核病病菌相接触。

今天我们发现，世界上充满了致癌因素。将我们全部力量或大部分力量集中到治疗办法（甚至想能找到一种治愈癌的"良药"）的这种攻克癌症的战斗，根据惠帕博士的见解，将会是失败的，因为这种做法没有考虑到环境是致癌因素的最大的储存地，环境中的这些致癌因素继续危害新的牺牲者的速度将会超过至今还无从捉摸的"良药"能够制止癌症的速度。

以预防为主来与癌症斗争是一种常识性的办法，但为什么我们在采取这种办法的时候却总是这样迟缓呢？可能"是因为治疗癌症病人的目标比起预防癌症来更加激动人心，更加实在，更加引人注目和更加值得报酬吧"，惠帕博士这样说。然而，在癌症形成之前去预防癌症"确实是更为人道"，而且可能"比治疗癌症要有效得多"。惠帕博士几乎无法忍受一种满怀希望的想法，这种想法要求得到一种我们能在每天早饭前服用的神奇药丸，以保护我们免于癌症。公众之所以相信癌症能够这样被治好，其部分原因是出于一种误会，即误认为癌症是一种神秘的疾病，它是一种由单一原因引起的单一疾病，因而也满怀希望能有一种单一的治疗办法治好它。当然，这和人们已知的真理相去甚远。环境癌症就正好是由十分复杂的多种化学因素和物理因素所引起的，所以恶性病变本身就表现为多种不同的、在生物学上表现各异的形式。

假使有一天实现了这样一种期望已久的"突破"，也不可能指望它是一种能治疗所有类型恶性病变的万灵药。虽然这种对"良药"的寻找还会作为一种治疗手段继续下去,以挽救和治疗那些已经得上癌症的受难者;但是宣扬只要有个锦囊妙计,问题就会有立刻解决的希望是对人类的一个损害。这个问题的解决将会一步一步慢慢到来。正当我们将几百万美元倾倒到研究工作中时,正当我们把全部希望寄予发现医治已患癌症病人方法的大规模计划的时候,甚至当我们寻求治疗措施的时候,我们却可能忽视了进行预防的可贵机会。

征服癌症的工作决不是毫无希望的。从一个重要的方面来看,现在的前景比十九世纪末控制传染病时的情况更加鼓舞人心。当时世界上充满了致病细菌,正像今天世界上充满了致癌物一样。不过,当时的人们并不曾把病菌散布到环境中去,人们当时只是无意识地传播了这些病菌。与之相反,现代人们自己把绝大部分致癌物散布到环境中去,如果他们希望的话,他们就能够消除许多致癌物。在我们的世界上,致癌的化学因素已经通过两种途径建立了自己的掩体防线:第一,具有讽刺意味的是因为人们追求更好的、更轻松的生活方式;第二,因为制造和贩卖这样的化学物质已经变成我们的经济和生活方式中一个可接受的部分。

要想让所有化学致癌物现在或将来能够全部从世界上消灭掉,可能是不现实的。但是,相当大比例的化学致癌物决不是生活的必需品。随着这些致癌物的被消除,它们加给生命的总负荷量将会大大减轻,同时,每四个人中将有一个人发生癌症的威胁至少也会显著缓和下来。最顽强的努力应当用到消除这些致癌物上面去。它们现在正污染着我们的食物、我们的供水和我们的大气,并且这些致癌物是以最危险的接触方式——微量的、一年又一年反复进行暴露的方式出现的。

在进行癌症研究的最优秀的人们中间，有许多人与惠帕博士有共同的信念，他们都相信通过顽强的努力去查明环境致癌因素，并顽强地去消除或减少它们的冲击影响，恶性病变是可以有效地被征服的。为了医治那些已患潜在癌症或明显癌症的人们，寻找治疗方法的努力当然必须继续进行下去。但是，对于那些尚未患癌症的人们，当然还有对那些尚未出生的后代，进行预防已是迫在眉睫的事。

## 一五　　大自然在反抗

　　我们冒着极大的危险竭力把大自然改造得适合我们的心意，但却未能达到目的，这确实是一个令人痛心的讽刺。然而看来这就是我们的实际情况。虽然很少有人提及，但人人都可以看到的真实情况是，大自然不是这样容易被塑造的，而且昆虫也能找到窍门巧妙地避开人类用化学药物对它们的打击。

　　荷兰生物学家Ｃ·Ｊ·布里捷说：“昆虫世界是大自然中最惊人的现象。对昆虫世界来说，没有什么事情是不可能的；通常看来最不可能发生的事情也会在昆虫世界里出现。一个深入研究昆虫世界奥秘的人，他将会为不断发生的奇妙现象惊叹不已。他知道在这里任何事情都可能发生，完全不可能的事情也会经常出现。"

这种"不可能的事情"现在正在两个广阔的领域内发生。通过遗传选择，昆虫正在发生应变以抵抗化学药物，这一问题将在下一章进行讨论。不过现在我们就要谈到的一个更为广泛的问题是，我们使用化学物质的大举进攻正在削弱环境本身所固有的、阻止昆虫发展的天然防线。每当我们把这些防线击破一次，就有一大群昆虫涌现出来。

报告从世界各地传来，它们很清楚地揭示了一个情况，即我们正处于一个非常严重的困境之中。在彻底地用化学物质对昆虫进行了十几年控制之后，昆虫学家发现那些被他们认为已在几年前解决了的问题又回过头来折磨他们。而且还出现了新的问题，只要出现一种哪怕数量很不显眼的昆虫，它们也一定会迅速增长到严重成灾的程度。由于昆虫的天赋本领，化学控制已搬起石头砸了自己的脚。由于设计和使用化学控制时未曾考虑到复杂的生物系统，化学控制方法已被盲目地投入了反对生物系统的战斗。人们可以预测化学物质对付少数个别种类昆虫的效果，但却无法预测化学物质袭击整个生物群落的后果。

现今在一些地方，无视大自然的平衡成了一种流行的做法；自然平衡在比较早期的、比较简单的世界上是一种占优势的状态，现在这一平衡状态已被彻底地打乱了，也许我们已不再意识到这种状态的存在了。一些人觉得自然平衡问题只不过是人们的随意臆测，但是如果把这种想法作为行动的指南将是十分危险的。今天的自然平衡不同于冰河时期的自然平衡，但是这种平衡还存在着：这是一个将各种生命联系起来的复杂、精密、高度统一的系统，再也不能对它漠然不顾了，它所面临的状况好像一个正坐在悬崖边沿而又盲目蔑视重力定律的人一样危险。自然平衡并不是一个静止固定的状态；它是一种活动的、永远变化的、不断调整的状态。人也是这个平衡中的一部分。有时这一平衡对人有利。有时它会变得对人不利。当这一平衡受人本身的活动影响过于频繁时，它总是变得对人不利。

现代的人们在制定控制昆虫的计划时忽视了两个重要事实。第一是，对昆虫真正有效的控制是由自然界完成的，而不是人类。昆虫的繁殖数量受到限制是由于存在一种被生态学家们称为环境防御作用的东西，这种作用从第一个生命出现以来就一直存在着。可利用的食物数量、气候和天气情况、竞争生物或捕食性生物的存在，这一切都是极为重要的。昆虫学家罗伯特·麦特卡夫说："防止昆虫破坏我们世界安宁的最重大的一个因素，是昆虫在它们内部进行的自相残杀的战争。"然而，现在大部分化学药物被用来杀死一切昆虫，无论是我们的朋友还是我们的敌人都一律格杀勿论。

第二个被忽视的事实是，一旦环境的防御作用被削弱了，某些昆虫的真正具有爆炸性的繁殖能力就会复生。许多种生物的繁殖能力几乎超出了我们的想象力，尽管我们现在和过去也曾有过省悟的瞬间。从学生时代起我就记得一个奇迹：在一个装着干草和水的简单混合物的罐子里，只要再加进去几滴取自含有原生动物的成熟培养液中的物质，这个奇迹就会被做出来。在几天之内，这个罐子中就会出现一群旋转着的、向前移动的小生命——亿万个数不清的鞋子形状的微小动物草履虫。每一个小得像一颗灰尘，它们全都在这个温度适宜、食物丰富、没有敌人的临时天堂里不受约束地繁殖着。这种景象使我一会儿想起了使得海边岩石变白的藤壶已近在眼前，一会儿又使我想起了一大群水母正在游过的景象，它们一里一里地移动着，它们那看来无休止颤动着的鬼影般的形体像海水一样的虚无缥缈。

当鳕鱼游过冬季的海洋，经过长途迁徙到达它们的产卵地时，我们看到了大自然的控制作用是怎样创造奇迹的。在产卵地上，每条雌鳕产下几百万个卵。如果所有鳕鱼的卵都存活下来变成小鱼的话，这海洋就肯定会变成鳕鱼的固体团块了。一般来说，每一对鳕鱼产生几百万条之多的幼鱼，只有当这么多的幼鱼都完全存活下来发展成成鱼去顶替它们双亲的情况下，它们才会给自然界带来干扰。

生物学家们常持有一种假想：如果发生了一场不可思议的大灾难，自然界的抑制作用都丧失了，而有一个单独种类的生物却全部生存繁殖起来，那时将会发生什么事情。一个世纪之前，托马斯·赫胥黎曾计算过，一只单独的雌蚜虫(它具有不要配偶就能繁殖的稀奇能力)在一年时间中所能繁殖的蚜虫的总重量相当于一个世纪之前中国帝王时代的人口的总重量。

幸亏这种极端情况仅仅是在理论上才存在，但是这一由失常的大自然自己所造成的可怕结果曾被动物种群的研究者们所见识。畜牧业者消灭郊狼的热潮已造成了田鼠成灾的结果，而以前，郊狼是田鼠的控制者。在这方面，经常重演的那个关于亚利桑那的凯白勃鹿的故事是另外一个例子。有一个时期，这种鹿与其环境处于一种平衡状态。一定数量的食肉兽——狼、美洲豹和郊狼——限制着鹿的数量不超过它们的食物供给量。后来，人们为了"保存"这些鹿而发起一个运动去杀掉鹿的敌人——食肉兽。于是，食肉兽消逝了，鹿惊人地增多起来，这个地区很快就没有足够的草料供它们吃了。由于它们采食树叶，树木上没有叶子的地方也愈来愈高了，这时许多鹿因饥饿而死亡，其死亡数量超过了以前被食肉兽杀死的数量。另外，整个环境也被这种鹿为寻找食物所进行的不顾一切的努力而破坏了。

田野和森林中捕食性的昆虫起着与凯白勃地区的狼和山狗同样的作用。杀死了它们，被捕食的昆虫的种群就会汹涌澎湃地发展起来。

没有一个人知道在地球上究竟有多少种昆虫，因为还有很多的昆虫尚未被人们认识。不过，已经记录在案的昆虫已超过七十万种。这意味着，根据种类的数量来看，地球上的动物有百分之七十到八十是昆虫。这些昆虫的绝大多数都在被自然力量控制着，而不是靠人的任何干涉。如果情况真是这样，那么很值得怀疑的是，任何巨大数量的化学药物(或任何其他方法)怎么能压制住昆虫的种群数量。

糟糕的是，往往在这种天然保护作用丧失之前，我们总是很少知晓这种由昆虫的天然敌人所提供的保护作用。我们中间的许多人生活在世界上，却对这个世界视而不见，察觉不到它的美丽、它的奇妙和正生存在我们周围的各种生物的奇怪的、有时是令人震惊的强大能力。这就是人们对捕食昆虫和寄生生物的活动能力几乎一无所知的原因。也许我们曾看到过在花园灌木上的一种具有凶恶外貌的奇特昆虫，并且朦胧地意识到去祈求这种螳螂来消除其他昆虫。然而，只有当我们夜间去花园散步，并且用手电筒瞥见到处都有螳螂向着它的捕获物悄悄爬行的时候，我们才会理解我们所看到的一切；到那时，我们就会理解由这种凶手和受害者所演出的这幕戏剧的含义；到那时，我们就会开始感觉到大自然借以控制自己的那种残忍的压迫力量的含义。

捕食者——那些杀害和削弱其他昆虫的昆虫——是种类繁多的。其中有些是敏捷的，快速得就像燕子在空中捕捉猎物一样。还有些一面沿着树枝费力地爬行，一面摘取和狼吞虎咽那些不移动的像蚜虫一类的昆虫。黄蚂蚁捕获这些蚜虫，并且用它的汁液去喂养幼蚁。泥瓦匠黄蜂在屋檐下建造了柱状泥窝，并且用昆虫充积在窝中，黄蜂幼虫将来以这些昆虫为食。这些房屋的守护者黄蜂飞舞在正在吃料的牛群的上空，它们消灭了使牛群受罪的吸血蝇。大声嗡嗡叫的食蚜蝇，人们经常把它错认为蜜蜂，它们把卵产在蚜虫出没的植物叶子上；而后孵出的幼虫能消灭大量的蚜虫。瓢虫，又叫"花大姐"，也是一个最有效的蚜虫、介壳虫和其他吃植物的昆虫的消灭者。毫不夸张地讲，一只瓢虫可消耗几百只蚜虫，以燃起自己小小的能量之火，瓢虫需要这些能量去生产一群卵。

习性更加奇特的是寄生性昆虫。寄生昆虫并不立即杀死它们的宿主，它们用各种适当的办法去利用受害者作为它们自己孩子的营养物。它们把卵产在它们俘虏的幼虫或卵内，这样，它们自己将来孵出的幼虫就可以靠消耗宿主而得到食物。一些寄生昆虫把它们的卵用黏液粘贴在毛虫身上；在孵化过程中，出生的寄生幼虫就钻入到宿主的皮肤里面。其他一些寄生昆虫靠着一种天生伪装的本能把它们的卵产在树叶上，这样吃嫩叶的毛虫就会不幸把它们吃进肚去。

在田野上，在树篱笆中，在花园里，在森林中，捕食性昆虫和寄生性昆虫都在工作着。在一个池塘上空，蜻蜓飞舞着，阳光照射在它们的翅膀上，发出火焰般的光彩。它们的祖先曾经是在生活着巨大爬行类的沼泽中过日子的。今天，它们仍像古时候一样，用锐利的目光在空中捕捉蚊子，用它那形成一个篮子状的几条腿兜捕蚊子。在水下，蜻蜓的幼蛹（又叫"小妖精"）捕捉水生阶段的蚊子孑孓和其他昆虫。

在那儿，在一片树叶前面有一只不易察觉的草蜻蛉，它带着绿纱的翅膀和金色的眼睛，害羞地躲躲闪闪。它是一种曾在二叠纪生活过的古代种类的后裔。草蜻蛉的成虫主要吃植物花蜜和蚜虫的蜜汁，并且时时把它的卵都产在一个长茎的柄根，把卵和一片叶子连在一起。从这些卵中生出了它的孩子——一种被称为"蚜狮"的奇怪的、直竖着的幼虫，它们靠捕食蚜虫、介壳虫或小动物为主。它们捕捉这些小虫子，并把它们的体液吸干。在草蜻蛉循环不已的生命中，在当它们做出白色丝茧以度过其蛹期之前，每只草蜻蛉都能消灭几百只蚜虫。

许多蜂和蝇也有同样的能力，它们完全依靠寄生作用来消灭其他昆虫的卵及幼虫而生存。一些寄生卵极小的蜂类，由于它们的巨大数量和它们巨大的活动能力，它们制止了许多危害庄稼的昆虫的大量繁殖。

所有这些小小的生命都在工作着——在晴天时，在下雨时，在白天，在夜晚，甚至当隆冬严寒使生命之火被扑灭得只留下灰烬的时候，这些小生命仍一直在不间断地工作着。不过在冬天时，这种生气勃勃的力量仅仅是在冒着烟，它等待着当春天唤醒昆虫世界的时候，才重新闪耀出巨大活力。在这期间，在雪花的白色绒毯下面，在被严寒冻硬了的土壤下面，在树皮的缝隙中，在隐蔽的洞穴里，寄生昆虫和捕食性昆虫都找到地方躲藏起来以度过这个寒冷的季节。

在螳螂妈妈度过整个夏天之后，她产下卵并把它安全地贮放在一个被粘在灌木枝条上的薄羊皮纸样的小小匣子里。

一只在一些楼阁被人遗忘的角落里营造自己栖身之地的雌胡蜂在其身体内带有大量的卵，这些卵将形成未来的整个蜂群。这一只单独生活的雌蜂在春天时着手做一个小小的纸窝，在每个巢孔中产卵，并且小心地养育起一支小小的工蜂队伍。借助于工蜂的帮助，她得以扩大她的巢，并且发展她的蜂群。在整个夏天炎热的日子里，工蜂都在不停地找吃的，它们将把无以计数的毛虫消灭掉。

这样，由于存在着这样的昆虫生活特点和我们所需要的天然特性，所有这一切都一直是我们在保持自然平衡，使之倾向于对我们有利一面的斗争中的同盟军。但是，现在我们却把枪口转向了我们的朋友。一个可怕的危险是，我们已经粗心地忽视了它们在保护我们免受黑潮般的敌人的威胁方面的价值，没有它们的帮助，这些敌人就会猖獗起来，并危害我们。

杀虫剂数量逐年增大，种类增多，毁坏力加强；随之，环境防御能力的全面持续降低正在日益明显地变成无情的现实。随着时间的流逝，我们可以预料昆虫的骚扰会逐渐严重起来，有的种类传染疾病，有的种类毁坏农作物，其种类之多将超出我们已知的范围。

"然而，这不过是纯理论性的结论吧?"你会问，"这种情况肯定不会真正发生——无论如何，在我这一辈子将不会发生。"

但是，它正在发生着，就在这儿，就在现在。科学期刊已经记载下了在一九五八年约五十例自然平衡的严重错乱。每一年都有更多的例子发现。对这一问题进行的一次近期回顾，参考了二百一十五篇报告和讨论，它们都是谈论由于农药所引起的昆虫种群平衡的灾害性失常的。

有时喷洒化学药物后，那些本来想通过喷药来加以控制的昆虫反而惊人地增多起来。如安大略的黑蝇在喷药后，其数量比喷药前增加了十六倍。另外，在英格兰，随着喷洒一种有机磷化学农药而出现了白菜蚜虫的严重爆发——这是一种没有见过类似记载的大爆发。

在另外几次喷药中，虽然有理由认为它们在对付要控制的那种昆虫方面是有效的，但它们却使得整个盛放灾害的潘多拉盒子被打开了，盒子中的害虫以前从来没有多到足以引起这么大的麻烦。例如，当滴滴涕和其他杀虫剂将蜘蛛螨的敌人杀死之后，这种蜘蛛螨已实际变成一种遍布全世界的害虫了。蜘蛛螨不是一个昆虫种类，它是一种有着几乎看不出来的八条腿的生物，与蜘蛛、蝎子和扁虱属于一类。它有一个适应于刺入和吮吸的口器和摄食使世界变绿的叶绿素的胃口。它把自己细小、尖锐的口器刺入叶子和常绿针叶的外层细胞，并且抽吸叶绿素。这种害虫的缓慢蔓延使得树木和灌木林染上了像椒盐那样黑白相间的杂色点;由于带着沉重的蜘蛛螨群体，叶簇转黄而陨落。

几年前，在美国西部一些国家森林区曾经发生过这样的事情。

当时（一九五六年）美国林业部对约八十八万五千英亩的森林地喷洒了滴滴涕。原来的意图是想消灭针枞树的菩蕾蠕虫，然而那年夏天却发现产生了一个比菩蕾蠕虫危害更糟糕的问题。从空中对这片森林进行了观察，可以见到巨大面积的森林枯萎了，雄伟的道格拉斯枞树正在变成褐色，它们的针叶也掉落了。在赫勒纳国立森林区和大带山的西坡上，还有在蒙大拿和沿爱达荷的其他区域中，那儿的森林看起来就好像已被烧焦一样。很明显，一九五七年的这一夏天带来了历史上最严重和最惊人的蜘蛛螨的蔓延。几乎所有被喷过药的土地都受到了虫害的影响。没有什么地方比这儿受灾更明显了。护林人回顾历史，他们想起了另外几次蜘蛛螨造成的天灾，但都不像这次给人印象如此深刻。一九二九年前在黄石公园中的麦迪逊河沿岸，一九四九年在佛罗里达州，还有一九五六年在新墨西哥，都曾发生过类似的麻烦。每一次害虫的爆发都是跟随在用杀虫剂喷洒森林之后而来的。（一九二九年的那次喷药是在滴滴涕时代之前，当时使用的是砷酸铅。）

为什么蜘蛛螨会因使用杀虫剂而变得更加兴旺？除了蜘蛛螨相对地对杀虫剂不敏感这一明显的事实而外，看来还有两个其他的原因。在自然界，蜘蛛螨的繁殖受到了许多种捕食性昆虫的制约，如瓢虫、一种五倍子蜂、食肉螨类和一些掠食性臭虫，所有这些虫子都对杀虫剂极为敏感。第三个原因必须到蜘蛛螨群体内部的数量压力上去寻找。一个不构成灾害的螨群体是一个稠密的、定居下来的集团，它们拥挤在一个躲避敌人的保护带中。在喷药之后，这个群体就解散了，这时螨虫虽未被化学药物杀死，但却受了刺激，它们溃散开，去寻找它们能安身的地方。当发生这种情况时，螨虫就发现了有比在从前的集团中能得到多得多的空间和食物。螨虫的敌人死了，螨虫没有必要再花费它们的能量去维持那神秘的保护带了。它们就集中能量进行大量繁殖。它们的产卵量能增加三倍，这是不寻常的——这一切都得益于杀虫剂的效果。

在弗吉尼亚的赛南多山谷一个有名的苹果种植区中，当滴滴涕开始代替砷酸铅时，一大群被叫做红带叶鸽的小昆虫就发展起来，变成了种植者们的一种灾难。它的危害过去从来没有这样严重过；这种小强盗索取的买路钱很快就增长到要人们付出百分之五十的谷物；另外，在这个地区以及美国东部和中西部的大部分地区，随着滴滴涕使用量的增加，它很快变成了苹果树最有毁坏性的害虫。

这一情况饱含讽刺。四十年代后期在新斯科舍省苹果园中，鳕蛾(引起"多虫苹果")的最严重蔓延出现在这个反复喷药的果园里。而在未曾喷药的果园里，这种蛾并不曾多到足以造成真正的麻烦。

积极喷药在苏丹东部得到了一个同样不满意的报应，那儿的棉花种植者对滴滴涕有一个痛苦的经验。在盖斯三角洲的大约六万英亩棉田一直是靠灌溉生长的，当滴滴涕的早期试验得到明显的良好结果时，喷药就加强了。但这就是以后麻烦的开始。棉桃蠕虫是棉花的最有破坏性的敌人之一。但是，棉田愈喷药，棉桃蠕虫出现得就愈多。与喷过药的棉田相比，未喷药的棉田的棉桃和成熟的棉朵所遭受的危害较小，而且在两次喷药的田里，棉籽的产量明显地下降了。虽然一些吃叶子的昆虫被消灭了，但任何可能由此而得到的利益也全部被棉桃蠕虫的危害抵消了。最后，棉田种植者才不愉快地恍然大悟，如果他们不给自己找麻烦，不去花钱喷药的话，他们的棉田本来是可以得到更高的产量的。

在比属刚果和乌干达，大量使用滴滴涕对付咖啡灌木害虫的后果几乎是一场"大灾大难"。害虫本身几乎完全没有受到滴滴涕的影响，而它的捕食者都对滴滴涕异常敏感。

在美国，由于喷药扰乱了昆虫世界的群体动力学，农民田里的害虫愈来愈猖狂。最近所执行的两个大规模喷药计划正好取得了这样的后果。一个是美国南部的捕灭火蚁计划，另一个是为了消灭中西部的日本甲虫。（参见第一〇章和第七章）

一九五七年在路易斯安那州的农田里大规模使用七氯后，其结果使甘蔗的一种最凶恶的敌人——甘蔗穿孔虫得到解放。在七氯处理过后不久，穿孔虫的危害就急剧增长起来。旨在消灭火蚁的七氯却把穿孔虫的天敌们杀掉了。甘蔗如此严重地被毁坏，以致农民们都要去控告路易斯安那州政府，因为该州没有对这种可能发生的后果提前发出警告。

伊利诺伊州的农民也得到一次同样惨痛的教训。为了控制日本甲虫，狄氏剂的破坏性喷液被施用于伊利诺伊州东部的农田，而后农民们发现谷物穿孔虫在处理过的地区大量增长起来。事实上，在施药地区的谷物所生长的田野里，这种昆虫的破坏性幼虫的数量相当于其他地区的两倍以上。那些农民可能还不知道所发生的事情的生物学原理，不过他们并不需要科学家来告诉他们一个事实，即他们已经买了高价货。他们企图尝试摆脱一种昆虫，但为自己带来了另一个危害严重得多的虫灾。根据农业部预计，日本甲虫在美国所造成的全部损失总计约为每年一千万美元，而由谷物穿孔虫所造成的损失可达八千五百万美元。

值得注意的是，人们过去一直是在很大程度上依靠着自然力量来控制谷物穿孔虫的。在这种昆虫于一九一七年被意外地从欧洲引入之后的两年中，美国政府就开始执行一个收集和进口这种害虫的寄生生物的得力计划。从那时起，二十四种以谷物穿孔虫为宿主的寄生生物以一个可观的代价由欧洲和东方引入美国。其中，有五种被认为具有独立控制穿孔虫的价值。无需多说，所有这些工作所取得的成果现在已受到了损害，因为这些进口的谷物穿孔虫的天敌已被喷药杀死了。

如果有人怀疑这一点，请考虑加利福尼亚州柑橘丛树的情况。在加利福尼亚，十九世纪八十年代出现了一个世界最著名和最成功的实行生物学控制例子。一八七二年，一种以橘树树汁为食料的介壳虫出现在加利福尼亚，并且在随后的十五年中发展成了一种有如此巨大危害的虫灾，以致于许多果园的水果收成丧失殆尽。年轻的柑橘业受到了这一灾害的威胁。当时许多农民丢弃并拔掉了他们的果树。后来，由澳大利亚进口了一种以介壳虫为宿主的寄生昆虫，这是一种被称为维达里亚的小瓢虫。在首批瓢虫货物到达仅两年之后，加利福尼亚所有长橘树地方的介壳虫已完全置于控制之下。从那时起，一个人在橘树丛中找几天也不会再找到一只介壳虫了。

然而到了二十世纪四十年代，这些柑橘种植者开始试用具有魔力的新式化学物质来对付其他昆虫。由于使用了滴滴涕和其他随后而来的更为有毒的化学药物，加利福尼亚许多地方的小瓢虫群体便被扫地出门了，虽然政府过去为进口这些瓢虫曾花费了近五千美元。这些瓢虫的活动为果农每年挽回几百万美元，但是由于一次欠考虑的行动就把这一收益一笔勾销了。介壳虫的侵扰迅速卷土重来，其灾害超过了五十年来所见过的任何一次。

在里沃赛德的柑橘试验站工作的保罗·迪白克博士说："这可能标志着一个时代的结束。"现在，控制介壳虫的工作已变得极为复杂化了。小瓢虫只有通过反复放养和极其小心地安排喷药计划才能够尽量减少它们与杀虫剂的接触而存活下来。且不管柑橘种植者们怎么干，他们总要多多少少对附近土地的主人们发点慈悲，因为杀虫剂的飘散可能给邻居带来严重灾害。

所有这些例子谈的都是侵害农作物的昆虫，而带来疾病的那些昆虫又怎么样呢？这方面已经有了不少警告。一个例子是在南太平洋的尼桑岛上，第二次世界大战期间，那儿一直在大量地进行喷药，不过在战争快结束的时候喷药就停止了。很快，大群传染疟疾的蚊子重新入侵该岛，当时所有捕食蚊子的昆虫都已被杀死了，而新的群体还没来得及发展起来，因此蚊子的大量爆发是极易想见的。马歇尔·莱尔德描述了这一情景，他把化学控制比做一个踏车；一旦我们踏上，因为害怕后果我们就不能停下来。

世界上一部分疾病可能以一种很独特的方式与喷药发生关系。有理由认为，像蜗牛这样的软体动物看来几乎不受杀虫剂的影响。这一现象已被多次观察到。在佛罗里达州东部对盐化沼泽喷药所造成的、通常的大量生物死亡中，唯有蜗牛幸免（参见第一四四页）。这种景象如同人们所描述的是一幅可怖的图画——它很像是由超现实主义画家的画笔创作出来的那种东西。在死鱼和气息奄奄的螃蟹身体中间，蜗牛在一边爬动着，一边吞食着那些被致命毒雨害死的受难者。

然而，这一切有什么重要意义呢？这一现象之所以重要，是因为许多蜗牛可以作为许多寄生性蠕虫的宿主，这些寄生虫在它们的生活循环中，一部分时间要在软体动物中度过，一部分时间要在人体中度过。血吸虫就是一个例子，当人们在喝水或在被感染的水中洗澡时，它可以透过皮肤进入人体，引起人的严重疾病。血吸虫是靠钉螺宿主而进入水体的。这种疾病尤其广泛地分布在亚洲和非洲地区。在有血吸虫的地方，助长钉螺大量繁殖的昆虫控制措施似乎总是导致严重的后果。

当然，人类并不是钉螺所引起的疾病的唯一受害者。牛、绵羊、山羊、鹿、驼鹿、兔和其他各种温血动物中的肝病都可以由肝吸虫引起，这些肝吸虫的生活史有一段是在淡水钉螺中度过的。受到这些蠕虫传染的动物肝脏不适宜再作为人类食物，而且通常要被没收销毁。这种损失每年要浪费美国牧牛人大约三百五十万美元。任何引起钉螺数量增长的活动都会明显地使这一问题变得更加严重。

在过去的十年中，这些问题已投下了一个长长的暗影，然而我们对它们的认识却一直十分缓慢。大多数有能力去钻研生物控制方法并协助付诸实践的研究者们，却一直过分地在实行化学控制的更富有刺激性的小天地中操劳。一九六○年报道，在美国仅有百分之二的经济昆虫学家在从事生物控制的现场工作，其余百分之九十八的主要人员都被聘去研究化学杀虫剂。

情况为什么会这样？一些主要的化学公司正在把金钱倾倒到大学里以支持在杀虫剂方面的研究工作。这种情况产生了吸引研究生的奖学金和有吸引力的职位。而在另一方面，生物控制研究却从来没有人捐助过——原因很简单，生物控制不可能许诺给任何人那样一种在化学工业中出现的运气。生物控制的研究工作都留给了州和联邦的职员们，在这些地方的工资要少得多了。

这种状况也解释了这样一个不那么神秘的事实，即某些杰出的昆虫学家正在领头为化学控制辩护。对他们中某些人的背景进行的调查披露，他们的全部研究计划都是由化学工业资助的。他们的专业威望、有时甚至他们的工作本身都要依靠化学控制方法的永世长存。毫不夸张地说，难道我们能期待他们去咬那只给他们喂食物的手吗？

在为化学物质成为控制昆虫的基本方法的普遍欢呼声中，偶尔有少量研究报告被少数昆虫学家提出，这些昆虫学家没有无视这一事实，即他们既不是化学家，也不是工程师，他们是生物学家。

英国的 Ｆ·Ｈ·雅各布声称："许多被称为经济昆虫学家的人的活动可能会使人们认为，他们这样干是由于他们相信拯救世界就要靠喷雾器的喷头……人们还相信，当那些昆虫学家引起了害虫再生、昆虫抗药性或哺乳动物中毒的问题之后，化学家将会再发明出另外一种药物来治理。现在人们还认识不到最终只有生物学家才能为根治害虫问题给出答案。"

新斯科舍省的 Ａ·Ｄ·皮凯特写道："经济昆虫学家必须意识到，他们是在和活的东西打交道……，他们的工作必须要比对杀虫剂进行简单试验或对强破坏性化学物质进行测定更为复杂一些。"皮凯特博士本人是创立控制昆虫合理方法的研究领域中的一位先驱者，这种方法充分利用了各种捕食性和寄生性昆虫。

皮凯特博士大约在三十五年前，在新斯科舍省的安纳波利斯山谷的苹果园中开始了他的研究工作，这个地方一度是加拿大果树最集中的地区。那时候，人们相信杀虫剂（当时只有无机化学药物）是能够解决昆虫控制问题的，人们相信唯一要做的事是向水果种植者们介绍如何遵照所推荐的办法使用杀虫剂。然而，这一美好的憧憬却未能实现。不知为什么，昆虫仍在活动。于是，又投入了新的化学物质，更好的喷药设备也被发明出来了，并且对喷药的热情也在增长，但是昆虫问题并未得到任何好转。后来，人们又说滴滴涕能够"驱散"鳕蛾爆发的"噩梦"；但实际上，由于使用滴滴涕却引起了一场史无前例的螨虫灾害。皮凯特博士说："我们只不过是从一场危机进入另一场危机，用一个问题换来了另一个问题。"

然而在这一方面，皮凯特博士和他的同事们闯出了一条新的道路，他们抛弃了其他昆虫学家还在遵循的那条老路；在那条老路上，昆虫学家还继续跟在变得愈来愈毒的化学物质的鬼火的屁股后面跑。皮凯特博士及其同事认识到他们在自然界有一个强有力的盟友，他们设计了一个规划，这个规划最大限度地利用了自然控制作用，并把杀虫剂的使用压缩到了最小限度。必须使用杀虫剂时，也把其剂量减低到最小量，使其足以控制害虫而不至于给有益的种类造成不可避免的伤害。计划内容中也包括选择适当的喷药时机。例如，如果在苹果树的花朵转为粉红色之前而不是在之后去喷施尼古丁硫酸盐，一种有重要作用的捕食性昆虫就能保存下来，可能这是因为在苹果花转为粉红色之前它还在卵中未孵出。

皮凯特博士特意仔细挑选那些对寄生昆虫和捕食性昆虫危害极小的化学药物。他说："如果我们在把滴滴涕、对硫磷、氯丹和其他新杀虫剂作为日常控制措施使用时，能够按照我们过去使用无机化学药物时所采用的谨慎方式去干，那么对生物控制感兴趣的昆虫学家们也就不会有那么大意见了。"他主要依靠"鱼尼汀"（来自一种热带植物地下茎的化学物）、尼古丁硫酸盐和砷酸铅，而不用那些强毒性的广谱杀虫剂，在某些情况下使用非常低浓度的滴滴涕和马拉硫磷（每一百加仑中一或两盎司——而过去常用一百加仑中一或两磅的浓度）。虽然这两种杀虫剂是当代杀虫剂中毒性最低的，但皮凯特博士仍希望进一步的研究能用更安全、选择性更好的物质来取代它们。

他们的那个规划进行得怎么样呢？在新斯科舍省，遵照皮凯特博士修订的喷药计划的果园种植者和使用强毒性化学药物的种植者一样，正在生产出大量的头等水果，另外，他们获得上述成绩其实际花费却比较少。在新斯科舍省的苹果园中，用于杀虫剂的经费只相当于其他大多数苹果种植区经费总数的百分之十到二十。

比得到这些辉煌成果更为重要的一个事实是，由新斯科舍省的昆虫学家们所执行的这个修改过的喷药计划是不会破坏大自然的平衡的。整个情况正在向着由加拿大昆虫学家Ｃ·Ｃ·尤里特十年前所提出的那个哲学观点的方向顺利前进，他曾说："我们必须改变我们的哲学观点，放弃我们认为人类优越的态度，我们应当承认我们能够在大自然实际情况的启发下发现一些限制生物种群的设想和方法，这些设想和方法要比我们自己搞出来的更为经济合理。"

## 一六　崩溃声隆隆

　　如果达尔文今天还活着，他一定会为昆虫世界在适者生存理论上所表现出的令人印象深刻的验证感到高兴和惊讶。在大力推行的化学喷洒的重压之下，昆虫种群中的弱者都被消灭掉了。现在，在许多地区和许多种类中，只有健壮的和适应能力强的昆虫才在反控制中活了下来。

　　近半个世纪以前，华盛顿州立大学的昆虫学教授Ａ·Ｌ·麦兰德问了一个现在看来纯粹是修辞时态上的问题："昆虫是否能够逐渐变得对喷药有抵抗力？"如果当时给麦兰德的回答看来是不清楚或太慢的话，那只是因为他的问题提出得太早了——他在一九一四年提出他的问题，而不是在四十年之后。在滴滴涕时代之前，当时使用无机化学药物的规模在今天看起来是极为谨慎的，但已到处都引起了那些经过喷药后存活下来的昆虫的应变。麦兰德本人也陷入桑·琼斯介壳虫的困扰之中，他曾花费了几年时间用喷洒硫化石灰称心如意地控制住了这种虫子；然而后来，在华盛顿的克拉克斯顿地区，这种昆虫变得很倔强——它们比在万那契和亚基马山谷果园时更难被杀死。

突然地，在美国其他地区的这种介壳虫似乎都有了同样一个主意：在果园种植者们勤勉地、大方地喷洒硫化石灰的情况下，它们都不愿意再死去了。美国中西部地区的几千英亩优良果园已被现在这种对喷药无动于衷的昆虫毁灭了。

然而，在加利福尼亚，一个长期为人们所推崇的方法——用帆布帐篷将树罩起来，并用氢氰酸蒸汽熏这些树——在某些区域开始产生令人失望的结果，这一问题被提到加利福尼亚柑橘试验站去研究，这一研究开始于一九一五年左右，并持续进行了四分之一世纪。虽然砷酸铅成功地对付鳕蛾已达四十年之久，但在二十年代这种蛾仍变成了一种有办法抵抗药物的昆虫。

不过，只有在滴滴涕和它的各种同类出现之后才将世界引入了真正的抗药性时代。任何一个人只要有点儿最简单的昆虫知识或动物种群动力学知识，是不应对下述事实感到惊奇的，即大约在很少几年中，一个令人不快的危险问题已经清楚地显现出来了。虽然人们慢慢地都知道昆虫具有对抗化学物质的能力，但看来目前只有那些与带病昆虫打交道的人们才觉悟到这一情况的严重性；大部分农业工作者还在兴高采烈地希望发展新型的和毒性愈来愈强的化学药物，虽然当前的困境正是由这种貌似有理的论据造成的。

人们为了认识昆虫抗药性现象曾付出了许多时间，但昆虫抗药性本身的产生却远远不要那么多时间。在一九四五年以前，仅知大约有十几种昆虫对滴滴涕出现以前的某些杀虫剂逐渐产生了抗性。随着新的有机化学物质及其广泛应用的新方法的出现，抗药性开始急速发展，于一九六〇年已有一百三十七种昆虫具有抗药性。没有一个人相信事情就到此为止了。在这个课题上现在已出版了不下一千篇技术报告。世界卫生组织在世界各地约三百名科学家的赞助下，宣布"抗药性现在是对抗定向控制计划的一个最重要问题"。著名的英国动物种群研究者查尔斯·艾尔通博士曾说过："我们正在听到一个可能发展成为巨大崩溃的早期的隆隆声。"

抗药性发展得如此之迅速，以致于有时在一个庆贺某些化学药物对一种昆虫控制成功的报告墨迹未干的时候，又不得不再发出另外一个修正报告了。例如在南非，牧牛人长期为蓝扁虱所困扰，单在一个大牧场中每年就有六百头牛因此死去。多年来，这种扁虱已对砷喷剂产生了抗药性。然后，又试用了六六六，在一个很短的时期内一切看来都很令人满意。早在一九四九年发布的报告声称，抗砷的扁虱能够很容易地被这种新化学物质所控制。但第二年，一个宣布昆虫抗药性又向前发展了的悲哀的通告不得不出版了。这一情况引起一个作家在一九五〇年的《皮革商业回顾》中这样评论道："像这样一些通过科学交流悄悄泄露出来的、只在对外书刊中占一个小小位置的新闻是完全有资格在报纸上登出一个同新原子弹消息一样大的标题的，如果这件事的重要意义完全为人们所了解的话。"

虽然昆虫抗药性是一个与农业和林业有关的事，但在公共健康领域中也引起了极为严重的不安。各种昆虫和人类许多疾病之间的关系是一个古老的问题。按蚊可以把疟疾的单个细胞注射进人的血液中，另一种蚊子可以传播黄热病，还有另外一些蚊子传播脑炎。家蝇并不叮人，然而却可以通过接触使痢疾杆菌玷污人类的食物，并且在世界许多地方起着传播眼疾的重要作用。疾病及其昆虫携带者（即带菌者）的名单中包括有传染斑疹伤寒的虱子，传播鼠疫的鼠蚤，传播非洲嗜睡病的萃萃蝇，传播各种发烧的扁虱，等等。

这些都是我们必将遇到的重要问题。任何一个负责任的人都不会认为可以不理睬这些虫媒疾病。现在我们面临一个问题：用正在使这一问题恶化的方法来解决这一问题究竟是否聪明，是否是负责任的呢？我们的世界已经听到过许多通过控制昆虫传染者来战胜疾病的胜利消息，但是我们的世界几乎没有听到这个消息的另外一面——失败的一面，这个短命的胜利现在有力地支持着这样一种情况，即作为我们敌人的昆虫，由于我们的努力实际上已经变得更加厉害了。甚至更糟糕的是，我们可能已毁坏了我们自己的作战手段。

杰出的加拿大昆虫学家 Ａ · Ｗ · Ａ · 布朗博士受聘于世界卫生组织去进行一个关于昆虫抗药性问题的广泛调查。在一九五八年出版的总结专题论文中，布朗博士这样写道："在向公共健康计划中引入强毒性人造杀虫剂之后还不到十年，主要的技术问题已表现为昆虫对这些曾用来控制它们的杀虫剂的抗药性的发展。"在他已发表的专论中，世界卫生组织警告说："现正在进行的对由节肢动物引起的如霍乱、斑疹伤寒、鼠疫这样一些疾病的劲头十足的进攻已经面临着一个严重退却的危险，除非这一新问题能够迅速被人们解决。"

这一倒退的程度如何？具有抗药性昆虫的名单现在实际上已包括了全部具有医学意义的各种昆虫。黑蝇、沙蝇和萃萃蝇看来还没有对化学物质产生抗药性。另一方面，家蝇和衣虱的抗药性现已发展到了全球的范围。征服疟疾的计划由于蚊子的抗药性而遇到困难。鼠疫的主要传播者东方鼠蚤最近已表现出对滴滴涕的抗性，这是一个最严重的进展。每个大陆和大多数岛屿都正在报告当地有许多种昆虫有了抗药性。

也许可以说，首次在医学上应用现代杀虫剂是在一九四三年的意大利，当时盟军政府用滴滴涕粉剂撒在大批的人身上，成功地消灭了斑疹伤寒。跟着，两年之后，为控制疟蚊进行了广泛的残留喷洒。仅在一年以后，一个麻烦的迹象就出现了，家蝇和蚊子开始对喷洒的药物表现出了抗药性。一九四八年，一种新型化学物质——氯丹作为滴滴涕的增补剂而被试用。这一次，有效的控制保持了两年；不过到一九五〇年八月，对氯丹具有抗性的蚊子也出现了，到了年底，所有家蝇如同蚊子一样看来都对氯丹有了抗性。新的化学药物一旦被投入使用，抗药性马上就发展起来了。近一九五一年底时，滴滴涕、甲氧七氯、氯丹、七氯和六六六都已列入失效的化学药物名单之中。同时，苍蝇却"多得出奇"。

在四十年代后期，同样一连串事件在撒丁岛循环重演。在丹麦，含有滴滴涕的药品于一九四四年首次被使用；到了一九四七年，对苍蝇的控制在许多地方已告失败。在埃及一些地区，到一九四八年时，苍蝇已对滴滴涕产生了抗性；用BHC取而代之，有效期也不过一年。一个埃及村庄突出地反映出了这一问题。一九五〇年，杀虫剂有效地控制住了苍蝇，而在同一年中，初期的死亡率就下降了将近百分之五十。次年，苍蝇对滴滴涕和氯丹已有抗药性，苍蝇的数量又恢复到原来的水平，死亡率也随之下降到了原先的水平。

在美国，一九四八年时田纳西河谷的苍蝇已对滴滴涕有了抗药性。其他地区也随之出现同样的情况。用狄氏剂来恢复控制的努力毫无成效，因为在一些地方，仅仅在两个月之内，苍蝇就获得了对这种药物的顽强抗性。在普遍使用了有效的氯化烃类之后，控制物又转向了有机磷类；不过在这儿，抗药性的故事再次上演。专家现在的结论是，"杀虫剂技术已不能解决家蝇控制问题，必须重新依靠一般的卫生措施"。

在那不勒斯对衣虱的控制是滴滴涕最早的、最出名的成效之一。在而后的几年中，与它在意大利的成功相媲美的是一九四五至一九四六年间的冬天在日本和朝鲜成功地消灭了危害约二百万人口的虱子。一九四八年西班牙防治斑疹伤寒流行病失败，通过这次失败，我们知道往后的工作困难重重。尽管这次实践失败，但有成效的室内实验仍使昆虫学家们相信，虱子未必会产生抗药性；但一九五〇至一九五一年间冬天在朝鲜发生的事件使他们大吃一惊。当滴滴涕粉剂在一批朝鲜士兵身上使用后，结果很不寻常，虱子反而更加猖獗了。当把虱子收集来进行试验时，发现百分之五的滴滴涕粉剂无法使它们的自然死亡率增加。由东京游民、伊塔巴舍收容所、叙利亚、约旦和埃及东部的难民营中收集来的虱子也得出了同样的试验结果，这些结果确定了滴滴涕对控制虱子和斑疹伤寒的无效。到了一九五七年，对滴滴涕有抗药性的虱子的所在国家的名单已扩展到包括伊朗、土耳其、埃塞俄比亚、西非、南非、秘鲁、智利、法国、南斯拉夫、阿富汗、乌干达、墨西哥和坦噶尼喀。在意大利最初出现的那种狂喜看来已真的暗淡下来了。

对滴滴涕产生抗性的第一种疟蚊是希腊的按蚊。一九四六年开始全面喷洒，并得到了最初的成功；然而到了一九四九年，观察者们注意到大批成年蚊子停息在道路桥梁的下面，而不呆在已经喷过药的房间和马厩里。蚊子在外面停息的地方很快地扩展到了洞穴、外屋、阴沟和橘树的叶丛和树干上。很明显，成年蚊子已经变得对滴滴涕有足够的耐药性，它们能够从喷过药的建筑物逃脱出来并在露天休息和恢复。几个月之后，它们能够呆在室内了，人们在房子里发现它们停歇在喷过药的墙壁上。

这是一个正在出现极严重情况的前兆。疟蚊对杀虫剂的抗性增长极快，这一抗性发展完全是由旨在消灭疟疾的房屋喷药计划本身的彻底性所创造出来的。在一九五六年，只有五种疟蚊表现出抗药性；而在一九六○年初其数量已由五种增加到了二十八种！其中包括在非洲西部、中美、印度尼西亚和东欧地区的非常危险的疟疾传播者。

在传播其他疾病的蚊子中，这一情况也正在重演。一种携带着与橡皮病等疾病有关的寄生虫的热带蚊子在世界许多地方已变得具有很强的抗药性。在美国一些地区，传播西方马疫脑炎的蚊子已经产生了抗药性。一个更为严重的问题与黄热病的传播者有关，在几个世纪中这种病都是世界上的大灾难。这种蚊子的抗药性的发展已出现在东南亚，而现在已是加勒比海地区的普通现象。

来自世界许多地方的报告表现了昆虫产生抗药性对疟疾和其他疾病的影响。在特利尼达，一九五四年的黄热病大爆发就是跟随在对传病媒介蚊子进行控制但因蚊子产生抗性而控制失败之后发生的。在印度尼西亚和伊朗，疟疾又活跃起来。在希腊、尼日利亚和利比亚，蚊子继续躲藏下来，并继续传播疟原虫。

通过控制苍蝇在佐治亚州所取得的腹泻病减少的成绩已在一年时间内付诸东流了。在埃及，通过暂时地控制苍蝇所得到的急性结膜炎的病情降低，在一九五〇年以后也不复存在了。

有一件事对人类健康来说并不太严重，但从经济价值来衡量却很令人头痛，那就是佛罗里达的盐化沼泽地的蚊子也表现出了抗药性。虽然这些蚊子不传染疾病，但它们成群地出来吸人血，从而使佛罗里达海岸边的广大区域成了无人居住区，直到控制——一个很难的而且是暂时性的控制实行之后，这一情况才有所改变；但是，这一成效很快就又消失了。

各处的普通家蚊都在产生着抗药性，这一事实应当使现在许多正定期进行大规模喷药的村庄停息下来。在意大利，以色列，日本，法国和包括加利福尼亚州、俄亥俄州、新泽西州和马萨诸塞州等美国部分地区，这种蚊子现在已对厉害的杀虫剂产生了抗性，在这些杀虫剂中应用最广泛的是滴滴涕。

扁虱又是一个问题。木扁虱是脑脊髓炎的传播者，它最近已产生了抗药性，褐色狗虱抵抗化学药物毒力的能力已经完全、广泛地固定下来了。这一情况对人类、对狗都是一个问题。这种褐色狗虱是一个亚热带种，当它出现在像新泽西州这样的大北方时，它必须生活在一个比室外温度暖和得多的建筑物里过冬。美国自然历史博物馆的约翰·C·帕利斯特于一九五九年夏天报告说，他的展览部曾接到许多来自西部中心公园邻居住家的电话，帕利斯特先生说："整所房屋常常传染上幼扁虱，并且很难除掉它们。一只狗会在中心公园偶然染上扁虱，然后这些扁虱产卵，并在房屋里孵化出来。

看来它们对滴滴涕、氯丹或其他大部分我们现在使用的药物都有免疫力。过去在纽约市出现扁虱是很不寻常的事，而现在它们已布满了这个城市和长岛，布满了韦斯切斯特，并蔓延到了康涅狄格。在最近五六年中，这一情况使我们特别注意。"

遍布于北美许多地区的德国蟑螂已对氯丹产生了抗药性，氯丹一度是灭虫者的得意武器，但现在他们只好改用有机磷了。然而，当前由于昆虫对这些杀虫剂逐渐产生抗性，这就给灭虫者提出了一个问题：下一步该怎么办？

由于昆虫抗药性的不断提高，防治虫媒疾病的工作机构现在不得不用一种杀虫剂代替另一种杀虫剂来应付他们所面临的问题。不过，如果没有化学家的创造发明来供应新药品的话，这种办法是不能无限地继续下去的。布朗博士曾指出：我们正行驶在"一个单行道"上，没有人知道这条街有多长；如果在我们到达这一死胡同的终点之前还没有控制住带病昆虫的话，我们的处境确实就很悬了。

对于害虫成灾的农作物来说，情况也是一样的。

对早期无机化学药物具有抗性的农业昆虫在名单上有十几种，现在应再加上另外一大群，这些昆虫都是对滴滴涕、BHC、六氯联苯、毒杀芬、狄氏剂、艾氏剂，甚至包括人们曾寄予重望的磷具有抗药性。一九六○年，具有抗药性的毁坏庄稼的昆虫已达六十五种。

在美国，农业昆虫对滴滴涕产生抗性的第一批例子出现在一九五一年，大约在首次使用滴滴涕六年之后。最难以控制的情况也许是与鳕蛾有关，这种鳕蛾实际上在全世界苹果种植地区现在已对滴滴涕产生了抗性。白菜昆虫中的抗药性正在成为又一个严重问题。马铃薯昆虫正在逃脱美国许多地区的化学药物控制。六种棉花昆虫、形形色色的吃稻木虫、水果蛾、叶蝗虫、毛虫、螨、蚜虫、铁线虫等许多其他虫子现在都对农民喷洒化学药物毫不在乎了。

化学工业部门现在不愿面对抗药性这一不愉快的事实，这也许是可以理解的。甚至到了一九五九年，已经有一百种主要昆虫对化学药物有明显抗性。这时，一家农业化学的主要刊物还在问昆虫的抗药性"是真的，还是想象出来的"。然而，当化学工业部门自负地回避这一现实时，这个昆虫抗药性问题并未简单地消失，它甚而给化学工业提出了一些不愉快的经济方面的事实。一个事实是用化学物质进行昆虫控制的费用正在不断增长。由于一种在今天看来可能是十分有前景的杀虫化学物质到了明天可能就会惨然失效，所以事先去大量贮备杀虫药剂已失去意义了。当这些昆虫用抗药性再一次证明了人类用暴力手段对待自然的无效时，用于支持和推广杀虫剂的大量投资可能就会取消了。当然，迅速发展的技术会为杀虫剂发明出新的用途和新的使用方法，但看来人们总会发现昆虫仍然安然无恙。

达尔文本人可能不会发现一个比抗药性产生过程更好的例子来证明自然选择的原理了。出生于一个原始种群的众多昆虫在身体结构、活动和生理学上会有很大的差异，而只有"顽强的"昆虫才能抵抗住化学药物的药力而活下来。喷药杀死了弱者，而使那些具备某些天生抗毒特性的昆虫存留下来。它们繁殖出的新一代将借助于简单的遗传性作用而获得先天的"顽强性"。这一情况不可避免地产生了这样一种结果，即用烈性化学药物进行强化喷洒只能使原先打算解决的问题更加糟糕。几代之后，一个单独由顽强的具有抗药性的种类所组成的昆虫群体就代替了一个原先由强者和弱者共同组成的混合种群。

昆虫借以抵抗化学物质的方法可能是在不断变化的，并且现在还完全不为人们所了解。有人认为一些不受化学喷药影响的昆虫是由于有利的身体构造，然而，看来在这方面几乎没有什么实际的证据。然而，一些昆虫种类所具备的免疫性从布利吉博士所做的那些观察中已清楚地表现出来了，他报告说在丹麦的斯普林佛比泉害虫控制研究所观察到大量苍蝇"在屋子里的滴滴涕中嬉戏，就像从前的男巫在烧红的炭块上欢跳一样"。

从世界其他地方都传来了类似的报告。在马来西亚的吉隆坡，蚊子第一次在非喷药中心区出现了对滴滴涕的抗性。当抗药性产生以后，可以在堆存的滴滴涕表面发现停歇着的蚊子，用手电筒可在近处很清楚地看见。另外，在台湾南部的一个兵营里所发现的具有抗药性的臭虫样品当时身上就带有滴滴涕的粉末。在实验室，将这些臭虫包到一块盛满了滴滴涕的布里去，它们生活了一个月之久；它们产了卵；并且生出来的小臭虫还长大、长胖了。

虽然如此，但昆虫的抗药性并不一定要依赖于身体的特别构造。对滴滴涕有抗性的苍蝇具有一种酶，这种酶可使苍蝇将滴滴涕降解为毒性较小的化学物质滴滴伊。这种酶只产生在那些具有滴滴涕抗性遗传因素的苍蝇身上。当然，这种抗性因素是世袭相传的。至于苍蝇和其他昆虫如何对有机磷类化学物质产生解毒作用，这一问题现在还不大清楚。

一些活动习性也可以使昆虫避免与化学药物接触。许多工作人员注意到具有抗药性的苍蝇喜欢停歇在未喷药的地面上，而不喜欢停在喷过药的墙壁上。具有抗药性的家蝇可能有稳定的飞行习性，总是停落在同一个地点，这样就大大减少了与残留毒物接触的次数。有一些疟蚊具有一种习性，可以尽少在滴滴涕中暴露，这样实际上即可免于中毒；在喷药的刺激下，它们飞离营棚，而在外面得以存活。

通常，昆虫产生抗药性需两到三年时间，虽然有时只要一个季度甚至更少的时间也会产生。在另外一个极端情况下，也可能需要六年之久。一种昆虫在一年中繁殖的代数是很重要的，是根据种类和气候的不同而有所增减。例如，加拿大苍蝇比美国南部的苍蝇抗药性发展得慢一些，因为美国南部有漫长、炎热的夏天适宜于昆虫高速繁殖。

有时人们会问一个满怀希望的问题："如果昆虫都能变得对化学毒物具有抗性，人类为什么不能也变得有抗药性呢？"从理论上讲，人类也是可能的；然而产生这种抗药性的过程需要几百年，甚至几千年，因而现在活着的人们就不必对人类的抗药性寄予什么希望了。抗药性不是一种在个体生物中产生的东西。如果一个人生下时就具有一些特性使他能比其他人更不易中毒的话，那么他就更容易活下来并且生子育孙。因而，抗药性是一种在一个群体中经过许多代时间才能产生的东西。人类群体的繁殖速度大约来说为每一世纪三代，而昆虫产生新一代却只需几天或几星期。

"昆虫给我们造成一定的损害，但我们是要多少忍受点呢，还是连续用尽各种方法使其消灭以求暂免受害呢？我看，在某些情况下，前者要比后者明智得多。"这是布里吉博士在荷兰任植物保护服务处指导者时提出的忠告："从实践中得出的忠告是'尽可能少

272

喷药'，而不是'尽量多喷药'……施加给害虫种群的喷药压力始终应当是尽可能地减少。"

不幸的是，这样的看法并未在美国相应的农业服务处中占上风。农业部专门论述昆虫问题的一九五二年《年鉴》承认了昆虫正在产生抗药性这一事实，不过它又说："为了充分控制昆虫，仍需要更频繁、更大量地使用杀虫剂。"农业部并没有讲如果那些未曾试用过的化学药物不仅能消灭世界上的昆虫，而且能够消灭世界上的一切生命，那么将会发生什么事情。不过到了一九五九年，也就是仅仅在这一忠告再次提出的七年之后，康涅狄格州的一个昆虫学家的话被引用在《农业和食物化学杂志》上，他指出最新药品仅对一两种害虫作最后的试用就上市了。

布里吉博士说：

更加清楚不过的是，我们正走上一条危险之路。……我们不得不准备在其他控制方面去开展大力研究，这些新方法必将是生物学的，而不是化学的。我们的意图是要尽可能小心地把自然变化过程引导到我们向往的方向上，而不是去使用暴力……。

我们需要一个更加高度理智的方针和一个更远大的眼光，而这正是我在许多研究者身上未看到的。生命是一个超越了我们理解能力的奇迹，甚至在我们不得不与它进行斗争的时候，我们仍需尊重它……依赖杀虫剂这样的武器来消灭昆虫足以证明我们知识缺乏，能力不足，不能控制自然变化过程，因此使用暴力也无济于事。在这里，科学上需要的是谦虚谨慎，没有任何理由可以骄傲自满。

## 一七　另一条道路

　　现在，我们正站在两条道路的交叉口上。这两条道路完全不一样，更与人们所熟悉的罗伯特·弗罗斯特诗中的道路迥然不同。我们长期以来一直行驶的这条道路使人容易错认为是一条舒适的、平

坦的超级公路，我们能在上面高速前进。实际上，在这条路的终点却有灾难等待着。这条路的另一条岔路——一条"人迹罕至"的岔路——为我们提供了最后唯一的机会让我们保住自己的地球。

归根结底，要靠我们自己做出选择。如果在经历了长期忍受之后我们终于坚信我们有"知道的权利"，如果我们由于认识提高而断定我们正被要求去从事一个愚蠢而又吓人的冒险，那么有人叫我们用有毒的化学物质填满我们的世界，我们应该永远不再听取这些人的劝告；我们应当环顾四周，去发现还有什么别的道路可使我们通行。

确实，需要有多种多样的变通办法来代替化学物质对昆虫的控制。在这些办法中，一些已经付诸应用并且取得了辉煌的成绩，另外一些正处于实验室试验的阶段，此外还有一些只是作为一个设想存在于富于想象力的科学家的头脑之中，在等待时机投入试验。所有这些办法都有一个共同之处：它们都是生物学的解决办法。这些办法对昆虫进行控制是基于对生物及其所依赖的整个生命世界结构的理解。在生物学广袤的领域中，各种有代表性的专家——昆虫学家、病理学家、遗传学家、生理学家、生物化学家、生态学家——都正在将他们的知识和他们的创造性灵感贡献给一个新兴科学——生物控制。

约翰·霍普金斯的生物学家卡尔·P·斯万森教授说："任何一门科学都好像是一条河流。它有着朦胧的、默默无闻的开端；有时在平静地流淌，有时湍流急奔；它既有枯竭的时候，也有涨水的时候。借助于许多研究者的辛勤劳动，或是当其他思想的溪流给它带来补给时，它就获得了前进的势头，它被逐渐发展起来的概念和归纳不断加深和加宽。"

从生物控制科学的现代情况来看，它的发展正与如上说法相符合。在美国，生物控制学于一个世纪之前就在朦胧中开始了，那时是为了首次尝试去控制已判明成为农民烦恼的天然有害昆虫，这种努力过去有时进展缓慢，或者完全停顿下来；但它不时地在突出成就的推动之下得到加速和前进的势头。当从事应用昆虫学工作的人们被四十年代的新式杀虫剂的洋洋大观搞得眼花缭乱时，他们曾丢弃了一切生物学方法，并把自己的双脚放在了"化学控制的踏车"上；这时候，生物控制科学的河流就处于干涸的时期，于是，为争取使世界免受昆虫之害的目标就渐渐远去了。现在，当由于漫不经心和随心所欲地使用化学药物已给我们自己造成了比对昆虫更大的威胁时，生物控制科学的河流由于得到新思想源泉的接济才又重新流淌起来。

一些最使人着迷的新方法是这样一些方法，它们力求将一种昆虫的力量转用来与昆虫自己作对——利用昆虫生命力的趋向去消灭它们自己。这些成就中最令人赞叹的是那种"雄性绝育"技术，这种技术是由美国农业部昆虫研究所的负责人爱德华·尼普林博士及其合作者们发明出来的。

约在二十五年前，尼普林博士由于提出了一种控制昆虫的独特方法而使他的同事们大吃一惊。他提出一个理论：如果有可能使很大数量的昆虫不育，并把它们释放出去，使这些不育的雄性昆虫在特定情况下去与正常的野生雄性昆虫竞争取胜，那么，通过反复地释放不育雄虫，就可能产生无法孵出的卵，于是这个种群就灭绝了。

对这个建议，官僚无动于衷，科学家怀疑，但尼普林博士坚持着。在将此想法付诸试验之前，有待解决的一个主要问题是需要发现一种使昆虫不育的实际可行的办法。从理论上讲，昆虫由于 X 射线照射而可能不育的事实从一九一六年就已为人知了，当时一位名叫 G·A·兰厄的昆虫学家曾报道了有关烟草甲虫的这种不育现象。二十年代末，荷曼·穆勒在 X 射线引起昆虫突变方面的开创性工作打开了一个全新的思想境界；到了本世纪中叶，许多研究人员都报道了至少有十几种昆虫在 X 射线或伽马射线作用下出现不育现象。

不过，这些都是室内实验，离实际应用还很遥远。在一九五〇年前后，尼普林博士开始做出极大努力将昆虫的不育性变成一种武器来消灭美国南部家畜的主要害虫——旋丽蝇。这种蝇将卵产在所有流血受伤动物的外露伤口上。孵出的幼虫是一种寄生虫，靠宿主的肉体为食。一头成熟的小公牛可以因严重感染，十天内死去，在美国因此而损失的牲畜价值估计每年达四千万美元。要估计野生动物的损失是困难的，不过损失肯定也是极大的。得克萨斯州某些区域鹿的稀少就是由于这种旋丽蝇幼虫。这是一种热带或亚热带昆虫，栖息于南美、中美和墨西哥，在美国它们通常局限在西南部。然而，在一九三三年前后，它们意外地进入了佛罗里达州，那儿的气候允许它们活过冬天并建立种群。它们甚而推进到亚拉巴马州南部和佐治亚州，于是东南部各州的家畜业很快就受到每年高达二千万美元的损失。

有关旋丽蝇幼虫的生物学的大量情报资料已在那几年中被得

克萨斯州农业部的科学家们收集起来了。一九五四年，在佛罗里达岛上进行了一些预备性现场实验之后，尼普林博士准备去进行更大范围的实验以验证他的理论。为此，与荷兰政府达成协议，尼普林到了加勒比海中的一个与大陆至少相隔五十海里的库拉索岛上。

一九五四年八月开始实验，在佛罗里达州的一个农业部实验室中进行培养和经过不育处理的旋丽蝇被空运到库拉索岛，并在那儿以每星期四百平方英里的速度由飞机洒放出去。产在实验公羊身上的卵群数量几乎是马上就开始减少了，就像它们增多时一样快。仅仅在这种撒虫行动开始之后的七个星期内，所有产下的卵都变成不育性的了。很快就再也找不到不管是不育的或正常的卵群了。旋丽蝇确实已从库拉索岛上被根除了。

这个库拉索岛美名远扬的成功实验激发了佛罗里达州牲畜养育者们的愿望，他们也想利用这种技术来使他们免受旋丽蝇的灾害，尽管在佛罗里达州困难相对比较大——其面积为小小的库拉索岛的三百倍；一九五七年，美国农业部和佛罗里达州联合为扑灭旋丽蝇的行动提供了基金。这个计划包括在一个专门建造的"苍蝇工厂"中每周生产大约五千万只旋丽蝇，包括利用二十架轻型飞机按预定的航线飞行，每天飞五到六个小时，每架飞机带一千个纸盒，每个纸盒里盛放二百到四百只用 X 光照射过的旋丽蝇。

一九五七到一九五八年间的冬天很冷，严寒笼罩着佛罗里达州北部，这对开始此项计划是个意想不到的良机，因为此时旋丽蝇的种群减少了，并且局限在一个小区域中。当时曾考虑需用十七个月时间来完成此项计划，要用人工养育三十五亿只旋丽蝇，将不能生育的飞蝇洒遍佛罗里达州及佐治亚和亚拉巴马地区。由旋丽蝇引起的动物伤口传染最后一次可能是发生在一九五九年一月。在这以后的几个星期中，旋丽蝇中了圈套。其后，再没有发现旋丽蝇的踪迹。消灭旋丽蝇的任务已在美国东南部完成了——这是科学创造力价值的光辉明证，另外还靠着严密的基础研究、毅力和决心。

现在，在密西西比设立的一个隔离屏障正在努力阻止旋丽蝇从西南部卷土重来；在西南部，旋丽蝇已被牢固地圈禁起来了。在那儿，扑灭旋丽蝇的计划将会是十分艰难的，因为那儿面积辽阔，并且又有从墨西哥重新侵入的可能性。虽然情况如此，但事关重大，并且看来农业部的想法是为了至少将旋丽蝇的数量保持在一个足够低的水平上，打算很快在得克萨斯州和西南部旋丽蝇猖獗的其他地区试行某些计划。

征讨旋丽蝇的辉煌胜利激发起将这种方法应用于其他昆虫的巨大兴趣。当然，并非所有昆虫都是这种技术的合适对象，这种技术在很大程度上要依靠对昆虫生活史的详情细节、种群密度和对放射性的反应的认识。

英国人已进行了试验，希望这种方法能用于消灭罗得西亚的萃萃蝇。这种昆虫蔓延了非洲三分之一的土地，给人类健康带来威胁，并妨碍了在四百五十万平方英里树木茂密的草地上牲畜的饲养。萃萃蝇的习性很不同于那些旋丽蝇，虽然萃萃蝇能在放射性作用下变得不能生育，但要应用这种方法还要首先解决一些技术上的困难。

英国人已就大量的各种昆虫对放射性的感受性进行了试验。美国科学家已在夏威夷的室内试验并在遥远的罗塔岛野外试验中对西瓜蝇和东方果蝇及地中海果蝇做出了一些令人鼓舞的初步成果。对谷物穿孔虫和甘蔗穿孔虫也都进行了试验。存在着一种可能性，即具有医学重要性的昆虫也可能通过不育作用而得到控制。一位智利科学家已经指出，传播疟疾的蚊子逃过了杀虫剂的处理仍在他的国家存在着，这时只有撒放不育的雄蚊才能提供消灭这种蚊子的毁灭性打击。

用放射性实现不育的明显困难已迫使人们去研究一种能达到同样结果的其他较容易的方法，现在已出现了一个对化学不育剂感兴趣的高潮。

在佛罗里达州奥兰多的农业部实验室里工作的科学家现在正采用将化学药物混入食物的方法，在实验室和一些野外实验中使家蝇不育。一九六一年在佛罗里达的吉斯岛的试验中，家蝇的群体仅仅只用了五星期时间就被消灭了。虽然从邻近岛屿飞来的家蝇后来又在本地再次繁殖起来，但作为一次先导性的试验，它还是成功的。农业部对这种方法的前景很是激动，这是很容易理解的。如我们所看到的，在第一个地方，家蝇现在实际上已变得不受杀虫剂控制了。毫无疑问需要一种控制昆虫的全新方法。用放射性来制造不育昆虫的问题之一是，这不仅需要人工培养昆虫，而且必须要撒放比野外昆虫数量更多的不育雄虫才行。这一点对旋丽蝇可以做到，因为它实际上并不是一种数量很庞大的昆虫。然而对家蝇来说，放出比原有家蝇数量的两倍还要多的蝇子可能会遭到激烈反对，虽然这一家蝇数量的增多仅仅是暂时性的。相反，一种化学不育剂可以与昆虫饵料混合在一起，再被引进到家蝇的自然环境中去；吃了这种药的昆虫就会变得不能生育，最后，这种不育的家蝇占了优势，这种昆虫将通过产卵而不再存在。

做化学物质不育效果的实验要比做化学毒性的实验困难得多。要评价一种化学物质得用三十天——虽然可以同时进行许多实验。从一九五八年四月到一九六一年十二月之间，在奥兰多实验室对几百种化学物质的可能的不育效果进行了筛选。看来农业部很高兴在这中间发现了少量有苗头的化学物质。

现在，农业部的其他实验室也正在继续研究这一问题，进行化学物质消灭马房苍蝇、蚊子、棉籽象鼻虫和各种果蝇的试验。所有这些目前都还处于实验阶段，不过在自从开始研究化学不育剂以来的短短几年中，这一工作已取得了很大进展。在理论上，它具有许多吸引人的特性。尼普林博士指出，有效的化学昆虫不育剂"可能会很轻易地凌驾于最好的现有杀虫剂之上"。谁能想象这一情况，一个有一百万只昆虫的群体每过一代就增加五倍。如果一种杀虫剂可以杀死每一代昆虫的百分之九十，那么第三代以后还留有十二点五万只昆虫。与之相比，一种引起百分之九十昆虫不育的化学物质在第三代只可能留下一百二十五只昆虫。

这个方法也有一个不利的方面，化学不育剂中也包括了一些极为烈性的化学物质。幸好，至少在这些早期阶段中，大部分研究化学不育剂的人看来都很留心于去发现安全的药物和安全的使用方法。虽然如此，却到处都听到有人要求从空中喷洒这些导致不育的化学药物，——例如，要求给被吉卜赛蛾幼虫嚼咬的叶子去喷上一层这样的药。在没有对这种做法的危险后果预先进行透彻研究就试图去干这样的事那是极不负责任的。如果在我们的头脑中不时时记着化学不育剂的潜在危害的话，我们很快就会发现我们所遇到的困难与烦恼要比现在杀虫剂所造成的更大更多。

目前正进行试验的不育剂一般可分为两类，这两类在其作用方式上都是极为有趣的。第一类与细胞的生活过程或新陈代谢密切有关，即它们的性质与细胞或组织所需要的物质是极其相似的，以致生物"错认"它们为真的代谢物，并在自己的正常生长过程中努力去结合它们。不过，这种相似性在一些细节上就不对头了，于是导致正常细胞过程停顿了。这种化学物质被称为抗代谢物。

第二类包括那些作用于染色体的化学物质，它们可能对基因化学物质起作用并引起染色体的分裂。这一类化学不育剂是烃化剂，它是极为厉害的化学物质，能够导致细胞强烈破坏，危害染色体，并造成突变。伦敦的彻斯特·彼蒂研究所的皮特·亚历山大博士的观点是，"任何对昆虫不育产生效力的烃化剂也会是一种致变物或致癌物"。亚历山大博士感到像这样的化学物质在昆虫控制方面的任何应用都将是"极可非议"的。于是，人们希望现在的这些实验将不是为了直接将这些特殊的化学药物付诸实用，而是由此引导出其他一些发现，这些发现将是安全的，同时在它作用的昆虫靶子上具有高度的专一性。

在当前研究中还有一些很有意义的路子，即利用昆虫本身的生活特征来创造消灭昆虫的武器。昆虫自己能产生各种各样的毒液、引诱剂和驱避剂。这些分泌物的化学本质是什么呢？我们能否将它们作为有选择性的杀虫剂来使用呢？康奈尔大学和其他地方的科学家正在试图发现这些问题的答案，他们正在研究许多昆虫保护自己免遭捕食动物袭击所凭借的防护机制，并正在努力解决昆虫分泌物的化学结构。另有一些科学家正在从事被称为"青春激素"的研究，这是一种很有效力的物质，它能阻止昆虫在幼虫阶段的发育。

也许，在开拓昆虫分泌物领域中最立竿见影的结果是发明了引诱剂，或叫吸引剂。在这儿，大自然又一次指出了前进的道路。吉卜赛蛾是一个特别引人入胜的例子。这类雌蛾由于身体太重而飞不起来，它们生活在地面上或靠近地面的地方，只能在低矮的植物之间扑动翅膀或者爬上树干。相反，雄蛾则很善于飞翔，它可以在由雌蛾体内一种特殊腺体释放出的气味吸引之下从很远的距离之外飞来。昆虫学家们利用这一现象已很多年了，他们辛辛苦苦地从雌蛾体内提取了这种性引诱剂。当时它被用于在沿着昆虫分布地区边沿地带进行昆虫数量的调查时诱捕雄蛾。不过，这是一种花费极大的办法。且不管在东北各州大量公布的虫害蔓延情况如何，实际上，并没有足够多的吉卜赛蛾来供人们制取这种物质，于是不得不从欧洲进口手工采来的雌蛹，有时每只蛹高达半美元的价钱。然而，在努力多年之后，农业部的化学家们最近成功地分离出了这种性引诱剂，这是一个巨大的突破。随着这一发现而来的是成功地从海狐油组分中制备出了一种十分相似的合成物质，这种物质不仅骗过了雄蛾，而且它和天然的性引诱剂具有差不多同样的引诱能力。在捕虫器中放置一微克（百万分之一克）这种物质就足以成为一个有效的诱饵。

这一切远远超出了科学研究的意义，因为这种新的、经济的"吉卜赛蛾诱饵"不仅可以应用在昆虫调查工作中，而且又可应用于昆虫控制工作。一些可能具有更强引诱能力的物质现在正在试验之中。在这种可能被叫做心理战实验的工作中，这种引诱剂被做成微粒状物质，并用飞机散布。这样做的目的是为了迷惑雄蛾，从而改变它的正常行为，在这种具有引诱力的气味纷扰之下，雄蛾就无法找到能导向雌蛾的真正气味的踪迹。对昆虫的这种袭击正在开展进一步的实验，其目的是欺骗雄蛾，让它去努力与一个假的雌蛾结成配偶。在实验室中，雄性吉卜赛蛾已经企图与木片的、虫形物的和其他小的、无生命的物体交配，只要这些物体适合于灌入吉卜赛蛾引诱剂就行。利用昆虫的求偶本能使其不能繁殖的办法实际上可用来减少被试验的种群的残留，这是一个很有趣的可能性。

吉卜赛蛾饵药是一种人工合成的昆虫性引诱剂，不过可能很快会有其他性引诱剂的出现。现在正在对一定数量的农业昆虫受人工仿制的引诱剂的影响情况进行研究。在海森蝇和烟草鹿角虫的研究中已取得了令人鼓舞的结果。

现在人们正在试着用引诱剂和毒物的混合物去治理一些种类的昆虫。政府科学家曾经发明了一种被称为甲基丁子香酚的引诱剂，并发现它对东方果蝇和西瓜蝇是所向无敌的。在日本南部四百五十英里的小笠原群岛上的试验中，把这种引诱剂与一种毒物结合起来。将许多小片纤维板浸透这两种化学物质，然后由空中散布到整个岛群上去引诱和杀死那些雄性的飞蝇。这一"扑灭雄性"计划开始于一九六〇年；一年之后，农业部估算有百分之九十九以上的飞蝇被消灭了。像在这儿应用的这一方法看来已压倒了杀虫剂的老调宣传而显示出了自己的优越性。在这种方法中所用的有机磷毒物只局限于纤维板块上，这种纤维板块是不可能被其他野生生物吃进去的；况且它的残留物会很快消逝，因而不会对土壤和水造成潜在的污染。

　　不过，并不是昆虫世界中的全部通讯联系都是借助于产生吸引或排斥效果的气味来实现的。声音也可以成为报警或吸引的手段。由飞行中的蝙蝠所发出的连续不断的超声波（就像一个雷达系统一样地引导它穿过黑暗）可被某些蛾听到，从而使它们能够免于被捕捉。寄生蝇飞临的振翅声对锯齿蝇的幼虫是一个警告，使它们聚集起来进行自卫。另一方面，在树木上生长的昆虫所发出的声音能使它们的寄生生物发现它们；同样，对于雄蚊子来说，雌蚊子的振翅声就像海妖的歌声一样动听。

　　如果真是这样，那么是什么东西使得昆虫具有这种对声音分辨和做出反应的能力？这一研究虽然还处于实验阶段，但已是很有趣的了，通过播放雌蚊飞行声音的录音而在引诱雄蚊方面得到了初步成功，雄蚊被引诱到了一个充电的电网上被杀死。在加拿大进行试验，用突然爆发的超声波的驱赶效果来对付谷物穿孔虫和夜盗蛾。研究动物声音的两个权威，夏威夷大学的休伯特·弗林斯和马波尔·弗林斯教授相信，只要能发现一把适当的钥匙来打开现有的关于昆虫声音的产生与接收的巨大的知识宝库，就可以建立起用声音来影响昆虫行为的野外方法。两人因他们的发现而闻名于世，他们发现燕八哥在听到它们的一个同类的惊叫声的录音时，便惊慌地飞散了；也许在这一事实中存在一些可能应用于昆虫的重要道理。这种可能性在熟悉工业的老手看来是完全可以实现的，因为至少有一家主要的电子公司正准备为进行昆虫实验提供一个实验室。

　　声音也被作为一个直接有毁灭力的因素在进行试验。在一个实验池塘中，超声波将会杀死所有蚊子的幼虫；然而它也同样杀死了其他水生生物。在另一个实验中，绿头大苍蝇、麦蠕虫和黄热病蚊子在几秒钟内可以被由空气产生的超声波杀死。所有这些实验都只是向着一个控制昆虫的全新概念迈进的第一步，电子学的奇迹有一天会使这些方法变成现实。

对付昆虫的新的生物控制方法并不只是与电子学、γ射线和其他人类发明智慧的产物有关。这样的方法中有一些已是源远流长，这些方法的根据是认为昆虫像人一样是要害病的。像古时候的鼠疫对人一样，细菌的传染也能毁灭昆虫的种群；在病毒发作的时候，昆虫的群落就患病和死亡。在亚里士多德时代以前，人们就知道在昆虫中也有疾病发生；蚕病曾出现在中世纪的诗文中；并且通过对蚕的这种昆虫疾病的研究使巴斯德第一次发现了传染性疾病原理。

昆虫不仅受到病毒和细菌的侵扰，而且也受到真菌、原生动物、极微的蠕虫和其他肉眼不可见的微小生命世界中的小生物的侵害，这些微小生命全面地援助着人类，因为这些微生物不仅包括着致病的生物，而且也包括有那些能使垃圾消除、使土壤肥沃，并参与像发酵和消化这样的无数生物学过程的生物。为什么它们不能在控制昆虫方面助我们一臂之力呢？

第一个设想这样利用微生物的人是十九世纪的一个动物学家伊里·梅奇尼科夫。在十九世纪的后几十年和二十世纪前半期的整个期间内，关于微生物控制的想法在慢慢地形成。向一种昆虫的环境中引入一种疾病而使这种昆虫可以得到控制的第一个证据是在二十世纪三十年代后期出现的，当时在日本甲虫中发现并利用了牛奶病，牛奶病是一种属于杆菌类的孢子所引起的。正如我在第七章中已指出过的，在美国东部已在长期利用这一细菌控制的经典例子。

现在，人们把很大的希望寄托在另一种细菌——图林根杆菌的试验上，这种细菌最初在一九一一年被发现于德国图林根省，在那儿人们发现它引起了粉蛾幼虫的致命败血症。这种细菌的强烈杀伤作用是借助于中毒，而不是发病。在这种细菌的生长旺盛的枝芽中，随同孢子一同形成了一种对某些昆虫，特别对像蛾一样的蝶类的幼虫具有很强毒性的蛋白质的特别晶体。幼虫吃了带有这种毒物的草叶之后，不久就发生麻痹，停止吃食，并很快死亡。从实用的目的来看，立即制止昆虫吃食当然对农业有利，因为只要将病菌体施用在地里，庄稼的受害马上就停止了。含有图林根杆菌孢子的混合物现在正由英国一些公司使用各种商标名称被生产出来。在一些国家正在进行野外试验：在德国和法国用于对付白菜蝴蝶幼虫，在南斯拉夫对付秋天的织品蠕虫，在苏联对付帐篷毛虫。在巴拿马，试验开始于一九六一年，这种细菌杀虫剂可能会解决香蕉种植者所面临的一些严重问题。在那儿，根穿孔虫是香蕉树的一大害虫，因为它破坏了香蕉树的根部，使香蕉树很容易被风吹倒。狄氏剂一直是有效地对付穿孔虫的唯一化学药物，不过现在它已引起了灾难的连锁反应。穿孔虫现在正在复兴。狄氏剂也消灭了一些重要的捕食性昆虫，并且因此引起了卷叶蛾的增多，这是一种很小的、身体坚硬的蛾，它的幼虫把香蕉表面嗑坏。人们有理由希望这种新的细菌杀虫剂将同时会把卷叶蛾和穿孔虫都消灭掉，而又不扰乱自然控制作用。

在加拿大和美国东部森林中，细菌杀虫剂可能是对诸如菩蕾蠕虫和吉卜赛蛾等这类森林昆虫问题的一个重要解决办法。一九六〇年，这两个国家都开始用商品化了的图林根杆菌制品进行野外试验。一些初步结果使人受到了鼓舞。例如，在佛蒙特，细菌控制的最终结果与用滴滴涕所取得的结果是一样的好。现在，主要的技术问题是发明一种溶液，它能将细菌的孢子粘到常绿树的针叶上。对农作物来说不存在这个问题——即使是药粉也可使用；尤其在加利福尼亚，细菌杀虫剂已经被尝试着应用于各种各样的蔬菜上。

同时，另外一个也许不那么引人注意的工作是围绕病毒开展的一些研究。在加利福尼亚的长着幼小紫花苜蓿的原野上，漫山遍野都正在喷洒一种物质，这种物质在消灭紫花苜蓿毛虫方面与任何杀虫剂一样具有致死能力，这种物质是一种取自毛虫体内的病毒溶液，这些毛虫是曾经由于感染这种极毒的疾病而死亡的，只要有五只患病的毛虫就能为处理一英亩的紫花苜蓿提供足够用的病毒。在加拿大有些森林中，一种对松树锯齿蝇有效的病毒在昆虫控制方面已取得了显著的效果，现已用来代替杀虫剂。

捷克斯洛伐克的科学家正在试验用原生动物来对付织品蠕虫和其他虫灾；在美国，一种寄生性的原生动物已被发现用来降低谷物穿孔虫的产卵能力。

有一些说法认为微生物杀虫剂可能会给其他形式生命带来危险的细菌战争。但实际情况并非如此。与化学药物相比，昆虫病菌除了对其要作用的对象外，对其他所有生物都是无害的。爱德华·斯坦豪斯博士是一位杰出的昆虫病理学权威，他强调指出："无论是在实验室中，还是在自然界中，从来没有得到过经过证实的能真正引起脊椎动物传染病的昆虫病菌方面的记录。"昆虫病菌具有如此的专一性，以致于它们只对一小部分昆虫，有时只对一种昆虫才有传染能力。正如斯坦豪斯博士指出的，昆虫疾病在自然界的爆发，始终是被局限在昆虫之中，它既不影响宿主植物，也不影响吃了昆虫的动物。

　　昆虫有许多天敌——不仅有许多种类的微生物，而且还有其他昆虫。第一个控制昆虫的生物学办法，即一种昆虫可以借助于刺激其敌人的发展而得到控制，总的来说应归功于一八〇〇年的伊拉兹马斯·达尔文。可能因为用一种昆虫治另一种昆虫，是生物控制法的第一个实践用过的办法，所以人们可能广泛而又错误地认为它就是替代化学药物的唯一措施。

　　在美国，将生物学控制作为常规方法开始于一八八八年，当时阿尔伯特·柯贝尔（他是现在正日益增多的昆虫学家开拓者队伍中的第一个成员）去澳大利亚寻找绒毛状叶枕介壳虫的天敌，这种介壳虫使加利福尼亚的柑橘业面临着被毁灭的威胁。如我们在第一五章中已看到的，这项任务已获得卓越的成功，二十世纪中叶，在全世界搜寻天敌以用于控制那些自己闯到我国海岸边的昆虫。总计约有一百种重要的捕食性和寄生性昆虫被确定下来了。除了由柯贝尔带进的维多利亚甲虫外，其他的昆虫进口也都很成功。一种由日本进口的黄蜂已完全有把握地控制住了一种侵害东部苹果园的昆虫。带斑点的紫花苜蓿蚜虫的一些天敌是由中东意外进口的，加利福尼亚紫花苜蓿业得以拯救应归功于它们。就如同细腰黑蜂对日本甲虫的控制一样，吉卜赛蛾的捕食者和寄生者们也起到了很好的控制作用。对介壳虫和水蜡虫的生物学控制预计将为加利福尼亚州每年挽回几百万美元——确实，该州昆虫学家的领导人之一保罗·德巴赫博士做了估计，加利福尼亚州在生物学控制工作中投资四百万美元，并已得到了一亿美元的回报。

通过引进昆虫的天敌而成功地实现了对严重虫灾的生物学控制的例子，已在遍布全世界的大约四十个国家中出现。这种控制方法比化学方法具有明显的优越性：它比较便宜，是永久性的，并且不会留下残毒。但生物学控制还一直缺乏支持。在建立正规的生物学控制计划方面，加利福尼亚在各州中间实际上是孤立无伴的，许多州甚至还没有一位昆虫学家致力于生物控制研究。也许，对于取得支持来说，用昆虫敌人来实行生物控制的工作始终还缺乏一种科学上的严密性——几乎还没有在生物控制中对被捕食的昆虫种类受影响情况进行严格的研究，并且一直没有精确地进行散布天敌的工作，而这种精确性可能决定着成败。

　　捕食性昆虫和被捕食昆虫都不会单独存在，它们只能作为巨大生命之网的一部分而存在，对这一切都需要进行考虑。也许在森林中有最多的使用既成的生物控制方法的机会。现代农业的农田都高度人工化了，与想象中的自然状态不大相同。不过，森林是一个不同的世界，它更接近于自然环境。在那儿，人类的介入最少，干扰最小，大自然可以按本来的面目发展，建立起美妙而又错综复杂的抑制和平衡系统，这种系统保护森林免遭昆虫过分危害。

　　在美国，我们的森林种植人看来已在考虑主要通过引进捕食性昆虫和寄生性昆虫来进行生物控制。加拿大人已有一个比较开阔的眼光，而一些欧洲人却走得更远，他们发展"森林卫生学"已达到了令人惊异的程度。鸟、蚂蚁、森林蜘蛛和土壤细菌都同树木一样是森林的一部分，在这种观点下，欧洲育林人栽种新森林时，务必也引入这些保护性的因素。第一步是先把鸟招来。在加强森林管理的现今时代，老的空心树不存在了，啄木鸟和其他在树上营巢的鸟从而失去了它们的住处。这一缺陷将用巢箱来弥补，它吸引鸟儿返回森林。其他还有专门为猫头鹰、蝙蝠设计的巢箱，这些巢箱使鸟儿得以度过黑夜，而在白昼，这些小鸟就能进行捕虫的工作。

不过，这仅仅只是开始。在欧洲森林中最吸引人的一些控制工作是利用一种森林红蚁作为进攻性的捕食昆虫——很可惜这一种类没有在北美出现。约在二十五年以前，乌兹堡大学的卡尔·戈斯沃尔德教授发展了一种培养这种红蚁的方法，并建立了红蚁群体。在他的指导下，一万多个红蚁群体已被放置在德意志联邦共和国的九十个试验地区中。戈斯沃尔德教授的方法已被意大利和其他国家所采用，他们建立了蚂蚁农场，以供给林区散布蚁群用。例如，在亚平宁山区已建起几百个鸟窝来保护再生林区。

德国默尔恩的林业官海因茨·鲁珀特索芬博士说："在你的森林中，你可以看到在有鸟类保护、蚂蚁保护、还有一些蝙蝠和猫头鹰共同保护的那些地方，生物学的平衡已被显著地改善了。"他相信，单一地引进一种捕食昆虫或寄生昆虫其作用效果要小于引入树林的一整套"天然伙伴"。

默尔恩的森林中新的蚁群被铁丝网保护起来以免受啄木鸟的打劫。用这种方法，啄木鸟(它在试验地区十年中已增加了百分之四百)就不再能大量危害那些蚁群，啄木鸟只好通过从树木上啄食有害的毛虫而偿还它们的食料缺失。照料这些蚁群(同样还有鸟巢箱)的大量工作是由当地学校的十到十四岁孩子组成的少年组织来承担的。花费是极低廉的，而好处则是永久性地保护了这些森林。

在鲁珀特索芬博士工作中另一个极为有趣的方面是他对蜘蛛的利用，在这一方面他是开路先锋。虽然现在已有大量的关于蜘蛛分类学和自然史方面的文献，但它们都是片断的、支离破碎的，并且完全不涉及它们作为生物学控制因素所具有的价值。在已知的二点二万种蜘蛛中，七百六十种是在德国土生土长的（约二千种在美国土生土长）。有二十九族蜘蛛居住在德国森林中。

对育林人来说，关于蜘蛛的最重要的事实是它们织造的网的种类，织造车轮状网的蜘蛛是最重要的，因为它们中间一些所织的网细密到能捕捉任何飞虫。在一个十字蛛的大网（直径达十六英寸）的网丝上约有一点二万个黏性网结。一个蜘蛛在它生存的十八个月中可平均消灭两千只昆虫。一个在生态学上健全的森林每平方米土地上应有五十到一百五十只蜘蛛。在那些蜘蛛数量较少的地方，可以通过收集和散布装有蜘蛛卵的袋状子囊来弥补。鲁珀特索芬博士说："三只蜂蛛（美国也有这种蜘蛛）子囊可产生出一千只蜘蛛，它们共能捕捉二十万只飞虫。"他说，在春天出现的小巧、纤细的幼轮网蛛特别重要，"当它们同时吐丝时，这些丝就在树木的枝头上形成了一个网盖，这个网盖保护枝头的嫩芽不受飞虫危害"。当这些蜘蛛蜕皮并长大时，这个网也变大了。

加拿大生物学家们也曾采取了十分相似的研究路线，虽然两地实际情况有些差异，如北美的森林不是人工种植的，而在更大程度上是自然状态的；另外，在对森林保护方面能起作用的昆虫种类上也多少有些不同。在加拿大，人们比较重视小型哺乳动物，它们在控制某些昆虫方面具有惊人的能力，尤其对那些生活在森林底部松软土壤中的昆虫。在这些昆虫中有一种叫做锯齿蝇，人们这样称呼它，是由于这种雌蝇长有锯齿状的产卵器，它用产卵器割开常绿树的针叶，并把它的卵产下去。幼虫孵出后就落到地面上，并在落叶松沼泽的泥炭层中或在针枞树、松树下面的枯枝败叶中成茧。在森林地面以下的土地中充满了由小型哺乳动物开掘的隧道和通路，形成了一个蜂巢状的世界，这些小动物中有白脚鼠、鼹鼠和各种地鼠。在这些小小的打洞者中，贪吃的地鼠能发现和吃掉大量的锯齿蝇蛹。它们吃蛹时，把一只前脚放在茧上，先咬破一个头，它们显示出一种能识别茧是空的还是实的的特别本领。这些地鼠的贪婪胃口是惊人的。一只鼹鼠一天只能吃掉二百只蛹，而一只仅靠吃这种蛹为生的地鼠则每天能吃掉八百只以上。从室内实验结果看，这样能够消灭百分之七十五到九十八的锯齿蝇蛹。

下述情况是不足为怪的：纽芬兰岛当地没有地鼠，所以遭受到锯齿蝇的危害；他们热切盼望能得到一些这样能起作用的小型哺乳动物，于是在一九五八年引进了一种假面地鼠（这是一种最有效的锯齿蝇捕食者）进行试验。加拿大官方于一九六二年宣布这一试验已经成功。这种地鼠正在当地繁殖起来，并已遍及该岛；在离释放点十英里之远的地方都已发现了一些带有标记的地鼠。

育林人力求永久保存并加强森林中的天然关系，现在已有一整套装备可供他使用。在森林中，用化学药物来控制害虫的方法充其量也只能算是个权宜之计，它并不能真正解决问题，它们甚至会杀死森林小溪中的鱼，给昆虫带来灾难，破坏天然控制作用，并且把我们费九牛二虎之力引进的那些自然控制因素毁灭掉。鲁珀特索芬博士说："由于使用了这种粗暴手段，森林中生命的协同互济关系就变得完全失调了，而且寄生虫灾害反复出现的间隔时间也愈来愈短……因而，我们不得不结束这些违背自然规律的粗暴做法，这种粗暴做法现已被强加到留给我们的、至关重要的、几乎是最后的自然生存空间之中。"

我们必须与其他生物共同分享我们的地球，为了解决这个问题，我们发明了许多新的、富于想象力和创造性的方法；随着这一形势的发展，一个要反复提及的话题是：我们是在与生命——活的群体、它们经受的所有压力和反压力、它们的兴盛与衰败——打交道。只有认真地对待生命的这种力量，并小心翼翼地设法将这种力量引导到对人类有益的轨道上来，我们才能希望在昆虫群落和我们本身之间形成一种合理的协调。

当前使用毒剂这一流行做法的失败使人们考虑到了一些最基本的问题。就像远古穴居人所使用的棍棒一样，化学药物的烟幕弹作为一种低级的武器已被掷出来杀害生命组织了——这种生命组织一方面看来是纤弱和易毁坏的，但另一方面它又具有惊人的坚韧性和恢复能力，另外它还具有一种以预料不到的方式进行反抗的秉性。生命的这些异常能力一直被使用化学药物的人们所轻视，他们面对着被他们胡乱摆弄的这种巨大生命力量，却不曾把那种"高度理智的方针"和人道精神纳入到他们的任务中去。

"控制自然"这个词是一个妄自尊大的想象产物，是当生物学和哲学还处于低级幼稚阶段时的产物，当时人们设想中的"控制自然"就是要大自然为人们的方便有利而存在。"应用昆虫学"上的这些概念和做法在很大程度上应归咎于科学上的蒙昧。这样一门如此原始的科学却已经用最现代化、最可怕的化学武器武装起来了；这些武器在被用来对付昆虫之余，已转过来威胁着我们整个的大地了，这真是我们的巨大不幸。

附录

# 参考文献

## 二 忍耐的义务

P. 6-7 "Report on Environmental Health Problems," *Hearings*, 86th Congress, Subcom. of Com. on Appropriations, March 1960, p. 170.

P. 9 *The Pesticide Situation for 1957-58*, U. S. Dept of Agric., Commodity Stabilization Service, April 1958, p. 10.

P. 10 Elton, Charles S., *The Ecology of invasions by Animals and Plants*. New York: Wiley, 1958.

P. 12 Shepard, Paul, "The Place of Nature in Man's World," *Atlantic Naturalist*, Vol. 13 (April-June 1958), pp. 85-89.

## 三 死神的特效药

P. 15-36 Gleason, Marion, et al., *Clinical Toxicology of Commercial Products*. Baltimore; Williams and Wilkins, 1957.

P. 15-36 Gleason, Marion, et al., *Bulletin of Supplementary material:*

*Clinical Toxicology of Commercial Products*. Vol. IV, No. 9. Univ. of
Rochester.

P. 16-17 *The Pesticide Situation for 1958-59*. U. S. Dept. of Agric.,
Commodity Stabilization Service, April 1959, pp. 1-24.

P. 17 *The Pesticide Situation for 1960-61*, U. S. Dept. of Agric., Com-
modity Stbilzation Service, July 1961, pp. 1-23.

P. 17 Hueper, W. C., *Occupational Tumors and Allied Diseases*. Spring-
field, Ill. : Thomas, 1942.

P. 18 Todd, Frank E., and S. E. McGregor, "Insecticides and Bees,"
*Yearbook of Agric.*, U. S. Dept. of Agric., 1952, pp. 131-35.

P. 18 Hueper, *Occupational Tumors*.

P. 19-20 Bowen, C. V., and S. A. Hall, "The Organic Insecticides,"
*Yearbook of Agric.*, U. S. Dept. of Agric., 1952, pp. 209-18.

P. 20-21 Von Oettingen, W. F., *The Halogenated Aliphatic, Olefinic, Cy-
clic, Aromatic, and Aliphatic - Aromatic Hydrocarbons: Including the
Halogenated Insecticides, Their Toxicity and Potential Dangers*. U. S.
Dept. of. Health, Education, and Welfare. Public Health Service
Publ. No. 414(1955), pp. 341-42.

P. 21 Laug, Edwin P., et al., "Occurrence of DDT in Human Fat and
Milk," *A. M. A. Archives Indus. Hygiene and Occupat. Med.*, Vol. 3
(1951), pp. 245-46.

P. 21 Biskind, Morton S., "Public Health Aspects of the New Insecti-
cides," *Am. Jour. Diges. Diseases*. Vol. 20(1953), No. 11, pp. 331-41.

P. 21 Laug, Edwin P., et al., "Liver Cell Alteration and DDT Storage in the Fat of the Rat Induced by Dietary Levels of 1 to 50 p. p. m. DDT, "*Jour. Pharmacol. and Exper. Therapeut.*, Vol. 98 (1950), p. 268.

P. 21 Ortega, Paul. et al., "Pathologic Changes in the Liver of Rats after Feeding Low Levels of Various Insecticides, "*A. M. A. Archives Path.*, Vol. 64 (Dec. 1957), pp. 614-22.

P. 21-22 Fitzhugh, O. Garth, and A. A. Nelson, "The Chronic Oral Toxicity of DDT (2, 2-BIS p-CHLOROPHENYL-1, 1, 1-TRI-CHLO-ROETHANE), "*Jour. Pharmacol. and Exper. Therapeut.*, Vol. 89 (1947), No. 1, pp. 18-30.

P. 22 Laug et al., "Occurrence of DDT in Human Fat and Milk."

P. 22 Hayes, Wayland J., Jr., et al., "Storage of DDT and DDE in People with Different Degrees of Exposure to DDT, "*A. M. A. Archives Indus. Health*, Vol. 18 (Nov. 1958), pp. 398-406.

P. 22 Durham, William F., et al., "Insecticide Content of Diet and Body Fat of Alaskan Natives, "*Science*, Vol. 134 (1961), No. 3493, pp. 1880-81.

P. 22 Von Oettingen, *Halogenated. . . Hydrocarbons,* p. 363.

P. 22 Smith, Ray F., et al., "Secretion of DDT in Milk of Dairy Cows Fed Low Residue Alfalfa, "*Jour. Econ, Entomol.*, Vol. 41 (1948), pp. 759-63.

P. 23 Laug et al., "Occurrence of DDT in Human Fat and Milk."

P. 23 Finnegan, J. K., et al., "Tissue Distribution and Elimination of DDD and DDT Following Oral Administration of Dogs and Rats, "*Proc. Soc. Exper. Biol. and Med.*, Vol. 72 (1949), pp. 356-57.

P. 23 Laug et al. , "Liver Cell Alteration. "

P. 23 "Chemicals in Food Products, "*Hearings*, H. R, 74, House Select Com. to Investigate Use of Chemicals in Food Products. Pt. 1(1951), p. 275.

P. 23 Von Oettingen, *Halogenated. . . Hydrocarbons*, p. 322.

P. 23-24 "Chemicals in Food Products, "*Hearings*. 81st Congress. H. R. 323, Com. to Investigate Use of Chemicals in Food Products. Pt. 1 (1950), pp. 388-90.

P. 24 *Clinical Memoranda on Economic Poisons*. U. S. Public Health Service Publ. No. 476(1956), p. 28.

P. 24 Gannon, Norman, and J. H. Bigger, "The Conversion of Aldrin and Heptachlor to Their Epoxides in Soil, "*Jour. Econ. Entomol.*, Vol. 51(Feb. 1958), pp. 1-2.

P. 24 Davidow. B. , and J. L. Radomski, "Isolation of an Epoxide Metabolite from Fat Tissues of Dogs Fed Heptachlor, "*Jour. Pharmacol, and Exper. Therapeut.*, Vol. 107(March 1953), pp. 259-65.

P. 24 Von Oettingen, *Halogenated. . . Hydrocarbons*, p. 310

P. 24-25 Drinker, Cecil K. , et al. , "The Problem of Possible Systemic Effects from Certain Chlorinated Hydrocarbons, "*Jour. indus. Hygiene and Toxicol.*, Vol. 19(Sept. 1937), p. 283.

P. 25 "Occupational Dieldrin Poisoning, "Com. on Toxicology, *Jour. Am. Med. Assn.*, Vol. 172(April 1960), pp. 2077-80.

P. 25 Scott, Thomas G. , et al. , "Some Effects of a Field Appilcation of Dieldrin on Wildlife, "*Jour. Wildlife Management*, Vol. 23 (Oct. 1959), pp. 409-27.

P. 25 Paul, A. H. , "Dieldrin Poisoning a Case Report," *New Zealand Med. Jour.* , Vol. 58(1959), p. 393.

P. 25 Hayes. Wayland J. , Jr. , "The Toxicity of Dieldrin to Man," *Bull. World Health Organ.* , Vol. 20(1959), pp. 891-912.

P. 26 Gannon, Norman, and G. C. Decker, "The Conversion of Aldrin to Dieldrin on Plants," *Jour. Econ. Entomol.* , Vol. 51 (Feb. 1958), pp. 8-11.

P. 26 Kitselman, C. H. , et al. , "Toxicological Studies of Aldrin(Compound 118)on Large Animals," *Am. Jour. Vet. Research*, Vol. 11(1950), p. 378.

P. 26 Dahlen, James H. , and A. O. Haugen, " Effect of Insecticides on Quail and Dover," *Alabama Conservation*, Vol. 26 (1954), No. 1, pp. 21-23.

P. 26 DeWitt, James B. , "Chronic Toxicity to Quail and Pheasants of Some Chlorinated Insecticides," *Jour. Agric. and Food Chem.* , Vol. 4(1956), No. 10, pp. 863-66.

P. 26 Kitselman, C. H. , "Long Term Studies on Dogs Fed Aldrin and Dieldrin in Sublethal Doses, with Reference to the Histopathological Findings and Reproduction," *Jour. Am. Vet. Mde. Assn.* , Vol. 123(1953), p. 28.

P. 26 Treon, J. F. , and A. R. Borgmann, "The Effects of the Complete Withdrawal of Food From Rats Previously Fed Diets Containing Aldrin of Dieldrin. "Kettering Lab. , Univ. of Cincinnati, mimeo, Quoted from Robert L. Rudd and Richard E. Genelly. *Pesticides: Their Use and Toxicity in Relation to Wildlife*. Calif. Dept of Fish and Game, Game Bulletin No. 7(1956), p. 52.

P. 26 Myers. C. S. , "Endrin and Related Pesticides: A Review. "Penna. Dept. of Health Resesrch Report No. 45(1958). Mimeo.

P. 26-27 Jacobziner Harold, and H. W. Raybin, "Poisoning by Insecticide( Endrin), " *New York State Jour. Med.* , Vol. 59 ( May 15, 1959), pp. 2017-22.

P. 27 "Care in Using Pesticide Urged, " *Clean Streams*, No. 46 ( June 1959). Penna. Dept. of Health.

P. 27-28 Metcalf, Robert L. , "The Impact of the Development of Organophosphorus Insecticides upon Basic and Applied Science, " *Bull. Entomol. Soc. Am.* , Vol. 5(March 1959), pp. 3-15.

P. 28 Mitchell, Philip H. , *General Physiology*. New York: McGrawHill, 1958. pp. 14-15.

P. 28-29 Brown, A. W. A. , *Insect Control by Chemicals*. New York: Wiley. 1951.

P. 29 Toivonen, T. , et al. , "Parathion Poisoning Increasing Frequency in Finland, "*Lancet*, Vol. 2(1959), No. 7095, pp. 175-76.

P. 29-30 Hayes, Wayland J. , Jr. , " Pesticides in Relation to Public Health, "*Annual Rev. Entomol.* , Vol. 5(1960), pp. 379-404.

P. 30 *Occupational Disease in California Attributed to Pesticides and Other Agricultural Cabemicals*. Calif. Dept. of Public Health, 1957, 1958, 1959, and 1960.

P. 30 Quinby, Griffth E. , and A. B. Lemmon, "Parathion Residues As a Cause of Poisoning in Crop Workers, "*Jour. Am. Med. Assn.* , Vol.

166(Feb. 15, 1958), pp. 740-46.

P. 30 Carman, G. C. , et al. , "Absorption of DDT and Parathion by Fruits, "*Abstracts*, 115th Meeting Am. Chem. Soc. (1949), p. 30A.

P. 30 *Clinical Memoranda on Economic Poisons*, p. 11.

P. 30-31 Frawley, John P. , et al. , "Marked Potentiation in Mammalian Toxicity from Simultaneous Administration of Two Anticholinesterase Compounds, " *Jour. Pharmacol. and Exper. Therapeut.* , Vol. 121(1957), No. 1, pp. 96-106.

P. 31 Rosenberg, Philip, and J. M. Coon, "Potentiation between Cholinesterase Inhibitors, " *Proc. Soc. Exper. Biol. and Med.* , Vol. 97 (1958), pp. 836-39.

P. 31 Dubois, Kenneth, P. , "Potentiation of the Toxicity of Insecticidal Organic Phosphates, " *A. M. A. Archives Indus. Health* , Vol. 18 (Dec. 1958), pp. 488-96.

P. 31-32 Murphy. S. D. , et al. , "Potentiation of Toxicity of Malathion by Triorthotolyl Phosphate, "*Proc. Soc. Exper. Biol. and Med.* , Vol. 100(March 1959), pp. 483-87.

P. 32 Grabam, R. C. B. , et al. , "The Effect of Some Organophosphorus and Chlorinated Hydrocarbon Insecicides on the Toxicity of Several Muscle Relaxants, " *Jour. Pharm. and Pharmacol.* , Vol. 9 (1957), pp. 312-19.

P. 32 Rosenberg, Philip, and J. M. Coon, "Increase of Hexobarbital Sleeping Time by Certain Anticholinesterases, " *Proc. Soc. Exper. Biol. and Med.* , Vol. 98(1958), pp. 650-52.

P. 32 Dubois, "Potentiation of Toxicity."

P. 32-33 Hurd Karrer, A. M. , and F. W. Poos, "Toxicity of Selenium Containing Plants to Aphids," *Science*, Vol. 84(1936), pp. 252.

P. 33 Ripper, W. E. , "The Status of Systemic Insecticides in Pest Control Practices," *Advances in Pest Control Research*. New York: Interscience, 1957. Vol. 1, pp. 305-52.

P. 33 *Occupational Disease in California*, 1959.

P. 33-34 Glynne-Jones. G. D. , and W. D. E. Thomas, "Experiments on the Possible Contamination of Honey with schradan," *Annals Appl. Biol.*, Vol. 49(1953), p. 546.

P. 34 Radeleff, R. D. , et al. , *The Acute Toxicity of Chlorinated Hydrocarbon and Organic Phosphorus Insecticides to Livestock*. U. S. Dept. of Agric. Technical Bulletin 1122(1955).

P. 35 Brooks. F. A. , "The Drifting of Poisonous Dusts Applied by Airplanes and Land Rigs," *Agric, Engin.*, Vol. 28(1947), No, 6, pp. 233-39.

P. 35 Stevens, Donald B. , "Recent Developments in New York State's Program Regarding Use of Chemicals to Control Aquatic Vegetation," paper presented at 13th Annual Meeting Northeastern Weed Control Conf. (Jan. 8, 1959).

P. 35 Anon. , "No More Arsenic," *Economist*, Oct. 10, 1959.

P. 35 "Arsenites in Agriculture," *Lancet*, Vol. 1(1960), P. 178.

P. 36 Horner, Warren D. , "Dinitrophenol and Its Relation to Formation of Cataract," (A.M.A.) *Archives Ophthalmol.*, Vol. 27 (1942), pp. 1097-1121.

P. 36 Weinbach, Eugene C. , "Biochemical Basis for the Toxicity of Pentachlorophenol, "*Proc. Natl. Acad. Sci.*, Vol. 43(1957), No. 5, pp. 393-97.

## 四 地表水和地下海

P. 40 *Biological Problems in Water Pollution*. Transactions, 1959 seminar. U. S. Public Health Service Technical Report W60 – 3(1960).

P. 40 "Report on Environmental Health Problems, "*Hearings*, 86th Congress, Subcom. of Com. on Appropriations, March 1960, p. 78.

P. 41 Tarzwell, Clarence M. , "Pollutional Effects of Organic Insecticides to Fishes, "*Transactions*, 24th North Am. Wildilfe Conf. (1959), Washington. D. C. pp. 132-42. Pub. by Wildlife Management Inst.

P. 41 Nicholson, H. Page, "Insecticide Pollution of Water Resources, " *Jour. Am. Waterworks Assn.*, Vol. 51(1959), pp. 981-86.

P. 41 Woodward, Richard L. , "Effects of Pesticides in Water Supplies, " *Jour. Am. Waterworks Assn.*, Vol. 52(1960), No. 11, pp. 1367-72.

P. 41 Cope, Olive B. , "The Retention of DDT by Trout and Whitefish, "*in Biological Problems in Water Pollution*, pp. 72-75.

P. 42 Kuenen, P. H. , *Realms of Water*. New York: Wiley, 1955.

P. 42 Gilluly, James, et al. , *Principles of Geology*. San Francisco: Freeman, 1951.

P. 42-43 Walton, Graham, "Public Health Aspects of the Contamination of Ground Water in South Platte River Basin in Vicinity of Henderson, Colorado, August, 1959. " U. S. Public Health Service, Nov. 2, 1959. Mimeo.

P. 42-43 "Report on Environmental Health Problems. "

P. 43-44 Hueper, W. C. , "Cancer Hazards from Natural and Artificial Water Pollutants, " *Proc.* , Conf. on Physiol. Aspects of Water Quality. Washington, D. C. , Sept. 8-9, 1960. U. S. Public Health Service.

P. 45-48 Hunt. E. G. , and A. I. Bischoff, "Inimical Effects on Wildlife of Periodic DDD Applications to Clear Lake, " *Calif. Fish, and Game*, Vol. 46(1960), No. 1, pp. 91-106.

P. 48-49 Woodard, G. , et al. , "Effects Observed in Dogs Following the Prolonged Feeding of DDT and Its Analoaues, " *Federation Proc.* , Vol. 7(1948), No. 1, p. 266.

P. 49 Nelson, A. A. , and G. Woodard, "Severe, Adrenal Cortical Artophy (Cytotoxic)and Hepatic Damage Produced in Dogs by Feeding DDD or TDE, "(A. M. A. ) *Archives Path.* , Vol. 48(1949), p. 387.

P. 49 Zimmermann, B. , et al. , "The Effects of DDD on the Human Adranal; Attempts to Use an Adrenal Destructive Agent in the Treatment of Disseminated Mammary and Prostatic Cancer, " *Cancer*, Vol. 9(1956), pp. 940-48.

P. 49-50 Cohen, Jesse M. , et al. , "Effect of Fish Poisons on Water Supplies. I. Removal of Toxic Materials, " *Jour. Am. Waterworks Assn.* , Vol. 52 (1960), No. 12. pp. 1551-65. "II. Odor Problems, "Vol. 53 (1960), No. 1. pp. 49-61. "III. Field Study, Dickinson, North Dakota, "Vol. 53(1961), No. 2, pp. 233-46.

P. 50 Hueper, "Cancer Hazards from Water Pollutants."

## 五 土壤的王国

P. 54 Simonson, Roy W., "What Soils Ars," *Yearbook of Agric.*, U. S. Dept. of Agric., 1957, pp. 17-31.

P. 54 Clark, Francis E., "Living Organisms in the Soil," *Yearbook of Agric.*, U. S. Dept. of Agric., 1957, pp. 157-65.

P. 55 Farb, Peter, *Living Earth*. New York: Harper, 1959.

P. 57 Lichtenstein, E. P., and K. R. Schulz, "Persistence of Some Chlorinated Hydrocarbon Insecticides As Influnced by Soil Types, Rate of Application and Temperature," *Jour. Econ. Entomol.*, Vol. 52(1959), No. 1, pp. 124-31.

P. 57 Thomas, F. J. D., "The Residual Effects of Crop Protection Chemicals in the Soil," in *Proc.*, 2nd Internatl. Plant Protection Conf. (1956), Fernhurst Research Station, England.

P. 57 Eno, Charles F., "Chlorinated Hydrocarbon Insecticides: What Have They Done to Our Soil?" *Sunshine State Agric. Research Report* for July 1959.

P. 57 Mader, Donald L., "Effect of Humus of Different Origin in Moderating the Toxicity of Biocides." Doctorate thesis, Univ. of Wisc., 1960.

P. 57-58 Sheals, J. G., "Soil Population Studies. I. The Effects of Cultivation and Trearment with Insecticides," *Bull, Entomol. Re-*

search, Vol. 47 (Dec. 1956), pp. 803-22.

P. 58 Hetrick. L. A. , "Ten Years of Testing Organic Insecticides As Soil Poisons against the Eastern Subterranean Terimite, " *Jour. Econ. Entomol.* , Vol. 50 (1957), p. 316.

P. 58 Lichtenstein, E. P. , and J. B. Polivka, "Persistence of Insecticides in Turf Soils, " *Jour. Econ. Entomol.* , Vol. 52 (1959), No. 2, pp. 289-93.

P. 58 Ginsburg, J. M. , and J. P. Reed, "A Survey on DDT Accumulation in soils in Relation to Different Crops, " *Jour. Econ. Entomol.* , Vol. 47 (1954), No. 3, pp. 467-73.

P. 58 Cullinan, F. P. , "Some New Insecticides Their Effect on Plants and Soils, " *Jour. Econ. Etomol.* , Vol. 42 (1949), pp. 387-91.

P. 58-59 Satterlee, Henry S. , "The Problem of Arsenic in American Cigarette Tobacco, " *New Eng. Jour. Med.* , Vol. 254 (June 21, 1956), pp. 1149-54.

P. 59 Lichtenstein, E. P. , "Absorption of Some Chlorinated Hydrocarbon Insecticides from Soils into Various Crops, " *Jour. Agric. and Food Chem.* , Vol. 7 (1959), No. 6, pp. 430-33.

P. 59-60 "Chemicals in Foods and Cosmetics, " *Hearings*, 81st Congress, H. R. 74 and 447, House Select Com. to Investigate Use of Chemicals in Foods and Cosmetics, Pt. 3 (1952), pp. 1385-1416. Testimony of L. G. Cox.

P. 60-61 Klostermeyer, E. C. , and C. B. Skotland, *Pesticide Chemicals As a Factor in Hop Die—out*. Washington Agric. Exper. Stations Circular 362 (1959).

P. 61 Stegeman, LeRoy C. , "The Ecology of the Soil. " Transcription of a seminar, New York State Univ. College of Forestry, 1960.

## 六　地球的绿色斗篷

P. 64–66 Patterson, Robert L. , *The Sage Grouse in Wyoming*. Denver: Sage Books, Inc. , for Wyoming Fish and Game Commission, 1952.

P. 65–66 Murie, Olaus J. , "The Scientist and Sagebrush, "*Pacific Discovery*, Vol. 13(1960), No. 4, p. 1.

P. 66 Pechanec, Joseph, et al. , *Controlling Sagebrush on Rangelands*. U. S. Dept. of Agric. Farmers'Bulletin No. 2072(1960).

P. 67–68 Douglas, William O. , *My Wilderness: East to Katahdin*. New York: Doubleday, 1961.

P. 68 Egler, Frank E. , *Herbicides: 60 Questions and Answers Concerning Roadside and Rightofway Vegetation Management*. Litchfield, Conn. : Litchfield Hills Audubon Soc. , 1961.

P. 68 Fisher, C. E. , et al. , *Control of Mesquite on Grazing Lands*. Texas Agric. Exper. Station Bulletin 935(Aug. 1959).

P. 68 Goodrum, Phil D. , and V. H. Reid, "Wildlife Implications of Hardwood and Brush Controls, " *Transactions*, 21st North Am. Wildlife Conf. (1956).

P. 68 *A Survey of Extent and Cost of Weed Control and Specific Weed Problems*. U. S. Dept. of Agric. ARS 34-23(March 1962).

P. 70 Barnes, Irston R. , "Sprays Mar Beauty of Nature, "*Washington Post*, Sept. 25, 1960.

P. 70 Goodwin, Richard H. , and William A. Niering, *A Roadside Crisis: The Use and Abuse of Herbicides*. Connecticut Arboretum Bulletin No. 11(March 1959), pp. 1-13.

P. 71 Boardman, William, "The Dangers of Weed Spraying, "*Veterinarian*, Vol. 6(Jan. 1961), pp. 9-19.

P. 72 Willard, C. J. , "Indirect Effects of Herbicides, "*Proc.* , 7th Annual Meeting North Central Weed Control Conf. (1950), pp. 110-12.

P. 72 Douglas, William O. , *My Wilderness: The Pacific West*. New York: Doubleday, 1960.

P. 72-73 Egler, Frank E. , *Vegetation Management for Rights-of-Way and Roadsides*. Smithsonian Report for 1953(Smithsonian Inst. , Washington, D. C. ), pp. 299-322.

P. 73 Bohart, George E. , "Pollination by Native Insects, "*Yearbook of Agric.* , U. S. Dept. of Agric. , 1952, pp. 107-21.

P. 74 Egler, *Vegetation Management*.

P. 74 Niering. William A. , and Frank E. Egler, "A Shrub Community of Viburnum lentago, Stable for Twenty five Years, "*Ecology*, Vol. 36(April 1955), pp. 356-60.

P. 74 Pound, Charles E. , and Frank E. Egler, "Brush Control in Southeastern New York: Fifteen years of Stable Tree Less Communities, "*Ecology*, Vol. 34(Jan. 1953), pp. 63-73.

P. 75 Egler, Frank E. , "Science, Industry, and the Abuse of Rights of Way, "*Science*, Vol. 127(1958), No. 3298, pp. 573-80.

P. 75 Niering, William A. , "Principles of Sound Right of Way Vegetation

Management," *Econ. Botany*, Vol. 12 (April-June 1958), pp. 140-44.

P. 75 Hall, William C., and William A. Niering, "The Theory and Practice of Successful Selective Control of 'Brush' by Chemicals," *Proc.*, 13th Annual Meeting Northeastern Weed Control Conf. (Jan. 8, 1959).

P. 75 Egler, Frank E., "Fifty Million More Acres for Hunting?" *Sports Afield*, Dec. 1954.

P. 75 McQuilkin, W. E., and L. R. Strickenberg, *Roadside Brush Control with 2, 4, 5 - T on Eastern National Forests*. Northeastern Forest Exper. Station Paper No. 148. Upper Darby, Penna., 1961.

P. 76 Goldstein, N. P., et al., "Peripheral Neuropathy after Exposurt to an Ester of Dichlorophenoxyacetic Acid," *Jour. Am. Med. Assn.*, Vol. 171 (1959), pp. 1306-9.

P. 76 Brody, T. M., "Effect of Certain Plant Growth Substances on Oxidative Phosphorylation in Rat Liver Mitochondria," *Proc. Soc. Exper. Biol. and Med.*, Vol. 80 (1952), pp. 533-36.

P. 76 Croker, Barbara H., "Effects of 2, 4 D and 2, 4, 5 T on Mitosis in *Allium cepa*," *Bot. Gazette*, Vol. 114 (1953), pp. 274-83.

P. 76 Willard, "Indirect Effects of Herbicides."

P. 77 Stahler, L. M., and E. J. Whitehead, "The Effect of 2, 4 D on Potassium Nitrate Levels in Leaves of Sugar Beets," *Science*, Vol. 112 (1950), No. 2921, pp. 749-51.

P. 77 Olson, O., and E. Whitehead, "Nitrate Content of Some South Dakota Plants," *Proc.*, South Dakota Acad. of Sci., Vol. 20 (1940), p. 95.

P. 78 *What's New in Farm Science*. Univ. of Wisc. Agric. Exper. Station

Annual Report, Pt. II, Bulletin 527 (July 1957), p. 18.

P. 78 Stahler and Whitehead, "The Effect of 2, 4 D on Potassium Nitrate Levels."

P. 78 Grayson, R. R. , "Silage Gas Poisoning: Nitrogen Dioxide Pneumonia, a New Disease in Agricultural Workers," *Annals Internal Med.*, Vol. 45 (1956), pp. 393-408.

P. 78 Crawford, R. F. , and W. K. Kennedy. *Nitrates in Forage Crops and Silage: Benefits, Hazards, Precautions*. New York State College of Agric. , Cornell Misc. Bulletin 37 (June 1960).

P. 78 Briejèr, C. J. , To author.

P. 79 Knake, Ellery L. , and F. W. Slife, "Competiton of Setaria faterii with Corn and Soybeans," *Weeds*, Vol. 10 (1962), No. 1, pp. 26-29.

P. 80 Goodwin and Niering, *A Roadside Crisis*.

P. 80 Egler, Frank E. , To author.

P. 80 DeWitt, James B. , To author.

P. 81 Holloway, James K. , "Weed Control by Insect," *Sci. American*, Vol. 197 (1957), No. 1, pp. 56-62.

P. 81 Holloway, James K. , and C. B. Huffaker, "Insects to Control a Weed," *Yearbook of Agric.* , U. S. Dept. of Agric. , 1952, pp. 135-40.

P. 81 Huffaker, C. B. , and C. E. Kennett, "A Ten Year Study of Vegetational Changes Associated with Biological Control of Klamath Weed," *Jour. Range Management*. Vol. 12 (1959), No. 2, pp. 69-82.

P. 82-83 Bishopp, F. C. , "Insect Friends of Man," *Yearbook of Agric.* , U. S. Dept. of Agric. , 1952, pp. 79-87.

## 七　不必要的大破坏

P. 87 Nickell, Walter, To author.

P. 88 *Here Is Your 1959 Japanese Beetle Control Program*, Release, Michigan State Dept. of Agric. , Oct. 19, 1959.

P. 88 Hadley, Charles H. , and Walter E. Fleming, "The Japanese Beetle," *Yearbook of Agric.* , U. S. Dept. of Agric. , 1952, pp. 567-73.

P. 89 Here Is Your 1959 Japanese Beetle Control Program.

P. 89 "No Bugs in Plane Dusting," *Detroit News*, Nov. 10, 1959.

P. 90 *Michigan Audubon Newsletter*, Vol. 9 (Jan. 1960. )

P. 91 "No Bugs in Plane Dusting. "

P. 91 Hickey, Joseph J. , "Some Effects of Insecticides on Terrestrial Birdlife," Report of Subco. on Relation of Chemicals to Forestry and Wildife, Madison, Wisc. , Jan. 1961. Special Report No. 6.

P. 92 Scott, Thomas G. , To author, Dec. 14, 1961.

P. 92 "Coordination of Pesticides Programs. " *Hearings*, 86th Congress, H. R. 11502, Com. on Merchant Marine and Fisheries, May 1960, p. 66.

P. 92-94 Scott, Thomas G. , et al. , "Some Effects of a Field Application of Dieldrin on Wildlife," *Jour. Wlidlife Management*, Vol. 23 (1959), No. 4, pp. 409-27.

P. 94 Hayes, Wayland J. , Jr. , "The Toxicity of Dieldrin to Man. ," *Bull. World Health Organ.* , Vol. 20 (1959), pp. 891-912.

P. 94–95 Scott, Thomas G. , To author, Dec. 14, 1961, Jan. 8, Feb. 15, 1962.

P. 96-98 Hawley, Ira M. , "Milky Diseases of Beetles," *Yearbook of Agric.* , U. S. Dept. of Agric. , 1952, pp. 394-401.

P. 96-98 Fleming, Walter E. , "Biological Control of the Japanese Beetle Especially with Entomogenous Diseases," *Proc.* , 10th Internatl. Congress of Entomologists(1956), Vol. 3(1958), pp. 115-25.

P. 98 Chittick, Howard A. (Fairfax Biological Lab. ), To author, Nov. 30, 1960.

P. 99 Scott et al. , "Some Effects of a Field Application of Dieldrin on Wildlife. "

八　再也没有鸟儿歌唱

P. 102 *Audubon Field Notes*. "Fall Migration Aug. 16 to Nov. 30, 1958. "Vol. 13(1959), No. 1, pp. 1-68.

P. 103 Swingle, R. U. , et al. , "Dutch Elm Disease," *Yearbook of Agric.* , U. S. Dept. of Agric. , 1949, pp. 451-52.

P. 104 Mehner, John F. , and George J. Wallace, "Robin Populations and Insecticides," *Atlantic Nturalist*, Vol. 14(1959), No. I, pp. 4-10.

P. 105 Wallace, George J. , "Insecticides and Birds," *Audubon Mag.* , Jan. - Feb. 1959.

P. 105 Barkes, Roy J. , "Notes on Some Ecological Effects of DDT Sprayed on Elms," *Jour. Wildlife Management*. Vol. 22(1958), No.

3, pp. 269-74.

P. 105 Hickey, Joseph J. , and L. Barrie Hunt, "Songbird Mortality Following Annual Programs to Control Dutch Elm Disease," *Atlantic Naturalist*, Vol. 15(1960), No. 2, pp. 87-92.

P. 106 Wallace, "Insecticides and Birds. "

P. 106 Wallace, George J. , "Another Year of Robin Losses on a University Campus," *Audubon Mag.* , March-April 1960.

P. 107 "Coordination of Pesticides Programs," *Hearings*, H. R. 11502, 86th Congress. Com. on Merchant Marine and Fisheries, May 1960, pp. 10, 12.

P. 107 Hickey, Joseph J. , and L. Barrie Hunt, "Initial Songbird Mortality Following a Dutch Elm Disease Control Program," *Jour. Wildlife Management*, Vol. 24(1960), No. 3, pp. 259-65.

P. 107 Wallace, George J. , et al. , *Bird Mortality in the Dutch Elm Disease Program in Michigan*. Cranbrook Inst. of Science Bulletin 41(1961).

P. 107 Hickey, Joseph J. , "Some Effects of Insecticides on Terrestrial Birdlife, "Report of Subcom. on Relation of Chemicals to Forestry and Wildlife, State of Wisconsin, Jan. 1961, pp. 2-43.

P. 108 Walton, W. R. , *Earthworms As Pests and Otherwise*. U. S. Dept. of Agric. Farmers'Bulletin No. 1569(1928).

P. 108 Wright, Bruce S. , "Woodcock Reproduction in DDT Sprayed Areas of New Brunswick," *Jour. Wildlife Management*, Vol. 24 (1960), No. 4, pp. 419-20.

P. 108 Dexter, R. W. , "Earthworms in the Winter Diet of the Opossum and the Raccoon, *"Jour. Mammal.*, Vol. 32(1951), p. 464.

P. 108 Wallace et al. , *Bird Mortality in the Dutch Elm Disease Program*.

P. 109 "Coordination of Pesticides Programs. "Testimony of George J. Wallace, p. 10.

P. 110 Wallace, "Insecticides and Birds. "

P. 110 Bent, Arthur C. , *Life Histories of North American Jays, Crows, and Titmice*. Smithsonian Inst. , U. S. Natl. Museum, Bulletin 191(1946).

P. 110 MacLellan, C. R. "Woodpecker Control of the Codling Moth in Nova Scotia Orchards, *"Atlantic Naturalist*, Vol. 16(1961), No. 1, pp. 17-25.

P. 111 Knight, F. B. , "The Effects of Woodpeckers on Populations of the Engelmann Spruce Beetle, " *Jour. Econ. Entomol.* , Vol. 51 (1958), pp. 603-7.

P. 112 Carter, J. C. , To author, June 16, 1960.

P. 113 Sweeney, Joseph A. , To author, March 7, 1960.

P. 113 Welch, D. S. , and J. G. Matthysse, *Control of the Dutch Elm Disease in New York State*. New York State College of Agric. , Cornell Ext. Bulletin No. 932(June 1960), pp. 3-16.

P. 114 Matthysse, J. G. , *An Evaluation of Mist Blowing and Sanitation in Dutch Elm Disease Control Programs*. New York State College of Agric. , Cornell Ext. Bulletin No. 30(July 1959), pp. 2-16.

P. 114 Miller, Howard, To author, Jan. 17, 1962.

P. 115 Matthysse, *An Evaluation of Mist Blowing and Sanitation*.

P. 115 Elton, Charles S. , *The Ecology of Invasions by Animals and Plants*.

New York: Wiley, 1958.

P. 116 Broley, Charles E. , "The Bald Eagle in Florida," *Atlantic Naturalist*, July 1957, pp. 230-31.

P. 116 ——, "The Plight of the American Bald Eagle," Audubon Mag. , July-Aug. 1958, pp. 162-63.

P. 116-117 Cunningham, Richard L. , "The Status Of the Bald Eagle in Florida," *Audubon Mag.* , Jan. – Feb. 1960, pp. 24-43.

P. 117 "Vanishing Bald Eagle Gets Champion," *Florida Naturalist*, April 1959, p. 64.

P. 117 McLaughlin, Frank, "Bald Eagle Survey in New Jersey," *New Jersey Nature News*, Vol. 16 (1959), No. 2, p. 25. Interim Report, Vol. 16 (1959), No. 3, p. 51.

P. 117-118 Broun, Maurice, To author, May 22, 30, 1960.

P. 118 Beck, Herbert H. , To author, July 30, 1959.

P. 118 Rudd, Robert L. , and Richard E. Genelly, *Pesticides: Their Use and Toxicity in Relation to Wildlife*. Calif. Dept. of Fish and Game, Game Bulletin No. 7 (1956), p. 57.

P. 118-120 DeWitt, James B. , "Effects of Chlorinated Hydrocarbon Insecticides upon Quail and Pheasants," *Jour. Agric. and Food Chem.* , Vol. 3 (1955), No. 8, p. 672.

P. 118-120 ——, "Chronic Toxicity to Quail and Pheasants of Some Chlorinated Insecticides." *Jour. Agric. and Food Chem.* , Vol. 4 (1956), No. 10, p. 863.

P. 120 Imler, Ralph H. , and E. R. Kalmbach, *The Bald Eagle and Its*

*Economic Status* . U. S. Fish and Wildlife Service Circular 30(1955).

P. 120 Mills, Herbert R. , "Death in the Florda Marshes," *Audubon Mag.* , Sept. – Oct. 1952.

P. 120 *Bulletin* , Internatl. Union for the Conservation of Nature, May and Oct. 1957.

P. 121 *The Deaths of Birds and Mammals Connected with Toxic Chemicale in the First Half of 1960* . Report No. 1 of the British Trust for Ornithology and Royal Sco. for the Protection of Birds. Com. on Toxic Chemicals, Royal Soc. Protect. Birds.

P. 121-123 Sixth Report from the Estimates Com. , Ministry of Agric. , Fisheries and Food, Sess. 1960-61, House of Commons.

P. 122 Christian, Garth, "Do Seed Dressings Kill Foxes?" *Country Life* , Jan. 12, 1961.

P. 123 Rudd, Robert L. , and Richard E. Genelly, "Avian Mortality from DDT in Californian Rice Fields," *Condor*, Vol. 57(March-April 1955), pp. 117-18.

P. 123 Rudd and Genelly, *Pesticides* .

P. 124 Dykstra, Walter W. , "Nuisance Bird Control," *Audubon Mag.* , May – June 1960. pp. 118-19.

P. 124 Buchheister, Carl W. , "What About Problem Birds?" Audubon Mag. , May-June 1960, pp. 116-18.

P. 125 Quinby, Griffith E. , and A. B. Lemmon, "Parathion Residues As a Cause of Poisoning in Crop Workers," *Jour. Am. Med. Assn.* , Vol. 166(Feb. 15, 1958), pp. 740-46.

## 九 死亡的河流

P. 128-132 Kerswill ,C. J. , "Effects of DDT Spraying in New Bruns-
wick on Future Runs of Adult Salmon, " *Atlantic Advocate*, Vol. 48
(1958), pp. 65-68.

P. 128-132 Keenleyside, M. H. A. , "Insecticides and Wildlife, " *Canadi-
an Audubon*, Vol. 21(1959), No. 1, pp. 1-7.

P. 128-132 ——, "Effects of Spruce Budworm Control on Salmon
and Other Fishes in New Brunswick. " *Canadian Fish Culturist*, Is-
sue 24(1959), pp. 17-22.

P. 128-132 Kerswill. C. J. , *Investigation and Management of Atlantic
Salmon in 1956* (also for 1957, 1958, 1959-60; in 4 parts). Federal-
Pro-vincial Co-ordinating Com. on Atlantic Salmon(Canada).

P. 130 Ide, F. P. , "Effect of Forest Spraying with DDT on Aquatic In-
sects of Salmon Streams, " *Transactions*, Am. Fisheries Soc. , Vol.
86(1957), pp. 208-19.

P. 130-131 Kerswill, C. J. , To author, May 9, 1961.

P. 131-132 ——, To author, June 1, 1961.

P. 132-133 Warner, Kendall, and O. C. Fenderson, "Effects of Forest
Insect Spraying on Northerm Maine Trout Streams. " Maine Dept.
of Inland Fisheries and Game. Mimeo. , n. d.

P. 132-133 Alderdice, D. F. , and M. E. Worthington, "Toxicity of a
DDT Forest Spray to Young Salmon. " *Canadian Fish Culturist*, Is-

sue 24(1959), pp. 41-48.

P. 133 Hourston, W. R. , To author, May 23, 1961.

P. 133-134 Graham, R. J. , and D. O. Scott, *Effects of Forest Insect Spraying on Trout and Aquatic Insects in Some Montana Streams*. Final Report, Mont. State Fish and Game Dept. , 1958.

P. 134 Graham. R. J. , "Effects of Forest Insect Spraying on Trout and Aquatic Insects in Some Montana Streams,"in *Biological Problems in Water Pollution*. Transactions, 1959 seminar. U. S. Public Health Service Technical Report W60-3(1960).

P. 135 Crouter, R. A. , and E. H. Vernon, "Effects of Black headed Budworm Control on Salmon and Trout in British Columbia, " *Canadian Fish Culturist*, Issue 24(1959), pp. 23-40.

P. 135 Whiteside, J. M. , "Spruce Budworm Control in Oregon and Washington, 1949-1956. "*Proc.* , 10th Internatl. Congress of Entomologists(1956), Vol. 4(1958), pp. 291-302.

P. 136 *Pollution - Caused Fish KIlls in 1960*. U. S. Public Health Service Publ. No. 847(1961), pp. 1-20.

P. 136 "U. S. Anglers—Three Billion Dollars, " *Sport Fishing Inst. Bull.* , No. 119(Oct. 1961).

P. 137 Powers, Edward( Bur, of Commercial Fisheries), To author.

P. 137 Rudd, Robert L. , and Richard E. Genelly, *Pesticides: Their Use and Toxicity in Relation to Wildlife*. Calif. Dept. of Fish and Game, Game Bulletin No. 7(1956), p. 88.

P. 137 Biglane, K. E. , To author, May 8, 1961.

P. 137-138 Release No. 58-38, Penna, Fish Commission, Dec. 8, 1958.

P. 137-138 Rudd and Genelly, *Pesticides*, p. 60.

P. 137-138 Henderson, C. , et al. , "The Relative Toxicity of Ten Chlorinated Hydrocarbon Insecticides to Four Species of Fish," paper presented at 88th Annual Meeting Am. Fisheries Soc. (1958).

P. 137-138 "The Fire Ant Eradication Program and How It Affects Wildlife," subject of *Proc. Symposiun*, 12th Annual Conf. Southeastern Assn. Game and Fish Commissioners, Louisville, Ky. (1958). Pub. by the Assn. , Columbia. S. C. , 1958.

P. 137-138 "Effects of the Fire Ant Eradication Program on Wildlife," report, U. S. Fish and Wildlife Service, May 25, 1958. Mimeo.

P. 137-138 *Pesticide-Wildlife Review*, 1959. Bur. Sport Fisheries and Wildlife Circular 84(1960), U. S. Fish and Wildlife Service, pp. 1-36.

P. 137-138 Baker, Maurice F. , "Observations of Effects of an Application of Heptachlor of Dieldrin on Wildlife," in *Proc. Symposium*, pp. 18-20.

P. 138 Glasgow, L. L. , "Studies on the Effect of the Imported Fire Ant Control Program on Wildlife in Louisiana," in *Proc. Symposium*, pp. 24-29.

P. 138 *Pesticide-Wildlife Review*, 1959.

P. 138 *Progress in Sport Fishery Research, 1960*. Bur. Sport Fisheries and Wildlife Circular 101(1960), U. S. Fish and Wildlife Service.

P. 138 "Resolution Opposing Fire Ant Program Passed by American Society of Ichthyologists and Herperologists," *Copeia* (1959), No. 1, p. 89.

P. 139-140 Young, L. A. , and H. P. Nicholson, "Stream Pollution Resulting from the Use of Organic Insecticides, "*Progressive Fish Culturist*, *V*ol. 13(1951), No. 4, pp. 193-98.

P. 140 Rudd and Genelly, *Pesticides*.

P. 140 Lawrence, J. M. , "Toxicity of Some New Insecticides to Several Species of Pondfish, " *Progressive Fish Culturist*, Vol. 12 (1950), No. 4, pp. 141-46.

P. 141 Pielow, D. P. , "Lethal Effects of DDT on Young Fish, " *Nature*, Vol. 158(1946), No. 4011, p. 378.

P. 141 Herald, E. S. , "Notes on the Effect of Aircraft Distributed DDT-Oil Spray upon Certain Philippine Fishes, " *Jour. Wildlife Man agement*, Vol. 13(1949), No. 3, p. 316.

P. 141-144 "Report of Investigation of the Colorado River Fish Kill, January, 1961. "Texas Game and Fish Commission, 1961. Mimeo.

P. 144 Harrington, R. W. , Jr. , and W. L. Bidlingmayer, "Effects of Dieldrin on Fishes and Invertebrates of a Salt Marsh, " *Jour. Wildlife Management*, Vol. 22(1958), No. 1, pp. 76-82.

P. 145 Mills, Herbert R. , "Death in the Florida Marshes, " *Audubon Mag.* , Sept. – Oct. 1952.

P. 145 Springer, Paul F. , and John R. Webster, *Effects of DDT on Salt-marsh Wildlife*: 1949. U. S. Fish and Wildlife Service, Special Scientific Report, Wildlife No. 10(1949).

P. 146-147 John C. Pearson, To author.

P. 147-148 Butler, Philip A. , "Effects of Pesticides on Commercial Fisheries, "Proc. , 13th Annual Session(Nov. 1960), Gulf and Caribbean Fisheries Inst. , pp. 168-71.

一〇  无人幸免的天灾

P. 152 Perry, C. C. , *Gypsy Moth Appraisal Program and Proposed Plan to Prevent Spread of the Moths*. U. S. Dept. of Agric. Technical Bulletin No. 1124(Oct. 1955).

P. 152-153 Corliss, John M. , "The Gypsy Moth," *Yearbook of Agric.* , U. S. Dept. of Agric. , 1952, pp. 694-98.

P. 153 Worrell, Albert C. , "Pests, Pesticides, and People," Offprint From *Am. Forests Mag.* , July 1960.

P. 153 Clausen, C. P. , "Parasites and Predators," *Yearbook of Agric.* , U. S. Dept. of Agric. , 1952, pp. 380-88.

P. 153 Perry, *Gypsy Moth Appraisal Program*.

P. 154 Worrell, "Pests, Pesticides, and People."

P. 154 "USDA Launches Large Scale Effort to Wipe Out Gypsy Moth," Press release, U. S. Dept. of Agric. , March 20, 1957.

P. 154 Worrell, "Pests, Pesticides, and People."

P. 154 *Robert Cushman Murphy et al. v. Ezra Taft Benson et al.* U. S. District Court, Eastern District of New York, Oct. 1959, Civ. No. 17610.

P. 154 *Murphy et al. v. Benson et al.* Petition for a Writ of Certiorari to the U. S. Court of Appeals for the Second Circuit, Oct, 1959.

P. 154 Waller, W. K. , "Poison on the Land," Audubon Mag. , March-April 1958, pp. 68-71.

P. 155 *Murphy et al. v. Benson et al*. U. S. Supreme Cout Reports, Memorandum Cases, No. 662, March 28, 1960.

P. 155 Waller, "Poison on the Land. "

P. 156 *Am. Bee Jour*. , June 1958, p. 224.

P. 157 *Murphy et al*. v. *Benson et al*. U. S. Court of Appeals, Second Circuit. Brief for Defendant Appellee Butler, No, 25, 448, March 1959.

P. 157 Brown, William L. , Jr. , "Mass Insect Control Programs: Four Case Histories, "*Psyche*, Vol. 68 (1961), Nos. 2-3, pp. 75-111.

P. 157-158 Arant, F. S, . et al. , "Facts about the Imported Fire Ant, " *Highlights of Agric. Research*, Vol. 5 (1958), No. 4.

P. 158 Brown, "Mass Insect Control Programs. "

P. 158 "Pesticides: Hedgehopping into Trouble?" *Chemical Week*, Feb. 8, 1958, p. 97.

P. 159 Arant et al. , "Facts about the Imported Fire Ant. "

P. 159 Byrd, I. B. , "What Are the Side Effects of the Imported Fire Ant Control Program?" in *Biolgical Problems in Water Pollution*. Transactions, 1959 seminar. U. S. Public Health Service Technical Report W60-3 (1960), pp. 46-50.

P. 159 Hays, S. B. , and K. L. Hays, "Food Habits of Solenopsis-saevissima richteri Forel, "*Jour. Econ. Entomol*. , Vol. 52 (1959), No. 3, pp. 455-57.

P. 160 Caro, M. R. , et al. , "Skin Rseponses to the Sting of the Imported Fire Ant, "*A. M. A. Archives Dermat*. , Vol. 75 (1957), pp. 475-88.

P. 160 Byrd, "Side Effects of Fire Ant Program. "

P. 160 Baker, Maurice F. , *in Virginia Wildlife*, Nov. 1958.

P. 161 Brown, "Mass Insect Control Programs. "

P. 162 *Pesticide-Wildlife Review, 1959*, Bur. Sport Fisheries and Wildlife Circular 84(1960), U. S. Fish and Wildlife Service, pp. 1-36.

P. 162 "The Fire Ant Eradication Program and How It Affects Wildlife, "subject of *Proc. Symposium*, 12th Annual Conf. Southeastern Assn. Game and Fish Commissioners, Louisville, Ky. (1958), Pub. by the Assn. , Columbia, S. C. , 1958.

P. 162-163 Wright, Bruce S. , " Woodcock Reproduction in DDT Sprayed Areas of New Brunswick, " *Jour. Wildlife Management*, Vol. 24(1960), No. 4, pp. 419-20.

P. 163 Clawson, Sterling G. , "Fire Ant Eradication and Quail, " *Alabama Conservation*. , Vol. 30. (1959), No. 4, p. 14.

P. 163 Rosene, Walter, "Whistling Cock Counts of Bobwhite Quail on Areas Treated with Insecticide and on Untreated Areas, Decatur County, Georgia, " *in Proc. Symposium*, pp. 14-18.

P. 163 *Pesticide-Wildlife Review, 1959*.

P. 163-164 Cottam, Clarence, "The Uncontrolled Use of Pesticides in the Southeast, "address to Southeastern Assn. Fish, Game and Conservation Commissioners, Oct. 1959.

P. 165 Poitevint, Otis L. , Address to Georgia Sports-men's Fed. , Oct. 1959.

P. 165 Ely, R. E. , et al. , "Excretion of Heptachlor Epoxide in the Milk of Dairy Cows Fed Heptaclor Sprayed Forage and Technical Heptachlor, " *Jour. Dairy Sci*. , Vol. 38(1955), No. 6, pp. 669-72.

P. 165 Gannon, N. , et al. , "Storage of Dieldrin in Tissues and Its Excretion in Milk of Dairy Cows Fed Dieldrin in Their Diets, " *Jour. Agric. and Food Chem.* , Vol. 7 (1959), No. 12, pp. 824-32.

P. 165 *Insecticide Recommendations of the Entomology Research Division for the Control of Insects Attacking Crops and Linestock for 1961.* U. S. Dept. of Agric. Handbook No. 120 (1961).

P. 166 Peckinpaugh, H. S. ( Ala. Dept. of Agric. and Indus. ), To author, March 24, 1959.

P. 166 Hartman, H. L. (La. State Board of Health), To author, March 23, 1959.

P. 166 Lakey, J. F. (Texas Dept. of Health). To author, March 23, 1959.

P. 166 Davidow, B. , and J. L. Radomski, "Metabolite of Heptachlor, Its Analysis, Storage, and Toxicity, " *Federation Proc.* , Vol. 11 (1952), No. 1, p. 336.

P. 166 Food and Drug Administration, U. S. Dept. of Health, Education, and Welfare, in *Federal Register*, Oct. 27, 1959.

P. 167 Burgess, E. D. (U. S. Dept. of Agric. ), To author, June 23, 1961.

P. 167 "Fire Ant Control is Parley Topic, " *Beaumont [Texas] Journal*, Sept. 24, 1959.

P. 167 "Coordination of Pesticides Programs, " *Hearings*, 86th Congress, H. R. 11502, Com. on Merchant Marine and Fisherise, May 1960, p. 45.

P. 168 Newsom, L. D. (Head, Entomol. Research, La. State Univ. ), To author, March 23. 1962.

P. 168 Green, H. B. , and R. E. Hutchins, *Economical Method for Control of Imported Fire Ant in Pastures and Meadows*. Miss. State Univ. Agric. Exper. Station Information Sheet 586(May 1958).

## 一一 超越波吉亚家族的梦想

P. 171 "Chemicals in Food Products," *Hearings*, 81st Congress, H. R. 323, Com. to Investigate Use of Chemicals in Food Products, Pt. I, (1950), pp. 388-90.

P. 171 *Clothes Moths and Carpet Beetles*. U. S. Dept. of Agric. , Home and Garden Bulletin No. 24(1961).

P. 172 Mulrennan, J. A. To author, March 15, 1960.

P. 172 *New York Times*, May 22, 1960.

P. 173 Petty, Charles S. , "Organic Phosphate Insecticide Poisoning. Residual Effects in Two Cases," *Am. Jour. Med.*, Vol. 24(1958), pp. 467-70.

P. 173 Miller, A. C. , et al. , "Do People Read Labels on Household Insecticides?" *Soap and Chem. Specialties*, Vol. 34(1958), No. 7, pp. 61-63.

P. 174 Hayes, Wayland J. , Jr. , et al. , "Storage of DDT and DDE in People with Different Degrees of Exposure to DDT," *A. M. A. Archives Indus. Health*, Vol. 18(Nov. 1958), pp. 398-406.

P. 174 Walker, Kenneth C. , et al. , "Pesticide Residues in Foods. Dichlorodiphenyltrichloroethane and Dichlorodiphenyldichloroethylene Content of Prepared Meals," *Jour. Agric. and Food Chem.*, Vol. 2 (1954), No, 20, pp. 1034-37.

P. 175 Hayes, Wayland J. , Jr. , et al. , "The Effect of Known Repeated

Oral Doses of Chlorophenothane(DDT)in Man,"*Jour. Am. Med. Assn*. , Vol. 162(1956), No. 9, pp. 890-97.

P. 175 Milstead, K. L. , "Highlights in Various Areas of Enforcement, " address to 64th Annual Conf. Assn. of Food and Drug Offcials of U. S. , Dallas(June 1960).

P. 176 Durham, William, et al. , "Insecticide Content of Diet and Body Fat of Alaskan Natives,"*Science*, Vol. 134(1961), No. 3493, pp. 1880-81.

P. 176 "Pesticides—1959,"*Jour. Agric. and Food Chem*. , Vol. 7(1959), No. 10, pp. 674-88.

P. 177 *Annual Reports*, Food and Drug Administration, U. S. Dept. of Health, Education, and Welfare. For 1957, pp. 196, 197; 1956, p. 203.

P. 177 Markarian, Haig. et al. , "Insecticide Residues in Foods Subjected to Fogging under Simulatde Warehouse Conditions, " *Abstracts* 135th Meeting Am. Chem. Soc. (April 1959).

一二　人类的代价

P. 184 Price, David E. , "Is Man Becoming Obsolete?"*Public Health Reports*, Vol. 74(1959), No. 8, pp. 693-99.

P. 184 "Report on Environmental Health Problems,"*Hearings*, 86th Congress, Subcom. of Com. on Appropriations, March 1960, p. 34.

P. 185 Dubos, René, *Mirage of Health*. New York: Harper, 1959. World Perspectives Series. p. 171.

P. 185 *Medical Resarch: A Midcentury Survey*. Vol. 2, *Unsolved Clinical*

*Problems in Biological Perspective*. Boston: Little, Brown, 1955. p. 4.

P. 186 "Chemicals in Food Products," *Hearings*, 81st Congress, H. R. 323, Com. to Investigate Use of Chemicals in Food Products, 1950, p. 5. Testimony of A. J. Carlson.

P. 186 Paul, A. H. , "Dieldrin Poisoning —a Case Report," *New Zealand Med*. Jour. , Vol. 58(1959), p. 393.

P. 186 "Insecticide Storage in Adipose Tissue," editorial, *Jour. Am. Med. Assn*. , Vol. 145(March 10, 1951), pp. 735-36.

P. 187 Mitchell, Philip H. , *A Textbook of General Physiology*. New York: McGraw-Hill, 1956, 5th ed.

P. 187 Miller, B. F. , and R. Goode, *Man and His Body: The Wonders of the Human Mechanism*. New York: Simon and Schuster, 1960.

P. 187 Dubois, Kenneth P. , "Potentiation of the Toxicity of Insecticidal Organic Phosphates," *A. M. A. Archives Indus. Health*, Vol. 18 (Dec, 1958), pp. 488-96.

P. 188 Gleason, Marion, et al. , *Clinical Toxicology of Commercial Products*. Baltimor: Williams and Wilkins, 1957.

P. 189 Case, R. A. M. , "Toxic Effects of DDT in Man," *Brit. Med. Jour*. , Vol. 2(Dec. 15, 1945), pp. 842-45.

P. 189 Wigglesworth, V. D. , "A Case of DDT Poisoning in Man," *Brit, Med. Jour*. , Vol. 1(April 14, 1945), p. 517.

P. 189 Hayes, Wayland J. , Jr. , et al. , "The Effect of Known Repeated Oral Doses of Chlorophenothane(DDT) in Man," *Jour. Am. Med. Assn*. , Vol. 162(Oct. 27, 1956), pp. 890-97.

P. 189-190 Hargraves, Malcolm M. , "Chemical Pesticides and Conservation Problems," address to 23rd Annual Conv. Natl. Wildlife Fed. (Fed. 27, 1959). Mimeo.

P. 190 ———, and D. G. Hanlon, "Leukemia and Lymphoma—Environmental Diseases?" paper presented at Internatl. Congress of Hematology, Japan, Sept. 1960. Mimeo.

P. 190 "Chemicals in Food Products," *Hearings*, 81st Congress, H. R. 323, Com. to Investigate Use of Chemials in Food Products, 1950. Testimony of Dr. Morton S. Biskind.

P. 191 Thompson, R. H. S. , "Cholinesterases and Anticholinesterases," *Lectures on the Scientific Basis of Medicine*, Vol. II(1952-53), Univ. of London. London: Athlone Press, 1954.

P. 191 Laug, E. P. , and F. M. Keenz, "Effect of Carbon Tetrchloride on Toxicity and Storage of Methoxychlor in Rats," *Federation Proc.* , Vol. 10(March 1951), p. 318.

P. 192 Hayes, Wayland J. , Jr. , "The Toxicity of Dieldrin to Man," *Bull. World Health Organ.* , Vol. 20(1959), pp. 891-912.

P. 192 "Abuse of Insecticide Fumigating Devices." *Jour. Am. Med. Assn.* , Vol. 156(Oct. 9, 1954), pp. 607-8.

P. 192-193 "Chemicals in Food Products." Testimony of Dr. Paul B. Dunbar, pp. 28-29.

P. 193 Smith, M. I. , and E. Elrove, "Pharmacological and Chemical Studies of the Cause of So-Called Ginger Paralysis," *Public Health Reports*, Vol. 45(1930), pp. 1703-16.

P. 193 Durham, W. F. , et al. , "Paralytic and Related Effects of Certain Organic Phosphorus Compounds, "*A. M. A. Archives Indus. Health*, Vol. 13(1956), pp. 326-30.

P. 193 Bidstrup, P. L. , et al. , "Anticholinesterases (Paralysis in Man Following Poisoning by Cholinesterase Inhibitors), " *Chem. and Indus.* , Vol. 24(1954), pp. 674-76.

P. 194 Gershon, S. , and F. H. Shaw, "Psychiatric Sequelae of Chronic Exposure to Organophosphorus Insecticides, " *Lancet*, Vol. 7191 (June 24, 1961), pp. 1371-74.

## 一三 通过一扇狭小的窗户

P. 195 Wald, George, "Life and Light, "*Sci. American*, Oct. 1959, pp. 40-42.

P. 196 Rabinowitch, E. I. , Quoted in *Medical Research*: *A Midcentury Survey*. Vol. 2, *Unsolved Clinical Problems in Biological Perspective*. Boston: Little, Bown, 1955, p. 25.

P. 197 Ernster, L. , and O. Lindberg, "Animal Mitochondria, " *Annual Rev. Physiol.* , Vol. 20(1958), pp. 13-42.

P. 198 Siekevitz, Philip, "Powerhouse of the Cell, " *Sci. American*, Vol. 197(1957), No. 1, pp. 131-40.

P. 198 Green, David E. , "Biological Oxidation, " *Sci. American*, Vol. 199(1958), No. 1, pp. 56-62.

P. 198 Lehninger, Albert L. , "Energy Transformation in the Cell." *Sci. American*, Vol. 202(1960), No. 5, pp. 102-14.

P. 198 ——, *Oxidative Phosphorylation*. Harvey Lectures (1953-54),
Ser. XLIX, Harvard University. Cambridge: Harvard Univ.
Press, 1955. pp. 176-215.

P. 199 Siekevitz, "Powerhouse of the Cell."

P. 203 Simon, E. W. , "Mechanisms of Dinitrophenol Toxicity," *Biol,
Rev.* , Vol. 28 (1953), pp, 453-79.

P. 199 Yost, Henry T. , and H. H. Robson, "Studies on the Effects of
Irradiation of Cellular Particulates. III. The Effect of Combined
Radiation Treatments on Phosphorylation," *Biol. Bull.* , Vol. 116
(1959), No. 3, pp. 498-506.

P. 199 Loomis, W. F. , and Lipmann, F. , "Reversible Inhibition of the
Coupling between Phosphorylation and Oxidation," *Jour. Biol.
Chem.* , Vol. 173 (1948), pp. 807-8.

P. 200 Brody, T. M. , "Effect of Certain Plant Growth Substances on
Oxidative Phosphorylation in Rat Liver Mitochondria," *Proc. Soc.
Exper. Biol. and Med.* , Vol. 80 (1952), pp. 533-36.

P. 200 Sacklin, J. A. , et al. , "Effect of DDT on Enzymatic Oxidation
and Phosphorylation," *Science*, Vol. 122 (1955), pp. 377-78.

P. 200 Danziger, L. , "Anoxia and Compounds Causing Mental Disorders in
Man," *Diseases Nervous System*, Vol. 6 (1945), No. 12, pp. 365-70.

P. 200 Goldblatt, Harry, and G. Gameron, "Induced Malignancy in
Cells from Rat Myocardium Subjected to Intermittent Anaerobio-
sis During Long Propagation in Vitro," *Jour. Exper. Med.* , Vol. 97
(1953), No. 4, pp. 525-52.

P. 200 Warburg, Otto, "On the Origin of Cancer Cells, " *Science*, Vol. 123(1956), No. 3191, pp. 309-14.

P. 201 "Congenital Malformations Subiect of Study, " *Registrar*, U. S. Public Health Service, Vol. 24, No, 12(Dec. 1959), p. 1.

P. 201 Brachet, J. , *Biochemical Cytology*. New York: Academic Press, 1957. p. 516.

P. 202 Genelly, Richard E. , and Robert L. Rudd, "Effects of DDT, Toxaphene, and Dieldrin on Pheasant Reproduction, " *Auk*, Vol. 73 (Oct. 1956), pp. 529-39.

P. 202 Wallace, George J. , To author, June 2, 1960.

P. 202 Cottam, Clarence, "Some Effects of Sprays on Crops and Live-stock, "address to Soil Conservation Soc. of Am. , Aug. 1961. Mimeo.

P. 202 Bryson, M. J. , et al. , "DDT in Eggs and Tissues of Chickens Fed Varying Levels of DDT, "*Advances in Chem.* , Ser. No. 1, 1950.

P. 203 Genelly, Richard E. , and Robert L. Rudd, "Chronic Toxicity of DDT, Toxaphene, and Dieldrin to Ring-necked Pheasants, "*Calif*, *Fish and Game*, Vol. 42(1956), No. 1, pp. 5-14.

P. 203 Emmel, L. , and M. Krupe, "The Mode of Action of DDT in Warm-blooded Animals, "*Zeits. für, Naturforschung*, Vol. 1(1946), pp. 691-95.

P. 203 Wallace, George J. , To author.

P. 203 Pillmore, R. E. , "Insecticide Residues in Big Game Animals, " U. S. Fish and Wildlife Service, pp. 1-10. Denver, 1961. Mimeo.

P. 203 Hodge, C. H. , et al. , "Short Term Oral Toxicity Tests of Meth-oxychlor in Rats and Dogs, "*Jour. Pharmacol. and Exper. Therapeut* .

Vol. 99 (1950), p. 140.

P. 203 Burlington, H., and V. F. Lindeman, "Effect of DDT on Testes and Secondary Sex Characters of White Leghorn Cockerels, "*Proc. Soc. Exper. Biol. and Med.*, Vol. 74, (1950), pp. 48-51.

P. 203 Lardy, H. A., and P. H. Phillips, "The Effect of Thyroxine and Dinitrophenol on Sperm Metabolism, "*Jour. Biol. Chem.*, Vol. 149 (1943), p. 177.

P. 204 "Occupational Oligospermia, "letter to Editor, *Jour. Am. Med. Assn.*, Vol. 140, No. 1249 (Aug. 13, 1949).

P. 204 Burnet, F. Macfarlane, "Leukemia As a Problem in Preventive Medicine, "*New Eng. Jour. Med.*, Vol. 259 (1958), No. 9, pp. 423-31.

P. 204 Alexander, Peter, "Radiation-Imitating Chemicals, " *Sci. American*, Vol. 202 (1960), No. 1, pp. 99-108.

P. 206 Simpson, George G., C. S. Pittendrigh, and L. H. Tiffany, *Life: An Introduction to Biology*. New York: Harcourt, Brace, 1957.

P. 207 Burnet, "Leukemia As a Problem in Preventive Medicine. "

P. 207 Bearn, A. G., and J. L. German III, "Chromosomes and Disease, "*Sci. American*, Vol. 205 (1961), No. 5, pp. 66-76.

P. 207 "The Nature of Radioactive Fall-out and Its Effects on Man, " Hearings, 85th Congress, Joint Com. on Atomic Energy, Pt. 2 (June 1957), p. 1062. Testimony of Dr. Hermann J. Muller.

P. 208 Alexander, "Radiation Imitating Chemicals. "

P. 208 Muller, Hermann J., "Radiation and Human Mutation, "*Sci. American*, Vol. 193 (1955), No. 11, pp. 58-68.

P. 209 Conen, P. E. , and G. S. Lansky, "Chromosome Damage during Nitrogen Mustard Therapy," *Brit. Med. Jour.*, Vol. 2 ( Oct. 21, 1961), pp. 1055-57.

P. 209 Blasquez, J. , and J, Maier, "Ginandromorfismo en *Culex fatigans* sometidos por generaciones sucesivas a exposiciones de DDT," *Revista de Sanidad y Assistencia Social* (Caracas), Vol. 16( 1951), pp. 607-12.

P. 209 Levan, A. , and J. H. Tjio, "Induction of Chromosome Fragmentation by Phenols," *Hereditas*, Vol. 34( 1948), pp. 453-84.

P. 209 Loveless, A. , and S. Revell, "New Evidence on the Mode of Action of' Mitotic Poisons, '"*Nature*, Vol. 164(1949), pp. 938-44.

P. 209 Hadorn, E. , et al. , Quoted by Charlotte Auerbach in "Chemical Mutagenesis," *Biol. Rev.*, Vol. 24( 1949), pp. 355-91.

P. 209 Wilson, S. M. , et al. , "Cytological and Genetical Effects of the Defoliant Endothal," *Jour. of Heredity*, Vol. 47(1956), No. 4, pp. 151-55.

P. 209 Vogt, quoted by W. J. Burdette in "The Significance of Mutation in Relation to the Origin of Tumors: A Review," *Cancer Research*, Vol. 15(1955), No. 4, pp. 201-26.

P. 209 Swanson, Carl, *Cytology and Cytogenetics*. Englewood Cliffs, N. J. : Prentice-Hall. 1957.

P. 209 Kostoff, D. , "Induction of Cytogenic Changes and Atypical Growth by Hexachlorcyclohexane," *Science*, Vol. 109 ( May 6, 1949), pp. 467-68.

P. 209 Sass, John E. , "Response of Meristems of Seedlings to Benzene Hexachloride Used As a Seed Protectant," *Science*, Vol. 114(Nov.

2, 1951), p. 466.

P. 209 Shenefelt, R. D. , "What's Behind Insect Control?" in *What's New in Farm Science*. Univ. of Wisc. Agric. Exper. Station Bulletin 512(Jan. 1955).

P. 209 Croker, Barbara H. , "Effects of 2, 4 D and 2, 4, 5 T on Mitosis in *Allium cepa*," *Bot. Gazette*, Vol. 114(1953), pp. 274-83.

P. 209 Mühling. G. N. , et al. , "Cytological Effects of Herbicidal Substituted Phenols," *Weeds*, Vol. 8(1960), No. 2, pp. 173-81.

P. 210 Davis, David E. , To author, Nov. 24, 1961.

P. 210 Jacobs, Patricia A. , et al. , "The Somatic Chromosomes in Mongolism," *Lancet*, No. 7075(April 4, 1959), p. 710.

P. 210 Ford, C. E. , and P. A. Jacobs, "Human Somatic Chromosomes," *Nature*, June 7, 1958, pp. 1565-68.

P. 210 "Chromosome Abnormality in Chronic Myeloid Leukaemia," editorial, *Brit. Med. Jour.* , Vol. 1(Feb. 4, 1961), p. 347.

P. 210 Bearn and German, "Chromosomes and Disease."

P. 211 Patau, K. , et al. , "Partial Trisomy Syndromes. I. Sturge Weber's Disease," *Am. Jour. Human Genetics*, Vol. 13(1961), No. 3, pp. 287-98.

P. 212 ——, "Partial-Trisomy Syndromes. II. An Insertion As Cause of the OFD Syndrome in Mother and Daughter," *Chromosoma* (Berlin), Vol. 12(1961), pp. 573-84.

P. 212 Therman, E. , et al. , "The D Trisomy Syndrome and XO Gonadal Dysgenesis in Two Sisters," *Am. Jour. Human Genetics*, Vol. 13(1961), No. 2, pp. 193-204.

## 一四  每四个中有一个

P. 215 Hueper, W. C. , "Newer Developments in Occupational and Environmental Cancer," *A. M. A. Archives Inter. Med.* , Vol. 100 (Sept. 1957), pp. 487-503.

P. 216  ——, *Occupational Tumors and Allied Diseases*. Springfield, Ill. : Thomas, 1942.

P. 217  ——, "Environmental Cancer Hazards: A Problem of Community Health," *Southern Med. Jour.* , Vol. 50(1957), No. 7, pp. 923-33.

P. 217 "Estimated Numbers of Deaths and Death Rates for Selected Causes: United States," Annual Summary for 1959, Pt. 2, *Monthly Vital Statistics Report*, Vol. 7, No. 13 (July 22, 1959), p. 14. Natl. Offce of Vital Statistics, Public Health Service.

P. 217 *1962 Cancer Facts and Figures*, American Cancer Society.

P. 217 *Vital Statistics of the United States, 1959*, Natl. Office of Vital Statistics, Public Health Service. Vol. I, Sec. 6, Mortality Statistics. Table 6 – K.

P. 218 Hueper, W. C. , *Environmental and Occupational Cancer*. Public Health Reports, Supplement 209(1948).

P. 218 "Food Additives," *Hearings*, 85th Congress, Subcom. of Com'. on Interstate and Foreign Commerce, July 19, 1957. Testimony of Dr. Francis E. Ray, p. 200.

P. 218 Hueper, *Occupational Tumors and Allied Diseases*.

P. 220 ——, "Potential Role of Non Nutritive Food Additives and Contaminants as Environmental Carcinogens, " *A. M. A. Archives Path.* , Vol. 62(Sept. 1956), pp. 218-49.

P. 220 "Tolerances for Residues of Aramite, "*Federal Register*, Sept. 30, 1955. Food and Drug Administration. U. S. Dept. of Health, Education, and Welfare.

P. 220 "Notice of Proposal to Establish Zero Tolerances for Aramite, " *Federal Register*, April. 26, 1958. Food and Drug Administration.

P. 220 "Aramite-Revocation of Tolerances; Establishment of Zero Tolerances, "*Federal Register*, Dec. 24, 1958. Food and Drug Administration.

P. 221 Von Oettingen, W. F. , *The Halogenated Aliphatic. Olefinic, Cyclic, Aromatic, and Aliphatic Aromatic Hydrocarbons: Including the Halogenated Insecticides, Their Toxicity and Potential Dangers*. U. S. Dept. of Health, Education, and Welfare. Public Health Service Publ, No. 414(1955).

P. 221 Hueper, W. C. , and W. W. Payne, "Observations on the Occurrence of Hepatomas in Rainbow Trout, "*Jour, Natl. Cancer Inst.* , Vol. 27(1961), pp. 1123-43.

P. 221 VanEsch, G. J. , et al. , "The Production of Skin Tumoure in Mice by Oral Treatment with Urethane-Isopropyl-N-Phenyl Carbamate or Isopropyl-N-Chlorophenyl Carbamate in Combination with Skin Painting with Croton Oil and Tween 60, " *Brit. Jour, Cancer*, Vol. 12(1958), pp. 355-62.

P. 221 "Scientific Background for Food and Drug Administration Action-against Aminotriazole in Cranberries. "Food and Drug Administration,

U. S. Dept. of Health, Education, and Welfare, Nov. 17, 1959. Mimeo.

P. 221 Rutstein, David, Letter to *New York Times*, Nov. 16, 1959.

P. 222 Hueper, W. C. , "Causal and Preventive Aspects of Environmental Cancer, "*Minnesota Med*. , Vol. 39 (Jan. 1956) , pp. 5-11, 22.

P. 222 "Estimated Numbers of Deaths and Death Rates for Selected Causes: United States, "Annual Summary for 1960, Pt. 2, *Monthly Vital Statistics Report*, Vol. 9, No. 13 (July 28, 1961) , Table 3.

P. 222 *Robert Cushman Murphy et al*. v. *Ezra Taft Benson et al*. U. S. District Court, Eastern District of New York, Oct. 1959, Civ. No. 17610. Testimony of Dr. Malcolm M. Hargraves.

P. 224 Hargraves, Malcolm M. , "Chemical Pesticides and Conservation Problems, "address to 23rd Annual Conv. Natl. Wildlife Fed. (Feb. 27, 1959) . Mimeo.

P. 224 ——, and D. G. Hanlon, "Leukemis and Lymphoma-Environmental Diseases?"paper presented at Internatl. Congress of Hematology, Japan, Sept. 1960. Mimeo.

P. 225 Wright, C. , et al. , "Agranulocytosis Occurring after Exposure to a DDT Pyrethrum Aerosol Bomb, " *Am. Jour. Med*. , Vol. 1 (1946) , pp. 562-67.

P. 225 Jedlicka, V. , "Paramyeloblastic Leukemia Appearing Simultaneously in Two Blood Cousins after Simultaneous Contact with Gammexane (Hexachlorcyclohexane), "*Acta Med. Scand*. , Vol. 161 (1958) , pp. 447-51.

P. 225 Friberg. L. , and J. Martensson, "Case of Panmyelopthisis after Exposure to Chlorophenothane and Benzene Hexachloride, "(A. M. A. ) *Archives Indus*.

*Hygiene and Occupat. Med.*, Vol. 8(1953), No. 2, pp, 166-69.

P. 226-229 Warburg, Otto. "On the Origin of Cancer Celle," *Science*, Vol. 123, No. 3191(Feb, 24, 1956), pp. 309-14.

P. 229 Sloan-Kettering Inst. for Cancer Research, *Biennial Report*, July 1, 1957-June 30, 1959, p. 72.

P. 229 Levan, Albert, and John J. Biesele, "Role of Chromosomes in Cancerogenesis, As Studied in Serial Tissue Culture of Mammalian Cells," *Annals New York Acad. Sci.*, Vol. 71(1958), No. 6, pp. 1022-53.

P. 230 Hunter, F. T. , "Chronic Exposure to Benzene(Benzol). II. The Clinical Effects," *Jour. Indus. Hygiene and Toxicol.*, Vol. 21 (1939), pp. 331-54.

P. 230 Mallory, T. B. , et al. , "Chronic Exposure to Benzene(Benzol). III. The Pathologic Results," *Jour. Indus. Hygiene and Toxicol.*, Vol. 21(1939), pp. 355-93.

P. 230 Hueper, *Environmental and Occupational Cancer*, pp. 1-69.

P. 230 ———, "Recent Developments in Environmental Cancer," *A. M. A. Archives Path.*, Vol. 58(1954), pp, 475-523.

P. 230 Burnet, F. Macfarlane, "Leukemia As a Problem in Preventive Medicine," *New Eng. Jour. Med.*, Vol. 259(1958), No. 9, pp. 423-31.

P. 230 Klein, Michael, "The Transplacental Effect of Urethan on Lung Tumorigenesis in Mice," *Jour. Natl. Cancer Inst.*, Vol. 12(1952), pp. 1003-10.

P. 231-233 Biskind, M. S. , and G. R. Biskind, "Diminution in Ability of the Liver to Inactivate Estrone in Vitamin B Complex Deficiency," *Science*, Vol. 94, No. 2446(Nov. 1941), p. 462.

P. 231-233 Biskind, G. R., and M. S. Biskind, "The Nutritional Aspects of Certain Endocrine Disturbances," *Am. Jour. Clin. Path.*, Vol. 16 (1946), No. 12, pp. 737-45.

P. 231-233 Biskind, M. S., and G. R. Biskind, "Effect of Vitamin B Complex Deficiency on Inactivation of Estrone in the Liver," *Endocrinology*, Vol. 31 (1942), No. 1, pp. 109-14.

P. 231-233 Biskind, M. S., and M. C. Shelesnyak, "Effect of Viamin B Complex Deficiency on Inactivation of Ovarian Estrogen in the Liver," *Endocrinology*, Vol. 30 (1942), No. 5, pp. 819-20.

P. 231-233 Biskind, M. S., and G. R. Biskind, "Inactivation of Testosterone Propionate in the Liver During Vitamin B Complex Deficiency. Alteration of the Estrogen-Androgen Equilibrium," *Endocrinology*. Vol. 32 (1943), No. 1, pp. 97-102.

P. 232 Greene, H. S. N., "Uterine Adenomata in the Rabbit. III. Susceptiblilty As a Function of Constitutional Factors," *Jour. Exper. Med.*, Vol. 73 (1941), No. 2, pp. 273-92.

P. 232 Horning, E. S., and J. W. Whittick, "The Histogenesis of Stilboestrol-Induced Renal Tumoure in the Male Golden Hamster," *Brit. Jour. Cancer*, Vol. 8 (1954), pp. 451-57.

P. 232 Kirkman, Hadley, *Estrogen Induced Tumors of the Kidney in the Syrian Hamster*. U. S. Public Health Service, Natl. Cancer Inst. Monograph No. 1 (Dec, 1959).

P. 232 Ayre, J. E., and W. A. G. Bauld, "Thiamine Deficiency and High Estrogen Findings in Uterine Cancer and in Menorrhagia,"

*Science*, Vol. 103, No, 2676 (April 12, 1946), pp. 441-45.

P. 232-233 Rhoads, C. P. , "Physiological Aspects of Vitamin Deficiency," *Proc. Inst. Med. Chicago*, Vol. 13 (1940), p. 198.

P. 233 Sugiura. K. , and C. P. Rhoads, "Experimental Liver Cancer in Rats and Its Inhibition by Rice Bran Extract, Yeast, and Yeast Extract," *Cancer Research*, Vol. 1 (1941), pp. 3-16.

P. 233 Martin, H. , "The Precancerous Mouth Lesions of Avitaminosis B. Their Etiology, Response to Therapy and Relationship to Intraoral Cancer," *Am. Jour. Surgery*. Vol. 57 (1942), pp. 195-225.

P. 233 Tannenbaum, A. , "Nutrition and Cancer," in Freddy Homburger, de. , *Physiopathology of Cancer*. New York: Harper, 1959. 2nd ed. A Paul B. Hoeber Book. p. 552.

P. 233 Symeonidis, A. , "Post starvation Gynecomastia and Its Relationship to Breast Cancer in Man," *Jour. Natl. Cancer Inst.*, Vol. 11 (1950), p. 656.

P. 233 Davies, J. N. P. , "Sex Hormone Upset in Africans," *Brit. Med. Jour.*, Vol. 2 (1949), pp. 676-79.

P. 233-234 Hueper, "Potential Role of Non-Nutritive Food Additives. "

P. 234 VanEsch et al. , "Production of Skin Tumours in Mice by Carbamates. "

P. 234 Berenblum. I. , and N. Trainin, "Possible Two-Stage Mechanism in Experimental Leukemogenesis," *Scence*, Vol. 132 (July, 1, 1960), pp. 40-41.

P. 234-235 Hueper, W. C. , "Cancer Hazards from Natural and Artificial Water Pollutants," *Proc.*, Conf. on Physiol. Aspects of Water Quality, Washington, D. C. , Sept. 8-9, 1960, pp. 181-93. U. S.

Public Health Service.

P. 235 Hueper and Payne, "Observations on Occurrence of Hepatomas in Rainbow Trout."

P. 237 Sloan-Kettering Inst. for Cancer Research, *Biennial Report*, 1957-59.

P. 236-238 Hueper, W. C. , To author.

一五　大自然在反抗

P. 241 Briejèr, C. J. , "The Growing Resistance of Insects to Insecticides," *Atlantic Naturalist,* Vol. 13(1958), No. 3, pp. 149-55.

P. 243 Metcalf, Robert L. , "The Impact of the Development of Organophosphorus Insecticides upon Basic and Applied Science," *Bull. Entomol. Soc. Am.* , Vol. 5(March 1959), pp. 3-15.

P. 244 Ripper, W. E. , "Effect of Pesticides on Balance of Arthropod Populations," *Annual Rev. Entomol.* , Vol. 1(1956), pp. 403-38.

P. 244 Allen, Durward L. , *Our Wildlife Legacy.* New York: Funk & Wagnalls, 1954. pp. 234-36.

P. 244 Sabrosky, Curtis W. , "How Many Insects Are There?" *Yearbook of Agric.* , U. S. Dept. of Agric. , 1952, pp. 1-7.

P. 245 Bishopp, F. C. , "Insect Friends of Man," *Yearbook of Agric.* , U. S. Dept. of Agric. , 1952, pp. 79-87.

P. 246 Klots, Alexander B. , and Elsie B. Klots, "Beneficial Bees, Wasps, and Ants," *Handbook on Biological Control of Plant Pests*, pp. 44-46, Brooklyn Botanic Garden. Reprinted from *Plants and Gardens,* Vol. 16(1960), No. 3.

P. 246 Hagen, Kenneth S. , "Biological Control with Lady Beetles, " *Handbook on Biological Control of Plant Pests,* pp. 28-35.

P. 247 Schlinger, Evert I. , "Natural Enemise of Aphids, " *Handbook on Biological Control of Plant Pests,* pp. 36-42.

P. 248 Bishopp, "Insect Friends of Man. "

P. 249 Ripper, "Effect of Pesticides on Arthropld Populations. "

P. 249 Davies, D. M. , "A Study of the Black fly Population of a Stream in Algonquin Park, Ontario, " *Transactions* , Royal Canadian Inst. , Vol. 59(1950), pp. 121-59.

P. 249 Ripper, "Effect of Pesticides on Arthropod Populations. "

P. 249 Johnson, Philip C. , *Spruce Spider Mite Infestations in Northern Rocky Mountain Douglas-Fir Forests*. Research Paper 55, Intermountain Forest and Range Exper. Station, U. S. Forest Service, Ogden, Utah, 1958.

P. 250-251 Davis, Donald W. , "Some Effects of DDT on Spider Mites, " *Jour. Econ. Entomol.* , Vol. 45(1952), No. 6, pp. 1011-19.

P. 251 Gould, E. , and E. O. Hamstead, "Control of the Red-banded Leaf Roller, " *Jour. Econ. Entomol.* , Vol. 41(1948), pp. 887-90.

P. 251 Pickett, A. D. , "A Critique on Insect Chemical Control Methods, " *Canadian Entomologist,* Vol. 81(1949), No. 3, pp. 1-10.

P. 251 Joyce, R. J. V. , "Large-Scale Spraying of Cotton in the Gash Delta in Eastern Sudan, " *Bull. Entomol. Research* , Vol. 47(1956), pp. 390-413.

P. 252 Long, W. H. , et al. , "Fire Ant Eradication Program Increases Damage by the Sugarcane Borer, " *Sugar Bull.* , Vol. 37(1958), No. 5, pp. 62-63.

P. 252 Luckmann, William H. , "Increase of European Corn Borers Following Soil Application of Large Amounts of Dieldrin," *Jour, Econ. Entomol.* , Vol. 53(1960), No. 4, pp. 582-84.

P. 253 Haeussler, G. J. , "Losses Caused by Insects," *Yearbook of Agric.* , U. S. Dept. of Agric. , 1952, pp. 141-46.

P. 253 Clausen, C. P. , "Parasites and Predators," *Yearbook of Agric.* , U. S. Dept. of Agric. , 1952, pp. 380-88.

P. 253 ———, *Biological Control of Insect Pests in the Continental United States.* U. S. Dept. of Agric. Technical Bulletin No. 1139 (June 1956), pp. 1-151.

P. 254 DeBach, Paul, "Application of Ecological Information to Control of Citrus Pests in California," *Proc.* , 10th Internatl. Congress of Entomologists(1956), Vol. 3(1958), pp. 187-94.

P. 254 Laird, Marshall, "Biological Solutions to Problems Arising form the Use of Modern Insecticides in the Field of Public Health," *Acta Tropica*, Vol. 16(1959), No. 4, pp. 331-55.

P. 254 Harrington, R. W. , and W. L. Bidlingmayer, "Effects of Dielerin on Fishes and Invertebrates of a Salt Marsh," *Jour. Wildlife Management,* Vol. 22(1958), No. 1, pp. 76-82.

P. 255 *Liver Flukes in Cattle.* U. S. Dept. of Agric. Leaflet No. 493(1961).

P. 255 Fisher, Theodore W. , "What Is Biological Control?" *Handbook on Biological Control of Plant Pests*, pp. 6-18. Brooklyn Botanic Garden. Reprinted from *Plants and Gardens*, Vol. 16(1960), No. 3.

P. 256 Jacob, F. H. , "Some Modern Problems in Pest Control," *Science*

Progress, No. 181(1958), pp. 30-45.

P. 256 Pickett, A. D. , and N. A. Patterson, "The Influence of Spray Programs on the Fauna of Apple Orchards in Nova Scotia. IV. A Review, " *Canadian Entomologist,* Vol. 85(1953), No. 12, pp. 472-78.

P. 256-257 Pickett, A. D. , "Controlling Orchard Insects, " *Agric. Inst. Rev.* , March-April 1953.

P. 257 ——, "The Philosophy of Orchard Insect Conrtol, " 79th *Annual Report* , Entomol. Soc. of Ontario(1948), pp. 1-5.

P. 258 ——, "The Control of Apple Insects in Nova Scotia. "Mimeo.

P. 258 Ullyett, G. C. , "Insects, Man and the Environment, " *Jour. Econ. Entomol.* , Vol. 44(1951), No. 4, pp. 459-64.

一六　崩溃声隆隆

P. 261-262 Babers, Frank H. , *Development of Insect Resistance to Insecticides.* U. S. Dept. of Agric. , E 776(May 1949).

P. 261-262 ——, and J. J. Pratt, *Development of Insect Resistance to Insecticides. II. A Critical Review of the Literature up to 1951.* U. S. Dept. of Agric. , E 818(May 1951).

P. 263 Brown, A. W. A. , "The Challenge of Insecticide Resistance, " *Bull. Entomol. Soc. Am.* , Vol. 7(1961), No. 1, pp. 6-19.

P. 263 ——, "Development and Mechanism of Insect Resistance to Available Toxicants, " *Soap and Chem. Specialties* , Jan. 1960.

P. 263 *Insect Resistance and Vector Control.* World Health Organ. Technical Report Ser. No. 153(Geneva, 1958), p. 5.

P. 263 Elton, Charles S. , *The Ecology of Invasions by Animals and Plants*. New York: Wiley, 1958. p. 181.

P. 263 Babers and Pratt, *Development of Insect Resistance to Insecticides*, II.

P. 264 Brown, A. W. A. , *Insecticide Resistance in Arthropods*. World Health Organ. Monograph Ser. No. 38(1958), pp. 13, 11.

P. 265 Quarterman, K. D. , and H. F. Schoof, "The Status of Insecticide Resistance in Arthropods of Public Health Importance in 1956," *Am. Jour. Trop. Med. and Hygiene*, Vol. 7(1958), No. 1, pp. 74-83.

P. 265 Brown, *Insecticide Resistance in Arthropods*.

P. 265 Hess, Archie D. , "The Significance of Insecticide Resistance in Vector Control Programs," *Am. Jour. Trop. Med. and Hygiene*, Vol. 1(1952), No. 3, pp. 371-88.

P. 266 Lindsay, Dale R. , and H. I. Scudder, "Nonbiting Flies and Disease," *Annual Rev. Entomol.*, Vol. 1(1956), pp. 323-46.

P. 266 Schoof, H. F. , and J. W. Kilpatrick, "House Fly Resistance to Organo-phosphorus Compounds in Arizona and Georgia," *Jour. Econ. Entomol.*, Vol. 51(1958), No. 4, p. 546.

P. 266 Brown, "Development and Mechanism of Insect Resistance."

P. 266 ——, *Insecticide Resistance in Arthropods*.

P. 267 ——, "Challenge of Insecticide Resistance."

P. 267 ——, *Insecticide Resistance in Arthropods*.

P. 267-268 ——, "Development and Mechanism of Insect Resistance."

P. 268 ——, *Insecticide Resistance in Arthropods*.

P. 268 ——, "Challenge of Insecticide Resistance."

P. 268 Anon., "Brown Dog Tick Develops Resistance to Chlordane," *New Jersey Agric.*, Vol. 37(1955), No. 6, pp. 15-16.

P. 268-269 *New York Herald Tribune*, June 22, 1959; also J. C. Pallister, To author, Nov. 6, 1959.

P. 269 Brown, "Challenge of Insecticide Resistance."

P. 270 Hoffmann, C. H., "Insect Resistance," Soap, Vol. 32 (1956), No. 8, pp, 129-32.

P. 271 Brown, A. W. A., *Insect Control by Chemicals*. New York: Wiley, 1951.

P. 271 Briejèr, C. J., "The Growing Resistance of Insects of Insecticides," *Atlantic Naturalist*, Vol. 13(1958), No. 3, pp. 149-55.

P. 271 Laird, Marshall, "Biological Solutions to Problems Arising from the Use of Modern Insecticides in the Field of Public Health," *Acta Tropica*, Vol. 16(1959), No. 4, pp. 331-55.

P. 271 Brown, *Insecticide Resistance in Arthropods*.

P. 272 ——, "Development and Mechanism of Insect Resistance."

P. 273 Briejèr, "Growing Resistance of Insects to Insecticides."

P. 273 "Pesticides—1959," *Jour. Agric. and Food Chem.*, Vol. 7(1959), No. 10, p. 680.

P. 273 Briejèr, "Growing Resistance of Insects to Insecticides."

一七　另一条道路

P. 276 Swanson, Carl P., *Cytology and Cytogenetics*. Englewood Cliffs,

N. J. : Prentice-Hall, 1957.

P. 277 Knipling, E. F. , "Control of Screw Worm Fly by Atomic Radiation," *Sci. Monthly*, Vol. 85(1957), No. 4, pp. 195-202.

P. 277 ———, *Screwworm Eradication: Concepts and Research Leading to the Sterile-Male Method*. Smithsonian Inst. Annual Report, Publ. 4365(1959).

P. 278 Bushland, R. C. , et al. , "Eradication of the Screw-Worm Fly by Releasing Gamma-Ray-Sterilized Males among the Natural Population," *Proc.*, Internatl. Conf. on Peaceful Uses of Atomic Energy, Geneva, Aug. 1955, Vol. 12, pp. 216-20.

P. 278-279 Lindquist, Arthur W. , "The Use of Gamma Radiation for Control or Eradication of the Screwworm," *Jour. Econ. Entomol.*, Vol. 48(1955), No. 4, pp. 467-69.

P. 279 ———, "Research on the Use of Sexually Sterile Males for Eradication of Screw-Worms," *Proc.*, Inter-Am. Symposium on Peaceful Applications of Nuclear Energy, Buenos Aires, June 1959, pp. 229-39.

P. 279 "Screwworm vs. Screwworm," *Agric. Research*, July 1958, p. 8. U. S. Dept. of Agric.

P. 279-280 "Traps Indicate Screwworm May Still Exist in Southeast." U. S. Dept. of Agric. Release No. 1502-59(June 3, 1959). Mimeo.

P. 280 Potts, W. H. , "Irradiation and the Conrtol of Insect Pests," *Times*(London) Sci. Rev. , Summer 1958, pp. 13-14.

P. 280-281 Knipling, *Screwworm Eradication: Sterile-Male Method*.

P. 280-281 Lindquist, Arthur W. , "Entomological Uses of Radioiso-
topes,"in *Radiation Biology and Medicine*. U. S. Atomic Energy
Commission, 1958. Chap. 27, Pt. 8, pp. 688-710.

P. 280-281 ——, "Research on the Use of Sexually Sterile Males. "

P. 281 "USDA May Have New Way to Control Insect Pests with
Chemical Sterilants." U. S. Dept. of Agric. Release No. 3587-61
(Nov. 1, 1961), Mimeo.

P. 281 Lindquist, Arthur W. , "Chemicals to Sterilize Insects," *Jour.
Washington Acad. Sci.* , Nov. 1961, pp. 109-14.

P. 281 ——, "New Ways to Control Insects," *Pest Control Mag.* , June
1961.

P. 281 LaBrecque, G. C. , "Studies with Three Alkylating Agents As
House Fly Sterilants, " *Jour. Econ. Entomol.* , Vol. 54 ( 1961 ), No.
4, pp. 684-89.

P. 282 Knipling, E. F. , "Potentialities and Progress in the Development
of Chemosterilants for Insect Control, "paper presented at Annual
Meeting Entomol. Soc. of Am. , Miami, 1961.

P. 282 ——, "Use of Insects for Their Own Destruction, " *Jour. Econ.
Entomol.* , Vol. 53(1960), No. 3, pp. 415-20.

P. 282 Mitlin, Norman, "Chemical Sterility and the Nucleic Acids, "
paper presented Nov. 27, 1961, Symposium on Chemical Sterility,
Entomol. Soc. of Am. , Miami.

P. 283 Alexander, Peter, To author, Feb. 19, 1962.

P. 284 Eisner, T. , "The Effectiveness of Arthropod Defensive Secretions, " in Symposium 4 on "Chemical Defensive Mechanisms," 11th Internatl. Congress of Entomologists. Vienna (1960), pp. 264-67. Offprint.

P. 284 ——, "The Protective Role of the Spray Mechanism of the Bombardier Beetle, Brachynus Ballistarius Lec. ," *Jour. Insect Physiol.* , Vol. 2 (1958), No. 3, pp. 215-20.

P. 284 ——, "Spray Mechanism of the Cockroach *Diploptera punctata,* " *Science,* Vol. 128, No. 3316 (July 18, 1958), pp. 148-49.

P. 284 Wiliams, Carroll M. , "The Juvenile Hormone," *Sci. American* , Vol. 198, No. 2 (Feb. 1958), p. 67.

P. 284 "1957 Gypsy-Moth Eradication Program. "U. S. Dept. of Agric. Release 858-57-3. Mimeo.

P. 284 Brown, William L. , Jr. , "Mass Insect Control Programs: Four Case Histories," *Psyche,* Vol. 68 (1961), Nos. 2-3, pp. 75-111.

P. 284 Jacobson, Martin, et al. , "Isolation, Identification, and Synthesis of the Sex Attractant of Gypsy Moth, " *Science,* Vol. 132, No. 3433 (Oct. 14, 1960), p. 1011.

P. 285 Christenson, L. D. , "Recent Progress in the Development of Procedures for Eradicating of Controlling Tropical Fruit Flies," *Proc.* , 10th Internatl. Congress of Entomologists (1956), Vol. 3 (1958), pp. 11-16.

P. 285 Hoffmann, C. H. , "New Concepts in Controlling Farm Insects, "address to Internatl. Assn. Ice Cream Manuf. Conv. , Oct. 27, 1961. Mimeo.

P. 286 Frings, Hubert, and Mable Frings, "Uses of Sounds by Insects, " *Annual Rev. Entomol.* , Vol. 3 (1958), pp. 87-106.

P. 286 *Research Report, 1956-1959*. Entomol. Research Inst. for Biol. Control, Belleville, Ontario. pp. 9-45.

P. 286 Kahn, M. C. , and W. Offenhauser, Jr. , "The First Field Tests of Recorded Mosquito Sounds Used for Mosquito Destruction," *Am. Jour. Trop. Med*. , Vol. 29(1949), pp. 800-27.

P. 286 Wishart, George, To author, Aug. 10, 1961.

P. 286 Beirne, Bryan, To author, Feb. 7, 1962.

P. 286 Frings, Hubert, To author, Feb. 12, 1962.

P. 286 Wishart, George, To author, Aug. 10, 1961.

P. 286 Frings, Hubert, et al. , "The Physical Effects of High Intensity Air Borne Ultrasonic Waves on Animals," *Jour. Cellular and Compar. Physiol*. , Vol. 31(1948), No. 3, pp. 339-58.

P. 287 Steinhaus, Edward A. , "Microbial Control—The Emergence of an Idea," *Hilgardia*, Vol. 26, No. 2(Oct. 1956), pp. 107-60.

P. 287 ——, "Concerning the Harmlessness of Insect Pathogens and the Standardization of Microbial Control Products," *Jour. Econ. Entomol*. , Vol. 50, No. 6(Dec. 1957), pp. 715-20.

P. 287 ——, "Living Insecucides," *Sci. American*, Vol. 195, No. 2 (Aug. 1956), pp. 96-104.

P. 287 Angus, T. A. , and A. E. Heimpel, "Microbial Insecucides," *Research for Farmers*, Spring 1959, pp. 12-13. Canada Dept. of Agric.

P. 287-288 Heimpel. A. M. , and T. A. Angus, "Bacterial Insecticides," *Bacteriol. Rev*. , Vol. 24(1960), No. 3, pp. 266-88.

P. 288 Briggs, John D. , "Pathogens for the Control of Pests," *Biol. and*

*Chem. Control of Plant and Animal Pests*. Washington. D. C. , Am. Assn. Advancement Sci. , 1960. pp. 137-48.

P. 288 "Tests of a Microbial Insecticide against Forest Defoliators, " *Bi-Monthly Progress Report*, Canada Dept. of Forestry. Vol. 17, No. 3 (May-June 1961).

P. 289 Steinhaus, "Living Insecticides. "

P. 290 Tanada, Y. , "Microbial Control of Insect Pests, " *Annual Rev. Entomol.* , Vol. 4(1959), pp. 277-302.

P. 290 Steinhaus, "Concerning the Hamlessness of Insect Pathogens. "

P. 290 Clausen, C. P. , *Biological Control of Insect Pests in the Continental United States*. U. S. Dept. of Agric. Technical Bulletin No. 1139 (June 1956), pp. 1-151.

P. 290 Hoffmann, C. H. , " Biological Control of Noxious Insects, Weeds, " *Agric. Chemicals*, March-April 1959.

P. 291 DeBach, Paul, "Biological Control of Insect Pests and Weeds, " *Jour. Applied Nutrition*, Vol. 12(1959), No. 3, pp. 120-34.

P. 291 Ruppertshofen, Heinz, "Forest-Hygiene, "address to 5th World Forestry Congress, Seattle, Wash. (Aug. 29 - Sept. 10, 1960).

P. 291 ——, To author, Feb. 25, 1962.

P. 292 Gösswald, Karl, *Die Rote Waldameise in Dienste der Waldhygiene*. Lüneburg: Metta Kinau Verlag, n. d.

P. 292 ——, To author, Feb. 27, 1962.

P. 293 Balch, R. E. , "Control of Forest Insects, " *Annual Rev. Entomol.* , Vol. 3(1958), pp. 449-68.

P. 293 Buckner, C. H. , "Mammalian Predators of the Larch Sawfly in Eastern Manitoba, " *Proc.* , 10th Internatl. Congress of Entomologists(1956), Vol. 4(1958), pp. 353-61.

P. 293 Morris. R. F. , "Differentiation by Small Mannal Predators between Sound and Empty Cocoons of the European Spruce Sawfly, "*Canadian Entomologist*, Vol. 81(1949), No. 5.

P. 294 MacLeod, C. F. , "The Introduction of the Masked Shrew into Newfoundland, " *Bi-Monthly Progress Report*, Canada Dept. of Agric. , Vol. 16, No. 2(Marck-April 1960).

P. 294 ——, To author, Feb. 12, 1962.

P. 294 Carroll, W. J. , To author, March 8, 1962.

# 译者后记

　　《寂静的春天》于一九七二至一九七七年间陆续译为中文，开首几章曾在中国科学院地球化学研究所编辑出版的学术刊物《环境地质与健康》上登载，全书于一九七九年由科学出版社正式出版。

　　《寂静的春天》一九六二年在美国问世时，是一本很有争议的书。它那惊世骇俗的关于农药危害人类环境的预言，不仅受到与之利害攸关的生产与经济部门的猛烈抨击，而且也强烈震撼了社会广大民众。你若有心去翻阅六十年代以前的报刊或图书，你将会发现几乎找不到"环境保护"这个词。这就是说，环境保护在那时并不是一个存在于社会意识和科学讨论中的概念。确实，在长期流行于全世界的口号"向大自然宣战"、"征服大自然"中，大自然仅仅是人们征服与控制的对象，而非保护并与之和谐相处的对象。人类的这种意识大概起源于洪荒的原始年月，一直持续到二十世纪。没有人怀疑它的正确性，因为人类文明的许多进展是基于此意识而获得的，人类当前的许多经济与社会发展计划也是基于此意识而制定的。蕾切尔·卡森第一次对这一人类意识的绝对正确性提出了质疑。这位瘦弱、身患癌症的女学者，她是否知道她是在向人类的基本意识和几千年的社会传统挑战？《寂静的春天》出版两年之后，她心力交瘁，与世长辞。作为一个学者与作家，卡森所遭受的诋毁和攻击是空前的，但她所坚持的思想终于为人类环境意识的启蒙点燃了一盏明亮的灯。

蕾切尔·卡森一九○七年五月二十七日生于宾夕法尼亚州斯普林代尔，并在那儿度过童年。她一九三五至一九五二年间供职于美国联邦政府所属的鱼类及野生生物调查所，这使她有机会接触到许多环境问题。在此期间，她曾写过一些有关海洋生态的著作，如《在海风下》、《海的边缘》和《环绕我们的海洋》。这些著作使她获得了第一流作家的声誉。一九五八年，她接到一封来自马萨诸塞州的朋友奥尔加·哈金斯的信，诉说她在自家后院饲养的野鸟都死了，一九五七年飞机在那儿喷过杀虫剂消灭蚊虫。这时的卡森正在考虑写一本有关人类与生态的书，她决定收集杀虫剂危害环境的证据。起初，她打算用一年时间写个小册子，但随着资料的增加，她感到问题比想象的要复杂得多。为使论述确凿，她阅读了几千篇研究报告和文章，寻找有关领域权威的科学家，并与他们保持密切联系。在写作中，她渐渐感到问题的严重性。她的一个朋友也告诫说，写这本书会得罪许多方面。果然，《寂静的春天》一出版，一批有工业后台的专家首先在《纽约客》杂志上发难，指责卡森是歇斯底里病人与极端主义分子。随着广大民众对这本书的日益注意，反对卡森的势力也空前集结起来。反对她的力量不仅来自生产农药的化学工业集团，也来自使用农药的农业部门。这些有组织的攻击不仅指向她的书，也指向她的科学生涯和她本人。一个政府官员说："她这个老处女，干吗要操心那些遗传学的事？"《时代》周刊指责她使用煽情的文字，甚至连以捍卫人民健康为主旨、德高望重的美国医学学会也站在化学工业一边。卡森迎战的力量来自她对真实情况的尊重和对人类未来的关心，她一遍又一遍地核查《寂静的春天》中的每一段话。许多年过去了，事实证明她的许多警告是估计过低，而不是说过了头。卡森本无意去招惹那些铜墙铁壁、财大气粗的工业界，但她的科学信念和勇气使她无可避免地卷入了这场斗争。虽然阻力重重，但《寂静的春天》毕竟像黑暗中的一声呐喊，唤醒了广大民众。由于民众压力日增，最后政府介入了这场战争。一九六三年，当时在任的美国总统肯尼迪任命了一个特别委员会调查书中结论。该委员会证实卡森对农药潜在危害的警告是正确的。国会立即召开听证会，美国第一个民间环境组织由此应运而生，美国环境保护局也在此背景上成立。由于《寂静的春天》的影响，仅至一九六二年底，已有四十多个提案在美国各州通过立法以限制杀虫剂的使用。发明者曾获诺贝尔奖的滴滴涕和其他几种剧毒杀虫剂终于被从生产与使用的名单中彻底清除。

由《寂静的春天》引发的这场杀虫剂之争已过去几十年了；尘埃落定之后，许多问题变得明澈。第一，虽然滴滴涕和其他剧毒农药已被禁产、禁用，但化学工业并未因此而垮台，农业也未因此而被害虫扫荡殆尽；相反，新型的低毒高效农药迅速发展起来，化工和农业在一个更高的、更安全的水平上继续发展。当环境保护刚起步之时，我们常在"要环保还是要经济发展"的疑问面前犹豫。在"经济—环保"这一矛盾面前，采用什么样的指导思想才能扭转恶性循环为良性循环，《寂静的春天》及其后的一段历史已为我们提供了一个生动的范例。第二，虽然卡森在这场斗争中获胜，虽然一些剧毒农药被禁了，虽然尔后更多的环保法令和行动被实施了，但我们的环境在整体上仍继续恶化。每年新出现的环境问题比解决的多，环境危害正由局部向大区域甚至全球扩展。我们所面临的困境不是由于我们无所作为，而是我们尽力做了，但却无法遏制环境恶化的势头。这是一个信号，把魔鬼从瓶子里放出来的人类已失去把魔鬼再装回去的能力。愈来愈多的迹象表明，环境问题仅靠发明一些新的治理措施、关闭一些污染源，或发布一些新法令，是解决不了的；环境问题的解决植根于更深层的人类社会改革中，它包括对经济目标、社会结构和民众意识的根本变革。如同生产力和生产关系的对立统一推动了许多世纪人类社会的发展一样，环境保护和经济发展的对立统一正在上升为导引人类未来社会发展的新矛盾。道理是很简单的，如果我们最终失去了清洁的空气、水、安全的食物和与之共存共荣的多样化生物基因，经济发展还有什么意义呢？社会组织还有什么功效呢？二十世纪后半叶是人类思想发展史上突飞猛进的时代。在这个小小的蔚蓝色星球上所出现的新思考中，全球环保意识的迅速觉醒是最具根本性的。一个正确思想的力量远远超过许多政治家的言辞。如今，卡森的思想正在变成亿万人的共同意识，这一新意识的觉醒正为人类社会向新阶段迈进做好准备。

世界各国虽国情不同，但面对这一跨世纪改革时的痛苦思考是共同的。中国，由于特定的社会、文化、人口和经济条件，环境与资源的问题会显得更加严峻。如果这一问题解决得好，中国有希望成为一片文明昌盛的人间乐土；若解决得不好，中华民族将会经历更深更苦的磨难。这是全世界所有中国人的关切和忧虑。

我们很高兴有这样一个机会，去修订当初翻译时未能深刻理解从而未能准确译出的地方。除改错外，早先被略过的原作者的话、致谢、参考文献等都在新版中补齐。西安外语学院的高万钧先生协助翻译了本书第三章，我们在此深表谢意。

吕瑞兰　李长生

**图书在版编目(CIP)数据**

寂静的春天/(美)卡森(Carson.R.）著；
吕瑞兰，李长生译.— 上海：上海译文出版社，2008.1（2018.8重印）
书名原文：Silent Spring
ISBN 978-7-5327-4218-9

Ⅰ.寂... Ⅱ.①卡...②吕...③李...
Ⅲ.科学人文-美国-现代 Ⅳ.I712.55

中国版本图书馆CIP数据核实(2006)第146310号

**寂静的春天**
Silent Spring

Rachel Carson
蕾切尔·卡森 著
吕瑞兰 李长生 译

出版统筹 赵武平
责任编辑 杨东霞
装帧设计 陆智昌

图字:09-2004-623号

上海译文出版社有限公司出版、发行
网址：www.yiwen.com.cn
200001 上海市福建中路 193 号 www.ewen.co
杭州恒力通印务有限公司印刷

开本 890×1240 1/32 印张 12.25 插页2 字数 260,000
2008 年 1 月第 1 版 2018 年 8 月第 18 次印刷

ISBN 978-7-5327-4218-9 / I·2334
定价:37.00 元